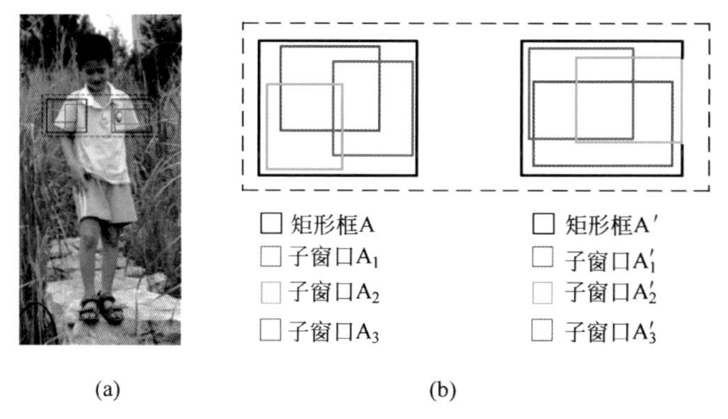

图 4-2 对称相似度特征示意图

(a) SSF 在行人检测窗口内的示意图；(b) SSF 的具体组成部分

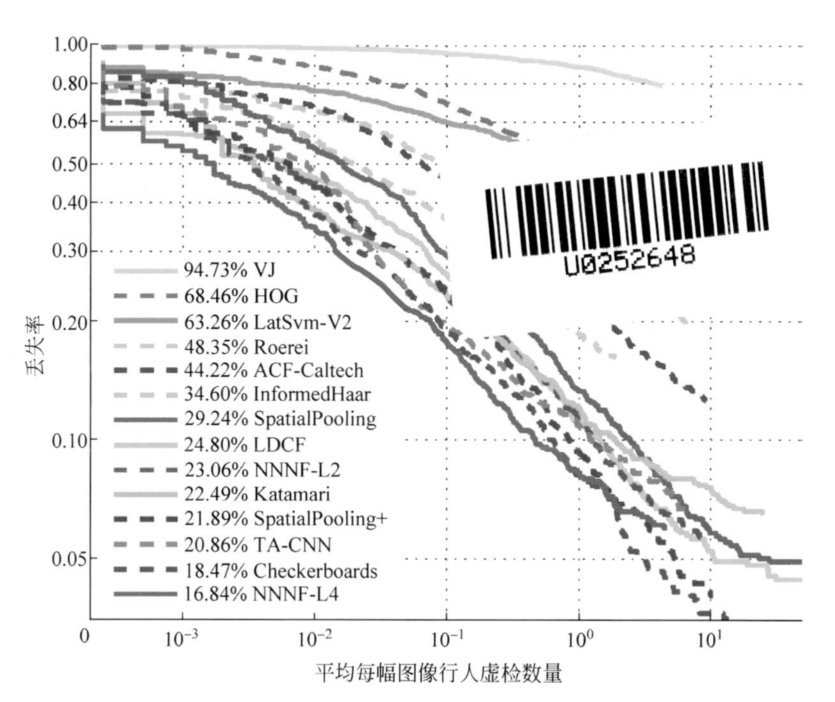

图 4-3 不同方法在 Caltech 数据集 Reasonable 子集上的性能对比

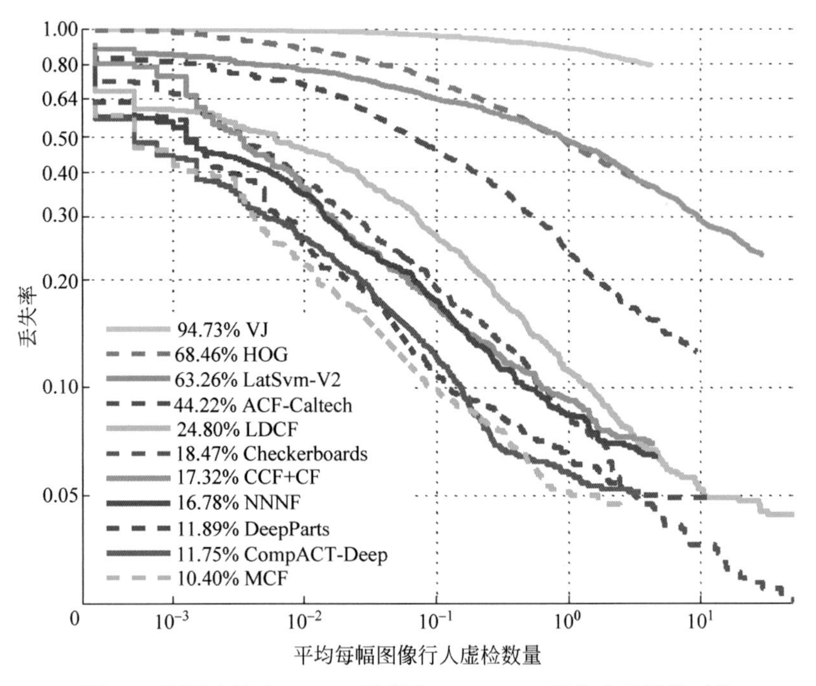

图 4-6 不同方法在 Caltech 数据集 Reasonable 子集上的性能对比

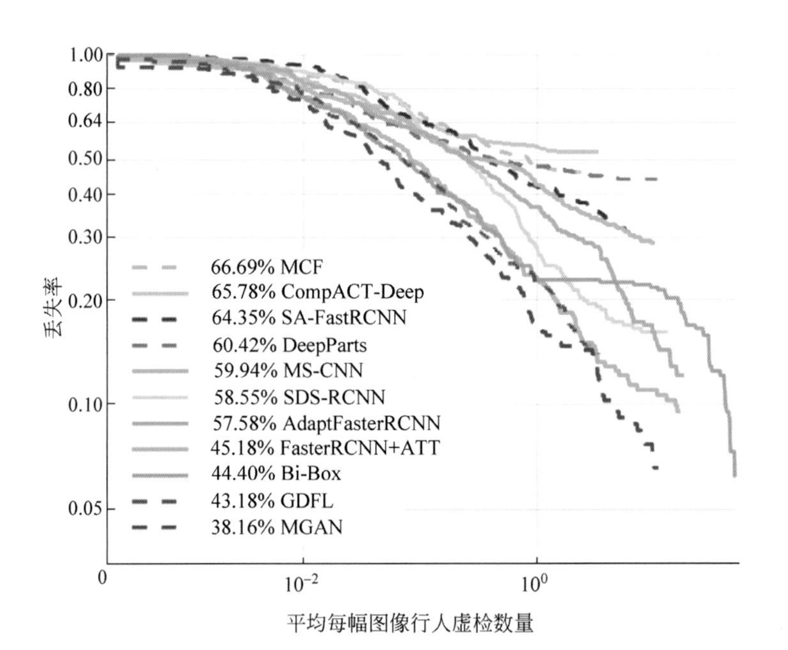

图 4-11 不同方法在 Caltech 测试集(HO 子集)上的性能对比

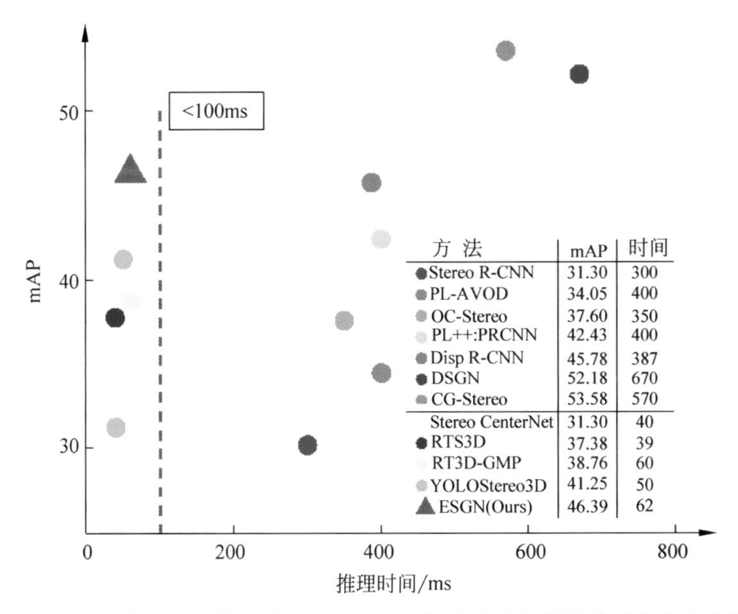

图 5-8 不同方法在 KITTI 数据集(Moderate 子集)上的车辆检测准确率与速度的对比

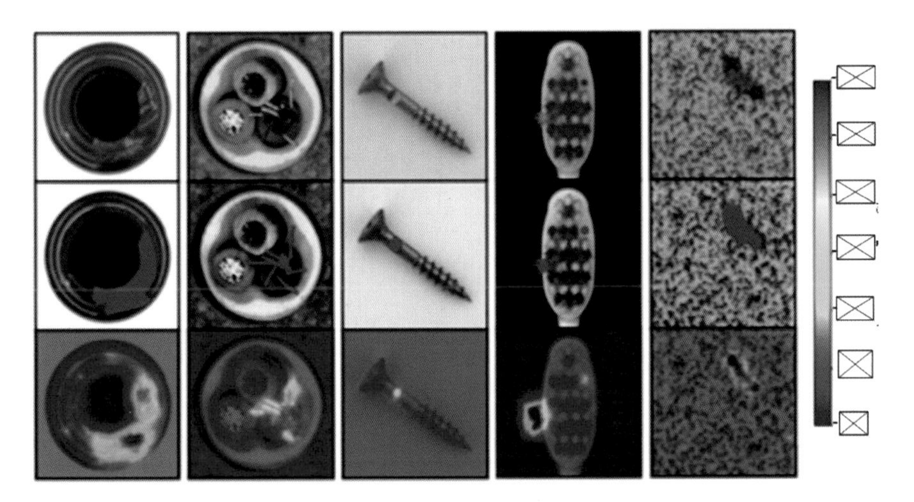

图 6-11 在 MVTecAD 上的定性结果。异常检测方法在 MVTecAD 上的输出结果。顶行：输入包含缺陷的图像。中间行：红色缺陷的地面实况区域。底行：我们的算法预测的每个图像像素的异常分数

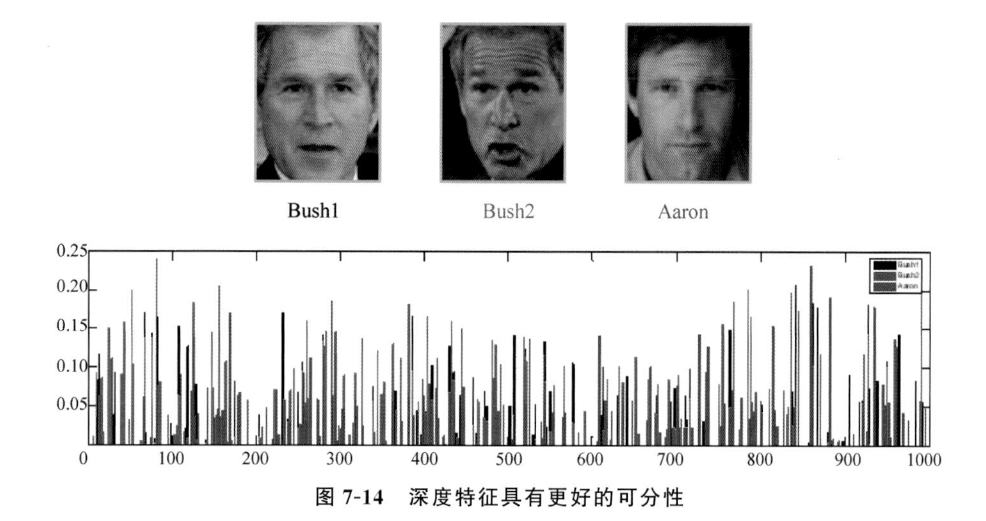

图 7-14　深度特征具有更好的可分性

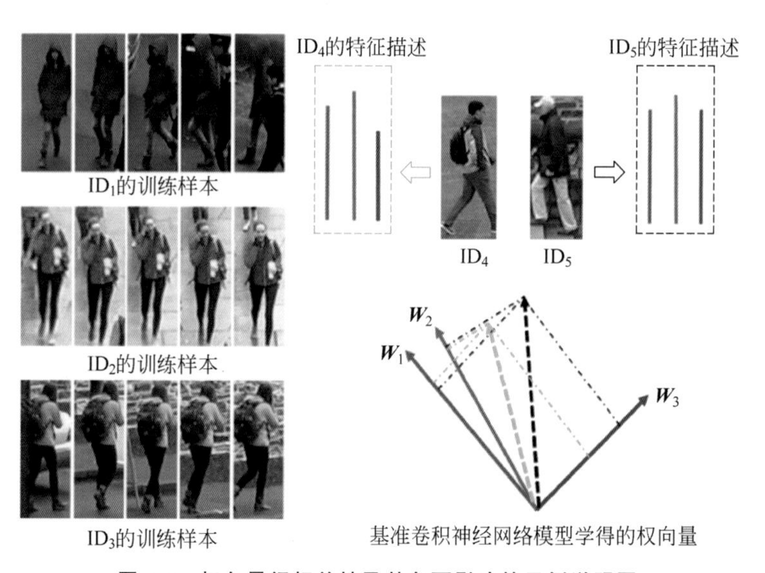

图 8-2　权向量间相关性及其负面影响的示例说明图

“十四五”国家重点图书出版规划项目
图像图形智能处理理论与技术前沿

INTELLIGENT VIDEO OBJECT DETECTION AND RECOGNITION

智能视频目标检测与识别技术

王生进　谢剑斌　庞彦伟　李亚利　主编

清華大学出版社
北　京

图书在版编目（CIP）数据

智能视频目标检测与识别技术 / 王生进等主编. -- 北京 ：清华大学出版社，2024. 12. --（图像图形智能处理理论与技术前沿）. -- ISBN 978-7-302-67631-7

Ⅰ. TP391.4

中国国家版本馆 CIP 数据核字第 2024UK5305 号

责任编辑：刘　杨
封面设计：钟　达
责任校对：欧　洋
责任印制：沈　露

出版发行：清华大学出版社
　　网　　址：https://www.tup.com.cn，https://www.wqxuetang.com
　　地　　址：北京清华大学学研大厦 A 座　　**邮　　编**：100084
　　社 总 机：010-83470000　　**邮　　购**：010-62786544
　　投稿与读者服务：010-62776969，c-service@tup.tsinghua.edu.cn
　　质量反馈：010-62772015，zhiliang@tup.tsinghua.edu.cn
印 装 者：涿州市般润文化传播有限公司
经　　销：全国新华书店
开　　本：170mm×240mm　　**印　张**：14　　**插　页**：2　　**字　　数**：293 千字
版　　次：2024 年 12 月第 1 版　　**印　　次**：2024 年 12 月第1 次印刷
定　　价：59.00 元

产品编号：103149-01

丛书编委会名单

丛书序

“人工智能是我们人类正在从事的、最为深刻的研究方向之一，甚至要比火与电还更加深刻。”正如谷歌CEO桑达尔·皮查伊所说，“智能”已经成为当今科技发展的关键词。而在智能技术的高速发展中，计算机图像图形处理技术与计算机图形学犹如一对默契的舞伴，相辅相成，为社会进步做出了巨大的贡献。

图像图形智能处理技术是人工智能研究与图像图形处理技术的深度融合，是一种数字化、网络化、智能化的技术。随着新一轮科技革命的到来，图像图形智能处理技术已经进入了一个高速发展的阶段。在计算机、人工智能、计算机图形学、计算机视觉等技术不断进步的同时，图像图形智能处理技术已经实现了从单一领域到多领域的拓展，从单一任务到多任务的转变，从传统算法到深度学习的升级。

图像图形智能处理技术被广泛应用于各个行业，改变了公众的生活方式，提高了工作效率。如今，图像图形智能处理技术已经成为医学、自动驾驶、智慧安防、生产制造、游戏娱乐、信息安全等领域的重要技术支撑，对推动产业技术变革和优化升级具有重要意义。

在《新一代人工智能发展规划》的引领下，人工智能技术不断推陈出新，人工智能与实体经济深度融合成为重要的战略目标。智慧城市、智能制造、智慧医疗等领域的快速发展为图像图形智能处理技术的研究与应用提供了广阔的发展和应用空间。在这个背景下，为国家人工智能的发展培养与图像图形智能处理技术相关的专业人才已成为时代的需求。

当前在新一轮科技革命和产业变革的历史性交汇中，图像图形智能处理技术正处于一个关键时期。虽然图像图形智能处理技术已经在很多领域得到了广泛应用，但仍存在一些问题，如算法复杂度、数据安全性、模型可解释性等，这也对图像图形智能处理技术的进一步研究和发展提出了新的要求和挑战。这些挑战既来自于技术的不断更新和迭代，也来自于人们对于图像图形智能处理技术的不断追求和探索。如何更好地提高图像的视觉感知质量，如何更准确地提取图像中的特征信息，如何更科学地对图像数据进行变换、编码和压缩，成为国内外科技工作者和创新企业竞相探索的新方向。

为此，中国图象图形学学会和清华大学出版社共同策划了“图像图形智能处理理论与技术前沿”系列丛书。丛书包括21个分册，以图像图形智能处理技术为主线，涵盖了多个领域和方向，从智能成像与感知、智能图像图形处理技术、智能视频分析技术、三维视觉与虚拟现实技术、视觉智能应用平台等多个维度，全面介绍该领域的最新研究成果、技术进展和应用实践。编写本丛书旨在为从事图像图形智能处理研究、开发与应用的人员提供技术参考，促进技术交流和创新，推动我国图像图形智能处理技术的发展与应用。本丛书将采用传统出版与数字出版相融合的形式，通过二维码融入文档、音频、视频、案例、课件等多种类型的资源，帮助读者进行立体化学习，加深理解。

图像图形智能处理技术作为人工智能的重要分支，不仅需要不断推陈出新的核心技术，更需要在各个领域中不断拓展应用场景，实现技术与产业的深度融合。因此，在急需人才的关键时刻，出版这样一套系列丛书具有重要意义。

在编写本丛书的过程中，我们得到了各位作者、审读专家和清华大学出版社的大力支持和帮助，在此表示由衷的感谢。希望本丛书的出版能为广大读者提供有益的帮助和指导，促进图像图形智能处理技术的发展与应用，推动我国图像图形智能处理技术走向更高的水平！

王耀南

中国图象图形学学会理事长

前言

2022年10月，习近平总书记在党的二十大报告中指出，“……加快实现高水平科技自立自强。以国家战略需求为导向，集聚力量进行原创性引领性科技攻关，坚决打赢关键核心技术攻坚战”。创新是第一动力，深入实施科教兴国战略、人才强国战略、创新驱动发展战略，开辟发展新领域新赛道，不断塑造发展新动能新优势。2017年7月8日，国务院发布了《新一代人工智能发展规划》(国发〔2017〕35号)。人工智能成为国际竞争的新焦点，人工智能是引领未来的战略性技术；人工智能已经成为经济发展的新引擎，成为新一轮产业变革的核心驱动力；人工智能带来社会建设的新机遇，也将深刻改变人类社会生活、改变世界格局。抢抓人工智能发展的重大战略机遇，构筑我国人工智能发展的先发优势，加快建设创新型国家和世界科技强国是我们的首要任务。在《新一代人工智能发展规划》中提出，要“促进人工智能在公共安全领域的深度应用，推动构建公共安全智能化监测预警与控制体系。围绕社会综合治理、新型犯罪侦查、反恐等迫切需求，研发集成多种探测传感技术、视频图像信息分析识别技术、生物特征识别技术的智能安防与警用产品，建立智能化监测平台。加强对重点公共区域安防设备的智能化改造升级，支持有条件的社区或城市开展基于人工智能的公共安防区域示范”。智能视频检测与识别技术是上述任务的技术基础。

智能视频检测与识别技术是利用计算机图像分析技术以及近两年出现的大模型技术，通过对场景视频图像进行感知，判断背景和目标，并分析前景目标的属性和状态，追踪在摄像机场景内以及跨域出现的目标轨迹。应用系统具有多种视频内容分析的功能，通过在不同摄像机的场景中预设不同的视觉任务和预警规则，当感兴趣的目标在场景中出现或发生了预警规则所定义的现象或行为时，智能视频检测与识别系统会产生响应，并实施预警。

视频图像中的目标检测和识别，以定位并识别图像中感兴趣的对象为目的，是计算机视觉和机器学习中一项重要的任务。当前，深度学习的发展为视频图像目标检测和识别性能的提升带来了显著进展。结合图像目标检测并融合多帧图像中的时序信息实现高准确度的视频目标检测和识别是该领域的重要课题。同时，相比基于图像的目标检测和识别，视频目标检测不仅要保证在每帧图像上检测的准确性，还要保证检测结果具有帧间一致性和时序连续性，对于特征表征描述的挑战性更强，具有重要的理论研究意义。视频目标检测和识别是高阶场景内容理解与应用的基础，在智慧城市、公安安防、智能交通、无人驾驶、机器人等诸多场景中有重要应用。

目前，虽然有部分书籍分别介绍了智能视频检测与识别技术的某项技术内容，但并没有系统全面地讲解以现代机器学习和深度学习为主要方法的视频中常用典型目标的检测和识别。本书可作为高等院校人工智能与计算机相关专业、信息与信号处理、计算机视觉和机器人等智能体等相关领域的教学参考书，也可供从事智能安防相关领域的技术人员参考使用。

本书共分 10 章，由多位专家撰写。各章分别对人们关注和重要应用的典型视频目标检测和识别技术进行了论述。第 1～6 章主要介绍智能视频中目标检测技术的发展和检测方法，包括视频目标检测、无人机目标检测、人脸检测、行人检测、车辆检测、异常检测。第 7～10 章主要介绍智能视频中目标识别技术的发展和识别方法，包括人脸识别、行人再识别、行为识别、视频车牌识别。

本书每一章都对应一个主题。首先概述主题，围绕主题介绍背景，讲解技术。技术的讲解以方法为主，结合实际场景展示应用结果，便于读者综合学习和加深理解。其中第 1～2 章由清华大学李亚利撰写，第 3 章、第 7～8 章由清华大学王生进撰写，第 4～5 章由天津大学庞彦伟撰写，第 6 章和第 9 章由国防科技大学谢剑斌撰写，第 10 章由清华大学彭良瑞撰写。清华大学豆朝鹏、许景焘 张佩仪、赵珂萌，天津大学曹家乐、高阿麒，墨尔本大学谢昌颐，中北大学常智超等参与了本书的部分整理工作。另外，由于本书源自作者的一些实际研究成果，因此部分内容参考了多位作者指导的博士研究生和硕士研究生（舒晗、陈荡荡、郑良、许勤、孙奕帆）学位论文的部分内容。

本书部分研究成果来自国家自然科学基金项目“重现的行人目标数据关联和深度跟踪理论及方法研究”、国家自然科学基金项目“开放场景下基于深度学习的时空信息融合行人再识别方法研究”、科技部“863”计划项目“基于人类视觉感知和认知机理的视频图像模式识别和机器学习”、国家“十三五”重点研发计划项目“课题 1：动态人脸获取和快速比对技术与装备研究”、国家“十四五”重点研发计划项目“课题 3：人像鉴定及活体检测系统攻击检测与防御技术研究”、国家科技创新 2030 新一代人工智能重大项目“类脑通用视觉模型及应用”等。

在计算机视觉和人工智能领域，智能视频检测与识别技术的发展非常迅速，特别是 2023 年以来大模型出现以后更是如此。尽管本书力求全面并努力跟随技术发展趋势，但由于作者水平和时间有限，书中难免存在疏漏之处，恳请读者给予批评指正。

作　者

2024 年 5 月

目录

第1章

视频目标检测

1.1 视频目标检测概述

目标检测是一种经典的计算机视觉任务,其以定位并识别视觉图像或视频中的感兴趣的对象为目的,需要在图像中用矩形包围框、关键点位置或者二值掩膜等定位目标的位置,并对目标所属的具体类别进行识别。目标检测与人的视觉感知机理密切关联,是高级场景内容理解应用的基础和前提,可为高阶计算机视觉任务,例如图像描述、行人再识别、姿态识别等,奠定重要的基础,因此受到研究者的广泛关注。进一步,视频目标检测需要在视频中的每帧图像中定位并识别感兴趣目标。相比常见的面向图像的静态目标检测,视频目标检测的特点是对运动信息加以应用。考虑到运动信息是人类视觉感知的重要组成部分,因此视频目标检测的相关研究对特征表征的综合性更强,具备更重要的理论意义。此外,视频目标检测具备重要的实际应用价值,在智能视频监控、智能机器人等多场景中有着重要的应用。

深度学习的发展为计算机视觉领域带来了显著进展。基于卷积神经网络[1]、Transformer[2]等深度网络结构的静态目标检测方法大幅提升了检测准确率。简单而言,基于深度神经网络的目标检测算法摒弃了手工设计特征,从大量的训练数据中自动学习目标的特征,其检测效果也远优于传统的目标检测算法。基于卷积神经网络的静态目标检测方法主要分为单阶段目标检测(如 YOLO[3]、SSD[4])和双阶段目标检测(如 Faster R-CNN[5])这两种不同的结构;而基于 Transformer 的 DETR[6]等方法通过集合预测的建模思路避免非极大值抑制的常用后处理步骤。相对于基于图像的智能识别和检测而言,视频目标检测不仅要保证每帧图像检测的准确性,还要保证检测结果具有一致性和连续性,即视频目标检测的时序一致性。因此,如何结合静态目标检测的优势,融合多帧图像中的时序信息和特征表征,实现高精度且高效率的视频目标检测是智能视觉识别的重要课题。

相比静态目标检测,视频目标检测除了受到目标类内差异大、复杂背景中易混淆等常见挑战外，视频中特有的运动模糊和视频散焦等都给目标检测带来了挑战。具体而言，视频目标检测需检测并识别序列内出现的帧图像中的目标。视频拍摄过程中，目标与成像设备之间存在相对运动，会因运动模糊和视频散焦而导致低成像质量；在视频的某些帧中，目标的成像视角特殊，罕见视角目标的存在会增加检测难度；此外，目标的尺寸变化、遮挡与视角切换，也会增加某些帧的检测难度，如图 1-1 所示。与静态图像相比，视频数据中涵盖丰富的时间信息，有助于理解运动场景的内容。在视频目标检测过程中，面临的主要挑战是如何有效利用时序信息，保持视频中出现目标的时空一致性(时间和空间位置发生变化的目标还是属于同一个目标)。现有大多数视频目标检测算法主要通过时序信息和时序一致性约束增强单帧的静态检测性能，常见思路是利用其他帧的特征增强关键帧的特征与目标预测。在视频目标检测方面，尽管目前做了一些针对性的改进研究，但还有很大的提升空间，特别是在快速移动的目标和运动信息的帧间传输方面还有很大的研究空间。

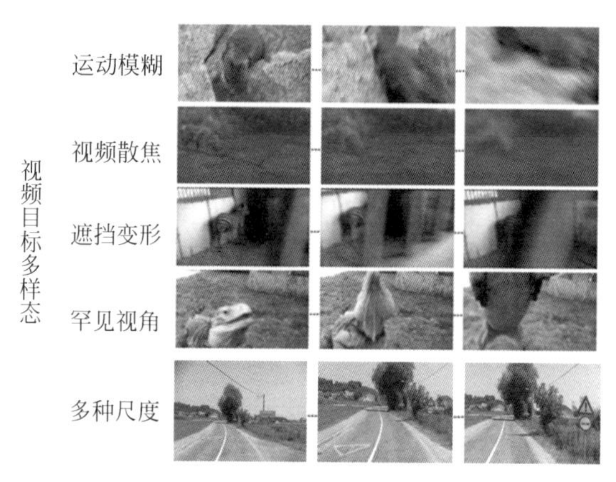

图 1-1　视频目标检测的难点

除类内差异、视角变化、遮挡和截断等常见的静态目标检测面临的常见挑战外，视频目标检测还受限于视频中的运动模糊和散焦等问题。

(1) 运动模糊指的是在视频拍摄过程中，由于目标与成像设备相对位置变化，造成视频中的某些帧画面模糊，导致目标难以分辨。

(2) 视频散焦指的是视频内的中心场景发生变化时，焦距不准确或者焦距调整不及时，散焦同样会导致视频帧模糊。

(3) 遮挡变形指的是在一段视频中，某个目标可能在某个时间范围内被其他障碍物遮挡，导致信息缺失。

(4) 罕见视角指的是由于目标的特殊动作，目标在不同的帧中外观呈现剧烈变化，与静态图像中的目标视角有明显差异。

(5) 目标尺度变化指的是运动导致视频中摄像头距离变化，从而导致帧间常见的目标尺度变化。

1.1.1　视频目标检测的数据集

现有视频目标检测的常用数据集是 ImageNet VID 数据集[7]，其包含 30 个基本类别，是 ImageNet DET 目标检测任务数据集所包含的 200 个基本类别的子集。ImageNet VID 数据集主要关注交通工具和动物类别的目标检测，重点考虑目标运动类型、视频内容的复杂程度、平均目标数量等因素，其中动物类别涵盖的相对多一些，具体类别如表 1-1 所示。整个数据集包含训练集、验证集和测试集 3 个部分，其中训练集包含 3862 个视频，验证集和测试集分别包括 555 个和 937 个视频片段。进行实验时，首先使用带真实标签的训练集进行模型训练，然后利用验证集测试模型性能。训练集包含超过 112 万幅图像（视频帧），每个类别平均有约 3.7 万幅图像样本，大规模数据有利于深度网络模型的参数学习，以完成视频目标检测任务。

表 1-1　视频目标检测数据集 ImageNet VID 中的目标类别

交通工具(7 类)	Airplane，Bicycle，Bus，Car，Motorcycle，Train，Watercraft
动物(23 类)	Antelope，Bear，Bird，Cattle，Domestic Cat，Dog，Elephant，Fox，Giant Panda，Hamster，Horse，Lion，Lizard，Monkey，Red Panda，Rabbit，Sheep，Snake，Squirrel，Tiger，Turtle，Whale，Zebra

ImageNet VID 数据集提供了每帧图像共 30 类目标的实例标注。对于每个视频片段，模型需输出形式为$\{f_i, c_i, s_i, b_i\}$的检测结果，其中 f_i 代表帧位置的索引，c_i、s_i、b_i 分别为检测框的预测类别、置信度及目标框位置。视频目标检测的评价标准与静态图像中的目标检测类似，即当检测结果与人工标注框的帧位置、目标类别相符，且目标框的交并比满足一定阈值时，可认为正确检测。

1.1.2　视频目标检测的研究思路

目标检测是计算机视觉领域的经典研究方向。一个直接的思路是将视频中的每帧看作图像并使用静态目标检测的方法独立输出每帧的结果。传统基于统计学习的静态目标检测方法的解决思路是将目标检测问题转化为分类问题，对图像区域进行提取和特征描述并将其作为分类算法的输入，构建目标表征模型，进一步在待检测图像中获取目标检测位置并进行类别预测。传统方法可大致分为基于滑动窗判别的方法和基于目标区域提议的方法。随着深度学习的发展，目标检测网络模型又可分为单阶段目标检测模型和双阶段目标检测模型。

视频应用需求的急剧增加使视频目标检测引起研究者的广泛关注。与静态目标检测相比，视频目标检测的关键在于时序运动信息的应用，即如何结合时空一致性的判别信息并实现多帧表观信息的融合。由于视频编码的差异，以及目标在视频中的成像差异，视频目标检测可建立在关键帧和非关键帧区分的基础上。考虑到视觉跟踪领域的蓬勃发展，联合关键帧检测和非关键帧跟踪，建立视频目标检测模型是一种直接思路。此外，光流作为视频任务中运动信息的常见表示方式[8]，可引入视觉目标检测任务。考虑到帧间存在表观互补，通过多帧信息融合，可以有效提升目标在运动模糊、视频散焦和遮挡等信息缺失条件下的精度。综上而言，如何有效利用视频的时空信息，平衡目标检测的精度和视频任务的效率，实现精度高且实时的视频目标检测，是当前计算机视觉理论和应用领域的一个重要研究课题。

1.1.3 视频目标检测的应用场景

视频目标检测研究在多领域都具有重要的应用前景，它是机器人视觉应用的基本前提。机器人需要对环境场景进行全面的感知理解才能做出决策，因此高效、高精度的视频目标检测是机器人应用的基本前提。例如，在机器人导航领域，视频目标检测可以告知场景中存在的目标类别及位置，在此基础上生成目标关系图谱，实现场景理解与感知。在对话型机器人领域，视频目标检测可以实现与环境的交互，获取更加真实的交互式体验，提升机器人智能化程度。在无人自动驾驶领域，机器人可以在视频目标检测的基础上，实现有效避障，并结合交通场景的变化做出决策。此外，在国防军事等领域，视频目标检测也具有重大的需求和重要的应用价值。

1.2 基于深度学习的视频目标检测

1.2.1 静态目标检测方法

随着深度学习的兴起和发展，基于深度神经网络的智能识别与检测取得了显著突破。深度卷积神经网络由多层首尾相接的卷积神经元组成，通过多层的线性卷积、非线性变换及空间池化实现由图像像素到描述特征向量的转化，并首先在图像分类领域得到应用。典型的网络结构包括 AlexNet[9]、VGGNet[10]、GoogLeNet[11]、ResNet[12]、SENet[13]等。通过大规模的数据学习深度神经网络的参数，并利用深度神经网络产生层次化的图像特征表征。神经网络浅层的特征图对应基元的特征表征（如图像边缘和纹理等），深层的特征图对应中高层的视觉特征表征（如目标部件等）。静态目标检测方法先以分类网络框架为基础，再进一步添加分类和回归分支，对目标位置和类别进行预测判别。以视频帧为处理对象，利用静态目标检测方法，是实现视频目标检测的一种直接思路。

静态目标检测方法主要可以分为两大类，单阶段图像目标检测方法和双阶段图像目标检测方法。单阶段图像目标检测方法可直接视作在用于分类的深度网络中引入滑窗判别实现目标检测，通常先对图像进行网格化划分或锚点设置，并对网格或锚点进行包围盒初始设置，进一步结合深度网络对目标位置和类别进行预测。

双阶段图像目标检测方法则增加了区域提议阶段以产生目标候选区域，对目标包围框的分类和回归利用了预选框内的区域特征。此外，以DETR[6]为代表的端到端图像目标检测方法通过集合预测的建模方法，避免了非极大值抑制的后处理步骤，2020年之后得到了研究者的广泛关注。

1. 单阶段图像目标检测方法

YOLO(you only look once)[3]是一种影响广泛的代表性单阶段图像目标检测方法。YOLO的核心思想是对整幅图像进行网格化分区并作为网络的输入，直接在输出层预测网格区域是否为目标的得分、所属目标类别及边界框的位置。具体的实现过程如下：首先将图像划分为$S\times S$(如7×7)的网格，每个网格对应图像的不同区域，根据网格与目标位置及覆盖情况进行分配预测，每个网格负责预测一定数量的目标并输出置信度及对应物体各类别的概率；测试时，通过网络模型输出对应网格的分类置信度筛选目标框，并结合类别与目标框坐标信息分别预测每个锚框的位置及该网格对应目标的类别；最后将所有网格对应的预测框进行非极大值抑制，得到最终的检测结果。算法示意图如图1-2所示。YOLO的精度低于一般的双阶段图像目标检测模型，但是运算速度可以达到25 fps，是一种实时的目标检测方法。由于每个网格可预测的目标数设置为定值(如2)，YOLO难以应对分布较为稠密的物体，且定位误差相对较大。在此基础上进一步发展出的YOLO-9000[14]及YOLO-v3[15]分别结合单词树和多尺度特征实现了广泛类别的目标检测，并提升了检测精度。目前YOLO系列检测算法已成为性能最优的通用目标检测算法之一，且已发展出一系列目标检测方法。YOLO系列具有较少的参数量，便于部署至各种嵌入式平台，具有优异的实时性，被广泛应用于工程实践。

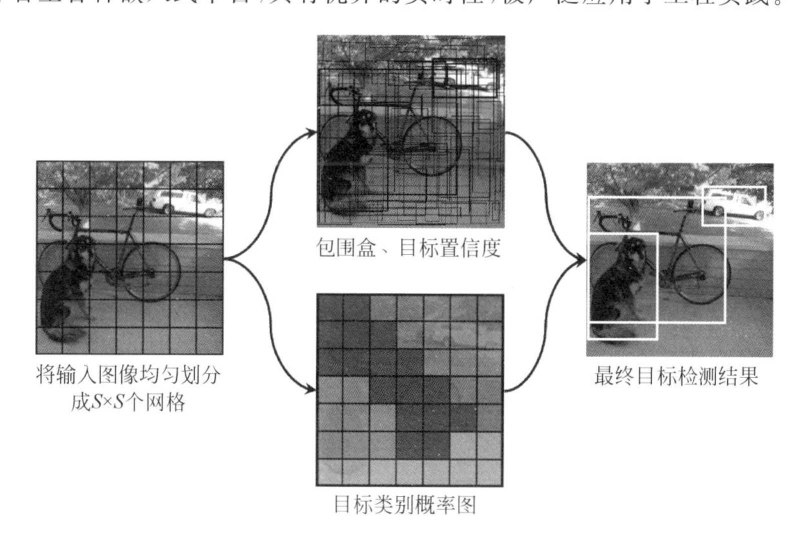

图1-2 YOLO目标检测算法示意图[3]

SSD(single shot multibox detector，单次多框检测器)[4]通过引入多层特征并

将不同尺度的目标分配到对应不同尺度的特征提取网络分支上进行多尺度检测。简单来说，利用高层语义强的特征检测大目标，利用底层细节多、分辨率高的特征检测小目标。作为单阶段目标检测方法，SSD可在提升目标检测效率的同时保持检测精度。输入图像通过卷积网络提取特征图，多层网络可以获取不同分辨率的特征图并组成特征金字塔。特征金字塔上每个像素点均可预测多个锚框的类别，并对目标相对于锚框的位置进行回归修正。通过密集分布在整张图像上的预测框密集进行多尺度的目标类别和位置预测，即可进行目标检测。同时产生大量的冗余预测，因此，最后需采用非极大值抑制过滤重复框。因为利用了不同层次的特征图，SSD可以有效提取不同尺度的目标特征，进而提高目标检测效果。

RetinaNet[16]是一种基于特征金字塔(FPN)[17]结构的单阶段目标检测方法。在结构方面，RetinaNet使用了特征金字塔结构，如图1-3所示，并在多层次特征图的每个像素点上设置预设形状和大小的锚框；对应每个锚框，直接在卷积神经网络的特征图上预测目标类别和相对于锚框的位置修订。考虑到多尺度特征金字塔的特征图包含的像素数，可以发现绝大部分的像素位置对应原图的背景区域，仅有极少部分的像素位置对应原图的目标。因此，训练过程中存在严重的正负样本不均衡问题，导致网络参数的优化极易被大量的负样本主导，而正样本提供的信息被淹没，进一步导致网络难以有效学习到目标的特征，影响单阶段目标检测性能。针对该问题，引入Focal Loss对困难样本，特别是对困难正样本(目标对应锚框)施加更高的权重，以提升单阶段目标检测的精度。Focal Loss具体计算如式(1-1)所示。

$$FL(p_t) = -\alpha_t(1-p_t)^{\gamma}\log p_t \tag{1-1}$$

其中，p_t 为预测目标的置信度，α_t、γ 为调节Focal Loss的超参数。由式(1-1)可见，正样本预测置信度越大，说明该样本越简单，所占的权重 $(1-p_t)^{\gamma}$ 越小。训练中大部分的背景样本为简单样本，减少简单样本的权重可使网络训练更多地关注正样本及易错分的背景样本。因此，Focal Loss通过动态加权的方式调整不同样本所占权重，可有效提高对困难样本的学习效率，极大地缓解正负样本不均衡的问题，进一步提升单阶段目标检测方法的精度。

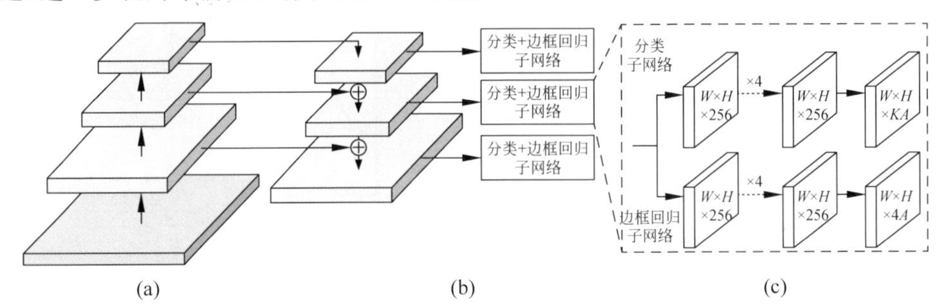

图1-3 RetinaNet目标检测算法示意图[16]

(a) ResNet基线网络；(b) 特征金字塔网络；(c) 分类子网络(上)+边框回归子网络(下)

上述单阶段目标检测算法对于目标包围框的回归是基于预先设定的一系列不同尺寸和长宽比的矩形框，即锚框。锚框的参数设定需要依赖经验，且与场景中目标的统计尺寸密切相关。由于锚框设定后便作为固定的参数，无法在模型训练和在线检测的过程中进行调整，导致泛化性能在一定程度上受限。因此，越来越多的研究关注无需锚框的目标检测方法。

CornerNet[18]将目标检测建模为关键点检测和匹配问题，并将目标包围框的左上角点和右下角点作为预测对象，通过预测角点坐标并匹配关联不同位置的角点实现目标检测。如图 1-4 所示，输入图像首先经过深度网络提取特征图，分别引入两个分支生成左上和右下角点的热度图，在此基础上预测目标包围框的相应角点。进一步匹配关联至同一目标的角点以确定目标包围框。基于角点的方法可以避免预设锚框，具备更高的灵活度。然而，目标包围框的角点通常位于背景区域，导致角点响应图易受背景干扰，易与背景特征混淆，增加网络学习的难度。为此，CornerNet 引入了角点池化，将目标包围框边缘的信息池化到对角点特征响应进行增强。CornerNet 成功地将目标检测与关键点检测任务相结合，容易推广至三维目标检测、旋转目标检测及视频目标检测。尽管角点池化可增加角点特征，只关注边缘角点而忽略特征较为明显的目标主体部分仍会限制目标检测的精度，同时角点匹配也可能引入误匹配的虚警。

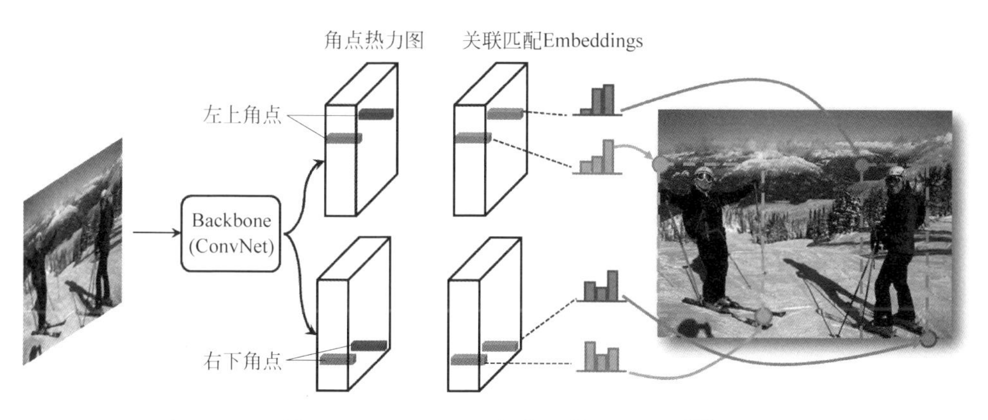

图 1-4 CornerNet 目标检测算法示意图[18]

此外，还有多种基于关键点建模的目标检测方法。例如，Objects as Points[19]对目标中心点位置和目标的长宽进行预测，并获取目标位置。CenterNet[20]则增加了目标包围框中心点热度图的分支，形成左上角点、中心点、右下角点三分支结构。由于目标包围框中心点相比目标角点往往有更大的概率位于目标主体，中心点的热点图可以充分基于目标特征表征获取，从而弥补 CornerNet 中对目标主体特征的缺失，改善检测精度。ExtremeNet[21]将两个角点分解为四个边缘点。具体而言，每个边缘点即目标与包围框边缘的切点，将左上角点分解为左边缘点和上边缘点,右下角点分解为右边缘点和下边缘点。通过网络模型输出四个边缘点热度图分支和一个中心点热度图分支,匹配时,穷举边缘点的不同组合方式,根据中心点热度图对结果进行筛选。

单阶段图像目标检测通过神经网络生成全幅图像的特征表征图,直接在全局特征图上对目标位置进行回归并对目标类别进行预测。单阶段图像目标检测方法通常有简单直接的流程,具有较小的计算量和较高的检测速度。然而,直接在全幅图像对应的特征图上对目标包围框进行端到端回归预测,容易受背景区域特征影响,这也制约了单阶段图像目标检测方法的精度。

2. 双阶段图像目标检测方法

相对于单阶段图像目标检测方法而言,双阶段图像目标检测方法增加了区域提议阶段。与单阶段图像目标检测方法在全幅图像范围内直接回归预测目标包围框不同,双阶段图像目标检测方法对目标包围框的分类和回归基于区域提议阶段产生的预选框,最终的分类和回归也仅利用了预选框内的特征,而与图像中的其他区域无关。在预选区域框基础上的分类和回归可以看作是对第一阶段预选框进一步的细化和修正,从而可以获得更精确的目标检测结果。也就是说,双阶段图像目标检测网络的特点是通常包含区域预选分支,利用该分支首先从图像中分离出目标区域,然后结合感兴趣区域(ROI)池化操作等提取区域特征,并进一步实现目标位置和类别的预测。

R-CNN(region with CNN features,区域卷积神经网络)[22]是最经典的双阶段检测方法之一,其率先将深度卷积神经网络应用于目标检测的架构设计。R-CNN 在第一阶段采用选择性搜索[23]算法产生大约 2000 个目标候选区域。根据预选区域的包围盒坐标对原图进行裁剪,获得一系列独立区域的子图像,随后进行尺度归一化并将区域子图像缩放至预设的尺寸。在第二阶段,将一系列区域子图像输入至卷积神经网络进行特征提取,然后将这些特征输入至支持向量机(SVM)进行类别预测,同时结合边框回归细化目标包围盒位置。相比传统目标检测模型中使用手工设计的特征(如梯度直方图 HOG),R-CNN 使用在大规模分类数据集上预训练的 AlexNet[9]进行区域特征提取,并引用微调调整网络结构参数,通过提升特征表征质量,R-CNN 的检测效果远高于传统目标检测方法。然而,R-CNN 的检测速度很慢,其对每个区域都利用深度网络进行特征提取的方式造成了大量的计算耗费冗余,同时分开训练特征提取网络与分类模块,难以达到整体最优。

Fast R-CNN[24]通过引入 ROI 池化,在卷积神经网络的特征图上实现区域特征的提取。ROI 池化操作可将大小不一致的卷积层输出特征图转化为区域相关的固定长度特征向量。通过 ROI 池化操作,Fast R-CNN 仅需要对每幅图像进行单次的神经网络特征提取,避免了区域特征的重复运算。此外,Fast R-CNN 将 ROI 池化提取的特征向量送入由全连接层构成的预测头,进行类别预测和边界框回归,因此整个网络模型可以通过损失函数的方式进行端到端参数更新，避免独立学习预测模块和特征表征网络造成训练不充分问题。Fast R-CNN 的网络结构如图 1-5 所示。

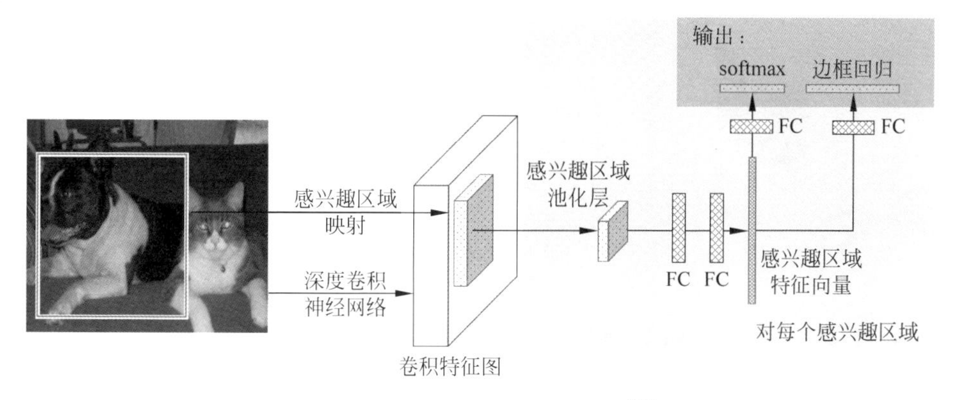

图 1-5 Fast R-CNN 的网络结构[24]

此外，Fast R-CNN 不再使用 SVM 进行分类，而是采用全连接层和 Softmax（式(1-2)）进行具体的目标类别预测和包围框回归。利用 Softmax 函数映射将网络中全连接层的输出转化为多类别目标的分类概率：

$$\mathrm{Softmax}(z_i)=\frac{\exp(z_i)}{\sum_k \exp(z_k)} \tag{1-2}$$

其中，z_i 为第 i 个类别经过全连接层之后计算的值。经过 Softmax 函数，将一个任意取值的实数值映射到(0,1)范围，即可描述对应区域特征匹配目标类别的概率。相比 R-CNN，Fast R-CNN 将包围框的分类和回归部分替换为多个全连接层构成的全连接神经子网络，从而可以通过梯度下降的方式与特征表征的卷积神经网络进行联合训练，同时通过端到端优化提升特征表征和目标检测任务预测的精度。

Faster R-CNN[5] 作为双阶段目标检测的经典算法，得到研究者的广泛青睐，是目前双阶段目标检测重要的基线方法。在 Faster R-CNN 中，引入窗口候选网络(RPN)进行目标/背景区域的预分类，从而实现基于深度网络的目标候选区域提取，如图 1-6 所示。卷积神经网络特征图上的每个像素点对应原图中相应区域的特征，以特征图上的特征点为中心点设置不同大小和长宽比的矩形框，成为锚框。通过引入卷积层生成锚框是不是目标区域的预测，并在预测分数的基础上进行目标区域的筛选，结合锚框的边框回归实现目标候选区域的生成。在获取候选区域后，Faster R-CNN 采用与 Fast R-CNN 一样的 ROI 池化操作、由全连接层组成的预测头部网络，以及基于区域的特征向量进行多目标分类及包围盒回归。Faster R-CNN 是一个端到端的目标检测架构，可打破利用传统方法获取目标候选区域仅能在 CPU 上运算的瓶颈，有效提升目标检测在 GPU 上的运行效率。

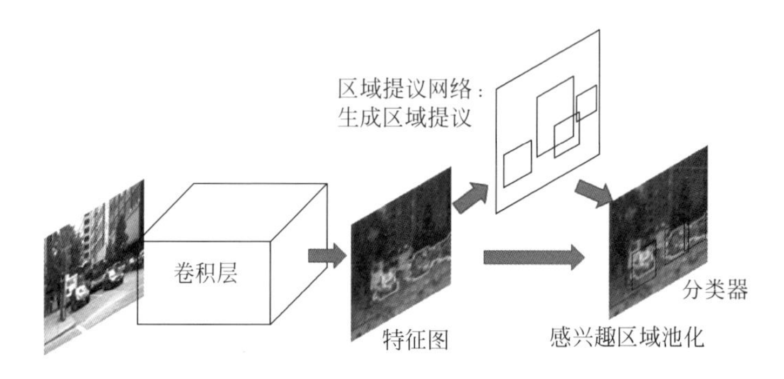

图 1-6 Faster R-CNN 的网络结构[5]

1.2.2 视频目标检测方法

相对于静态目标检测而言，视频目标检测的重点在于视觉信息和运动信息的综合应用。视频目标检测着重于探索三个方面，分别是运动信息的应用、结合时空一致性的信息判别及多帧表观信息的融合。基于深度学习的视频目标检测可以大致分为以下三类：基于跟踪的方法、基于运动信息融合的方法及基于帧间特征聚合的方法。基于跟踪的方法通过联合目标检测和跟踪建立面向视频的检测模型框架，需区分视频中的关键帧和非关键帧。基于运动信息融合的方法通常需提取光流进行运动信息表示，主要不足体现在长时运动表征不足。基于帧间特征聚合的方法是现阶段主要采用的方法，通过帧间信息的聚合实现特征互补。其主要不足是特征融合计算代价高，导致效率受限。如何有效利用视频的时空信息并实现实时且高精度的视频目标检测仍是当前亟须解决的问题。

1. 基于跟踪的视频目标检测

基于跟踪的视频目标检测方法将序列出现的图像帧区分为关键帧和非关键帧，其在关键帧进行目标检测，在非关键帧结合关键帧的检测结果进行目标跟踪，联合检测与跟踪实现完整的视频目标检测框架。早期的视频目标检测方法主要采用基于跟踪方法的思路，其主要依赖于关键帧检测和跟踪算法的性能，但在运动模糊、散焦情况下检测和跟踪可能失效，导致性能受限。

TCN(temporal convolutional network，时域卷积网络)[25]和 T-CNN(tube convolutional neural network，管道卷积神经网络)[26]面对视频目标检测的任务构建了时空基本单元，称为管道(Tubelet)，由单个目标在视频序列中每帧的包围盒按时间顺序连接构成。TCN[27]首先检测视频关键帧中的目标，然后选出置信度高的目标进行跟踪，通过时域卷积网络嵌入时间信息，以提高跨帧的检测结果，如图 1-7 所示。T-CNN 以 Tubelet 的提取与评分为基础，其网络结构包括管道提取模块、管道分类模块及重打分模块。其中管道提取模块通过区域预提取方法实现；

管道分类模块则由静态目标检测方法 R-CNN 给出置信度评分，进一步结合时域卷积网络及高置信度的跟踪获取在视频帧中的目标坐标、出现时间及置信度，并进行管道重打分。简单来说，T-CNN[26] 首先在每个视频帧上利用静态图像检测器获得单帧的检测结果，再利用光流对视频序列的检测结果进行关联。通过引入上下文抑制和运动信息指导反传，T-CNN 可结合时间信息提升视频中目标检测精度。

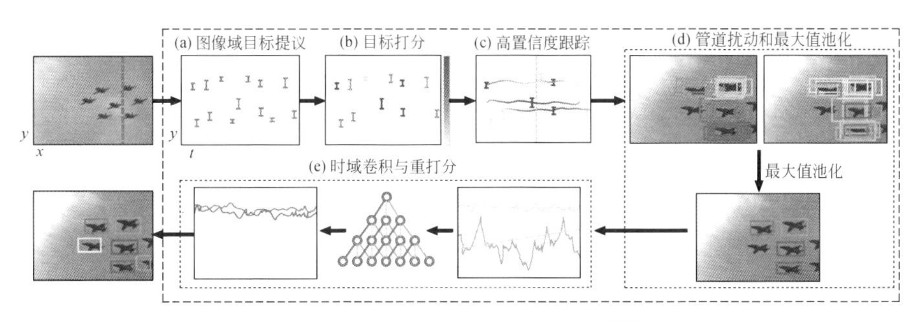

图 1-7　TCN 的网络结构示意图[25]

TPN(tubelet proposal network，管道候选提议网络)[27] 也是基于管道单元 Tubelet 的视频目标检测网络，包含两个主要部分。第一部分是管道候选提议网络。类似区域候选框的提议生成，管道提议网络通过提取空间锚点内的多帧特征，预测相对于空间锚点的对象运动模式，生成候选的时空管道。第二部分是一个编码器-解码器结构，由卷积神经网络 CNN 和长短时记忆网络(long short-term memory，LSTM)构成。利用卷积神经网络逐帧提取单帧图像中不同区域的表观特征，建立针对每个提议管道的特征表征，引入长短时记忆网络单元获取整个时间序列中多帧相联系的区域特征，进一步将每个提议管道分类到不同的目标类别。具体而言，Tubelet 特征首先输入至 LSTM 编码器通过前向传递捕获整个序列的外观特征，然后将编码器的状态复制到 LSTM 解码器，用于 Tubelet 特征的后向传递。TPN 对候选时空管道进行进一步识别，在此过程中融入多帧的视觉表观特征，因此能够整体提升视频目标检测的精度。

D&T[29] 是一个在视频中同时进行检测和跟踪的网络结构，可将其视作在静态目标检测网络中加入跟踪器，实现对目标的同时检测和跟踪。首先将视频中的每帧输入至主干网络进行特征提取，在特征层上生成目标候选区域。一方面，对于单帧图像，利用 ROI 池化层提取候选区域的特征，预测进行分类和回归。另一方面，计算邻近帧特征图的互相关卷积，估计目标位移，构建 ROI 跟踪层用于回归预测框在不同帧间的变换(例如，位移、尺度和长宽比变化)。将检测结果进行跨帧连接获得目标跟踪轨迹，同时根据目标帧间的跟踪轨迹对整个视频的检测结果进行校准。

在后处理方法中，认为视频目标检测是一种单帧图像检测问题。首先将视频序列中的每帧视作独立图像，给出预测的目标类别和位置，然后利用非极大值抑制(non-maximal suppression，NMS)等后处理方法输出最终结果。在视频目标检测任务中，一种直接思路是利用相邻视频帧中具有高置信度的目标检测结果，增强视频中成像质量较差帧的目标检测置信度。Seq-NMS[30]正是一种合并时间信息的后处理方法。视频中的图像帧输入至模型可输出序列出现的目标候选区域及其对应的类别分数，Seq-NMS将相邻帧中交并比IoU超过一定阈值的目标包围框关联起来，进一步在视频中生成最大得分序列，通过序列重打分提高同一个目标序列中有高交并比、低置信度目标的检测分数，提升检测精度。

基于跟踪的视频目标检测方法通常以区域的矩形包围框为基本分析单元，联合目标检测和跟踪问题建立统一的框架，会导致整体优化存在次优问题，或者引入较高的计算成本。部分方法需在检测和跟踪模块后引入后处理模块，不同的后处理方法之间的区别主要在于跨帧使用的映射策略。引入独立的后处理模块会导致整体模型不能进行端到端训练，性能受限。此外，以Seq-NMS为代表的后处理方法通常依赖于现成的运动估计，能得到相对稳定的性能提升，但是这种检测性能的提升本质上不是通过学习得到的，目前难以充分挖掘视频内的高层时空信息。

2. 基于运动信息融合的视频目标检测方法

基于运动信息融合的视频目标检测方法首先对视频中前后帧像素的相对变化进行分析，提取运动信息，然后利用相邻帧运动信息对视频帧的特征进行融合，在运动信息引导的特征融合基础上，最终实现视频中的目标检测。在视频分析任务中，典型的运动信息表示是通过光流计算的方式获取的，其由观察场景和图像采集设备之间的相对运动产生。光流能够描述物体的运动信息，利用光流进行视频目标检测的方法主要有DFF[31]、FGFA[32]及THP[33]。基于光流的方法，其关键是如何有效融合视频帧中的目标表观信息和运动信息。

深度特征光流(deep feature flow，DFF)[31]是一种通过端到端方式联合训练光流和视频识别任务的网络结构。考虑到视频任务中，将每帧输入深度网络进行特征提取会导致计算成本和时间耗费非常大，而相邻帧之间通常具备表观相似性，导致深度特征图差异并不大。DFF在视频目标识别和检测任务中引入关键帧的概念，且仅在稀疏的关键帧上运行特征提取网络，然后将关键帧的特征通过光流场传播到时间上相邻的非关键帧，实现非关键帧中的目标检测。DFF使用稀疏特征的帧间传播，节省了在大多数帧上的计算量。由于光流网络相对于视觉特征提取网络而言，参数规模和计算量均小很多，因此该方法可极大地提升识别和检测效率。但通过光流进行变换得到的特征图是非关键帧特征图的近似，且光流计算可能出错，进一步导致识别和检测精度的下降。

光流引导的特征聚合(flow-guided feature aggregation，FGFA)[32]也是一种

基于光流的特征融合方法。首先将特征提取网络作用于视频中的每帧并提取特征图。通过光流提取网络 FlowNet 估计相邻帧间的光流场,在光流计算的基础上通过双线性插值将邻近帧的特征图变换到当前帧,并对前后相邻帧的特征结合光流进行变形和当前帧的特征进行组合。FGFA 通过特征相似度计算自适应权重,将变换后的特征图与当前帧的特征图进行自适应特征聚合,可实现帧间表观信息互补以提升视频目标检测性能。再将通过光流引导的聚合特征图输入检测头网络,输出当前帧的检测结果。与 DFF 相比,FGFA 是一种基于光流的稠密特征传播方式,其主要通过基于光流的特征传导增加和改善视频中所有帧的特征质量。特别地,通过时序特征聚集,FGFA 可以改善视频中目标表观特征因受到运动模糊、遮挡等而导致的表观信息不足,进一步提升检测精度。与区域级的特征聚合相比,FGFA 是一种图像级的特征聚合方式。但 FGFA 对每帧都进行基于光流的运动估计、特征传播和聚合,因此运行速度很慢。

THP[33]结合了 DFF 和 FGFA 两种方法的优点,以平衡视频识别的精度和效率。如图 1-8 所示,THP 在关键帧上使用稀疏递归的特征聚合,以保证关键帧的特征质量并降低计算成本。而对于非关键帧,引入空间自适应局部特征更新:如果光流估计的特征与真实特征一致,则使用光流特征更新局部特征;如果不一致,则使用该帧的真实特征进行更新。此外,THP 针对固定间隔的关键帧选取策略,

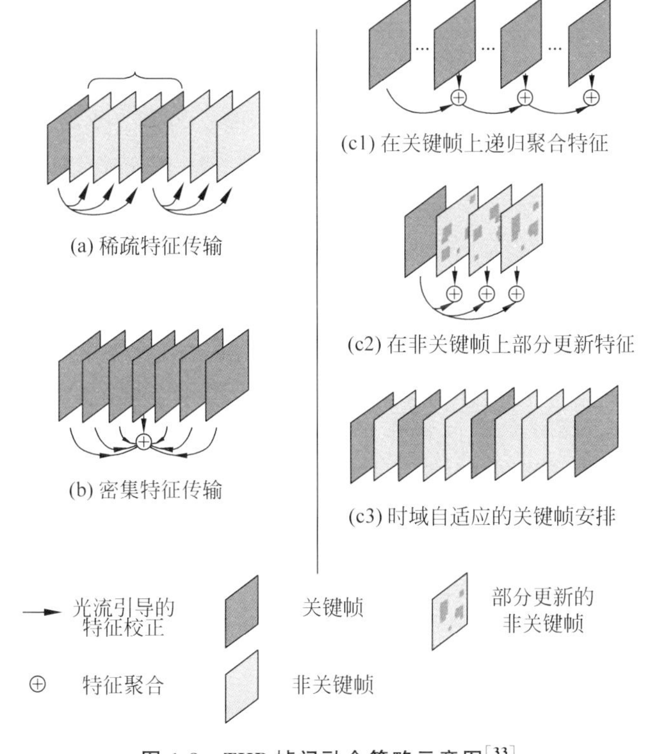

图 1-8　THP 帧间融合策略示意图[33]

建立了一种时间自适应的关键帧选取策略：如果某帧图像对应的特征图中光流不能很好估计的特征位置占所有特征图位置的比例超过一定阈值，则该帧为关键帧。可将THP视作DFF和FGFA的后续工作，THP一方面通过稀疏递归特征聚合保证聚合获取的特征质量，另一方面通过稀疏化操作降低计算成本。在上述两种方法的基础上取得检测速度和精度的折中。

运动感知网络(fully motion-aware network，MANet)[34]是一种建立在静态图像目标检测基础上的视频目标检测方法，其引入了两个层次的特征校准，分别为像素级和实例级特征校准。一方面，MANet提取图像帧的全局特征和帧间光流信息，融合两者进行像素级特征校准，在像素级特征校准图上建立区域提议网络RPN，并输出在该帧的候选目标区域(目标候选框)；另一方面，对候选框结合光流运动信息生成前后相邻帧的预测位置，并结合ROI池化生成实例级特征，进行实例级特征校准。对比而言，像素级校准可以捕捉运动细节，而实例级校准关注更多全局的运动线索，对暂时性的表观显著变化(如遮挡)表现出更好的适应性和鲁棒性。MANet在像素级校准和实例级校准的基础上进一步进行运动轨迹推理。为获取更稳定的目标运动轨迹，引入短片段的平滑。

基于运动信息的方法通常可利用相邻帧间的信息，同时，由于光流网络通常远小于视觉特征的提取网络，利用光流等运动信息进行特征图变换可以减少视频中的冗余计算。另外，基于运动信息的帧间特征融合可以缓解目标外观特征退化问题。基于运动信息的方法仅仅能够聚合局部帧的特征，忽略了更大范围时间内的帧特征，且检测结果依赖于精确的运动估计，对光流模型有一定的依赖性。而快速运动的物体引起的模糊、失焦等是视频目标检测面临的挑战性问题，对于快速运动的物体，光流估计的结果通常不是很好，导致该类方法在应对目标的突发表观剧烈变化时适应性难以提升。

3. 基于多帧特征聚合的方法

多帧间信息融合是视频目标检测的一个重要问题。在不同帧的区域特征间进行融合关联建模，可提升模型对目标外观随时间变化的鲁棒性。考虑到目标检测是建立在骨干网络对图像帧整体信息的提取之上的，其本身是一项面向区域的视觉任务，视频目标检测中的帧间特征聚合主要分为图像级和区域级两种。前者关注同一个视频中不同帧图像的特征图聚合，后者则是建立在区域提议网络RPN获取到的区域特征基础上的。此外，跨视频的特征聚合可进一步提升性能。受人类观察物体时有所侧重的启发，可将注意力机制、记忆模块引入多帧的特征聚合，使目标检测过程能够关注到重要区域和全局知识。该类方法对特征聚合时间和层次有不同设置。考虑到信息融合可以实现特征表征的互补，该类方法对运动模糊、姿态变化等外观变化更具有鲁棒性。

关系蒸馏网络(relation distillation network，RDN)[35]是一种区域级特征增强的视频目标检测方法。RDN利用区域提议网络(region proposal network，RPN)

从参考框架中生成目标候选区域，并将提取的目标候选区域装入支撑池，通过聚合关系特征增强每个目标候选区域的特征。将当前待检测的帧作为参考帧，辅助检测的帧作为支持帧，提取出多帧的候选区域特征后，通过一个两阶段的关系蒸馏网络逐步使用支持帧的候选区域特征增强参考帧的候选区域特征。在基础阶段，RDN 利用外观、几何形状信息度量支持池中所有候选区域的关系特征，通过候选区域间的相互作用估计区域有效性。在增强阶段，RDN 选择高得分的支持性区域候选，结合其关联对待检测帧的区域候选进行特征融合。上述关系蒸馏网络能够通过多阶段关联的方式增强待检测的候选区域特征。

序列级语义聚合（sequence-level semantics aggregation，SELSA）[36]是一种序列间语义特征聚合方法，通过计算区域级特征的相似性得分指导选择更重要的特征进行聚合。首先打乱视频帧并提取随机选取帧中的区域特征，计算不同帧的区域间全局语义的相关性，并在此基础上利用聚类聚合来自其他帧的目标信息，如图 1-9 所示。具体而言，SELSA 将待检测的帧作为关键帧，将辅助检测的帧作为参考帧，提取出单帧的候选区域特征后，通过全局相似性度量学习关键帧的区域特征和参考帧区域特征之间的关系，从而从更大时间范围内利用时间信息增强单帧检测精度，克服姿态变化、运动模型等目标外观随时间变化的影响。可将 SELSA 视作一种全局范围内的时间建模方法，能够从更长时间范围内学习到目标的语义信息。

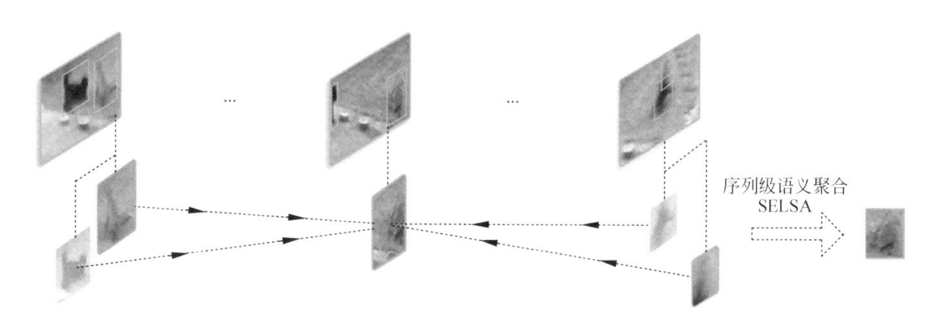

图 1-9　SELSA 网络计算 proposal 间注意力[36]

记忆增强的全局-局部聚合（memory erihanced global-local aggregation，MEGA）[37]是一种时间域全局-局部进行候选区域特征增强的方法。人类识别视频中的目标需要同时依赖视频内的全局信息和局部信息，MEGA 将视频内的帧划分为局部帧和全局帧。在第一阶段，利用全局注意力和局部注意力，先将全局帧的候选目标区域特征通过关系模块融合到局部帧；在第二阶段，融合了全局帧信息的局部帧候选区域特征，再通过关系模块融合到当前检测帧的候选区域特征中，以实现同时聚合视频内局部帧和全局帧的特征来增强当前帧的目标。同时建立了一个长时记忆单元，以存储更大范围内帧的特征，使关键帧能够访问大量的视频序列间语义内容。当不确定目标的类别时，可以利用视频内的全局语义信息找到与目标语义相似度最高的物体来确定目标的类别；当不确定目标位置时，则可以通过邻近帧获得局部定位信息，便于对目标进行定位。如图1-10所示，通过在区域级特征基础上联合使用视频内的全局信息和局部信息，MEGA能够使用更长范围的时间信息，从而大大提升视频目标检测的精度。

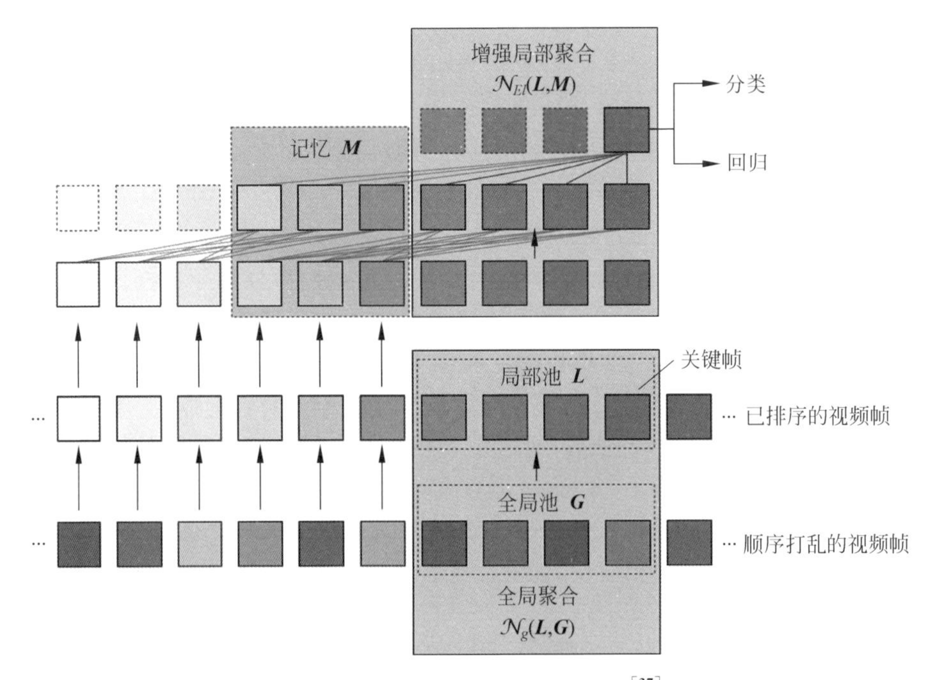

图1-10 MEGA注意力模块示意图[37]

TROIA[38]通过时域感兴趣区域池化算子，以聚合多个时序帧的同一个目标实例对应的信息，最终实现帧间的细粒度信息聚合。其主要思路是对于待检测目标的关键帧，在其多个支撑帧中挖掘相同实例的信息，以增强目标的特征。为此提出的时域感兴趣区域池化算子从支撑帧的特征图中隐式提取相似度最高的目标候选框对应的特征，即认为最相似的区域特征包含时间信息视频中的同一对象实例。进一步针对多帧的信息融合，考虑到同一个目标实例可能在某些帧中清晰，而在某些帧中模糊，通过多头时间注意力权重实现同一目标实例的多帧特征自适应聚合。

HVR-Net[39]进一步挖掘视频间目标候选提议框的信息关联，提出一种视频间目标提议关系模块。一方面，针对某一视频中关键帧和前后时序帧中的目标提议框构建关系表征的三元组，并通过多级的三元组选择策略建立待检测视频的支撑视频集合，从而挖掘视频间的特征关联；另一方面，同一视频内的关键帧和支撑帧可实现同一视频内的信息挖掘。进一步通过一个分层视频关系网络(hierarchical video relation network，HVR-Net)，以分层方式集成视频内和视频间的目标提议框关系，从而可以逐步利用帧内和帧间上下文增强视频目标检测。

基于记忆库的多层聚合(MBMBA)[40]也是一种基于记忆库的多层次帧间信息聚合方法。在结构上，该方法包括像素级和实例级记忆库，首先将视频帧输入骨干网络，得到像素级特征图，引入像素级特征图记忆库得到增强特征图；在此基础上通过区域提议网络得到粗粒度的目标候选区域，进一步联合实例级记忆库增强区域特征，得到细粒度的目标候选区域。在技术细节上，内存库的设计采用轻量化结构设计以减少计算成本，同时引入细粒度特征更新策略，使单帧的目标检测可以综合利用到整个视频的信息。

QueryProp[41]则关注目标级的高效帧间特征传播，提出对象查询传播框架用于视频目标检测。QueryProp 包含两方面查询传播策略。一方面，建立从稀疏的关键帧到密集的非关键帧的查询传播，从而减少非关键帧的冗余计算；另一方面，建立从之前执行的关键帧到当前关键帧的查询传播，以改进特征表示通过时间上下文建模。为进一步便利查询传播，设计了自适应传播门，实现灵活的关键帧选择。QueryProp 是一种均衡视频任务检测精度和效率的方法，以实现高性能目标检测。

视频目标检测是具有挑战性的任务。特别是由于存储限制，视频中的图像帧相比静态图像质量较低，导致目标外观在某些帧中的特征退化。一个积极的方面是，与静止图像中的目标检测相比，在视频的某一帧中进行检测可以得到其他帧的支持。因此，如何跨越多帧实现特征聚合是视频目标检测的关键点之一。局部时间范围内的帧具有很强的相关性，但也存在较多的冗余信息，尤其是当时间窗内的连续帧都出现模糊、遮挡等表观退化时，局部范围内的帧并不能提供有效帮助，因此在更大时间范围内学习关联有利于提升检测精度。现有大部分基于多帧特征聚合的检测方法是基于静态图像中的两阶段目标检测设计的，因此此类检测器通常计算代价高且运动速率相对较慢。考虑到视频任务的实用价值，如何建模时序序列中的长期关联，同时节约计算量，是亟待解决的核心问题。

参考文献

[1] LECUN Y, BOTTOU L, BENGIO Y, et al. Gradient-based learning applied to document recognition[J]. Proceedings of the IEEE, 1998, 86(11): 2278-2324.

[2] VASWANI A, SHAZEER N, PARMAR N, et al. Attention is all you need[C]. Advances in Neural Information Processing Systems, 2017: 5998-6008.

[3] REDMON J, DIVVALA S, GIRSHICK R, et al. You only look once: unified, real-time object detection[C]. Proceedings of the IEEE Conference on Computer Vision and Pattern Recognition, 2016: 779-788.

[4] LIU W, ANGUELOV D, ERHAN D, et al. SSD: Single Shot Multibox Detector[C]. European Conference on Computer Vision, Springer, 2016: 21-37.

[5] REN S, HE K, GIRSHICK R, et al. Faster R-CNN: towards real-time object detection with region proposal networks[C]. Advances in Neural Information Processing Systems, 2015: 91-99.

[6] CARION N, MASSA F, SYNNAEVE G, et al. End-to-end object detection with Transformers[C]. European Conference on Computer Vision, Springer, 2020: 213-229.

[7] RUSSAKOVSKY O, DENG J, SU H, et al. ImageNet large scale visual recognition

challenge[J]. International Journal of Computer Vision,2015,115(3): 211-252.
[8] DOSOVITSKIY A, FISCHER P, ILG E, et al. FlowNet: learning optical flow with convolutional networks[C]. Proceedings of the IEEE International Conference on Computer Vision(ICCV),2015: 2758-2766.
[9] KRIZHEVSKY A, SUTSKEVER H, HINTON G E. ImageNet classification with deep convolutional neural networks[C]. Communications of the ACM,2017,60(6): 84-90.
[10] SIMONYAN K,ZISSERMAN A. Very deep convolutional networks for large-scale image recognition[J]. ArXiv preprint arXiv: 1409.1556,2014.
[11] SZEGEDY C,LIU W,JIA Y,et al. Going deeper with convolutions. Proceedings of the IEEE Conference on Computer Vision and Pattern Recognition,2015: 1-9.
[12] HE K,ZHANG X,REN S,et al. Deep residual learning for image recognition[C]. Proceedings of the IEEE Conference on Computer Vision and Pattern Recognition,2016: 770-778.
[13] HU J,SHEN L,SUN G. Squeeze-and-excitation networks[C]. Proceedings of the IEEE Conference on Computer Vision and Pattern Recognition,2018: 7132-7141.
[14] REDMON J,FARHADI A. YOLO9000: better, faster, stronger[C]. Proceedings of the IEEE Conference on Computer Vision and Pattern Recognition,2017: 7263-7271.
[15] REDMON J,FARHADI A. YOLOv3: an incremental improvement[J]. ArXiv preprint arXiv: 1804.02767,2018.
[16] LIN T, GOYAL P, GIRSHICK R, et al. Focal loss for dense object detection[C]. Proceedings of the IEEE Conference on Computer Vision,2017: 2980-2988.
[17] LIN T,DOLLAR P,GIRSHICK R,et al. Feature pyramid networks for object detection [C]. Proceedings of the IEEE Conference on Computer Vision and Pattern Recognition, 2017: 2117-2125.
[18] LAW H,DENG J. CornerNet: detecting objects as paired keypoints[C]. Proceedings of the European Conference on Computer Vision(ECCV),2018: 734-750.
[19] ZHOU X,WANG D,KRÄHENBÜHL P. Objects as Points[J]. ArXiv preprint arXiv: 1904.07850,2019.
[20] DUAN K,BAI S,XIE L,et al. CenterNet: keypoint triplets for object detection[C]. Proceedings of the IEEE/CVF International Conference on Computer Vision(ICCV), 2019: 6569-6578.
[21] ZHOU X,ZHUO J,KRAHENBUHL P. Bottom-up object detection by grouping extreme and center points[C]. Proceedings of the IEEE/CVF Conference on Computer Vision and Pattern Recognition,2019: 850-859.
[22] GIRSHICK R,DONAHUE J,DARRELL T,et al. Rich feature hierarchies for accurate object detection and semantic segmentation[C]. Proceedings of the IEEE Conference on Computer Vision and Pattern Recognition,2014: 580-587.
[23] UIJLINGS J R R,VAN DE SANDE K E A,GEVERS T,et al. Selective search for object recognition[J]. International Journal of Computer Vision,2013,104: 154-171.
[24] GIRSHICK R. Fast R-CNN[C]. Proceedings of the IEEE/CVF International Conference on Computer Vision(ICCV),2015: 1440-1448.
[25] KANG K, OUYANG W, LI H, et al. Object detection from video tubelets with convolutional neural networks[C]. Proceedings of the IEEE Conference on Computer

Vision and Pattern Recognition,2016: 817-825.

[26] KANG K,LI H,YAN J,et al. T-CNN: tubelets with convolutional neural networks for object detection from videos[J]. IEEE Transactions on Circuits and Systems for Video Technology,2017,28(10): 2896-2907.

[27] KANG K,LI H,XIAO T,OUYANG W,et al. Object detection in videos with tubelet proposal networks[C]. Proceedings of the IEEE Conference on Computer Vision and Pattern Recognition,2017: 727-735.

[28] ZHANG Z,CHENG D,ZHU X,et al. Integrated object detection and tracking with tracklet conditioned detection[J]. ArXiv preprint arXiv: 1811.11167,2018.

[29] FEICHTENHOFER C,PINZ A,ZISSERMAN A. Detect to track and track to detect[C]. Proceedings of the IEEE/CVF International Conference on Computer Vision(ICCV), 2017: 3038-3046.

[30] HAN W,KHORRAMI P,PAINE T L,et al. Seq-NMS for video object detection[J]. ArXiv preprint arXiv: 1602.08465,2016.

[31] ZHU X,WANG Y,DAI J,et al. Flow-guided feature aggregation for video object detection [C]. Proceedings of the IEEE/CVF Conference on Computer Vision,2017: 408-417.

[32] ZHU X,XIONG Y,DAI J,et al. Deep feature flow for video recognition[C]. Proceedings of the IEEE/CVF Conference on Computer Vision and Pattern Recognition,2017: 2349-2358.

[33] ZHU X,DAI J,YUAN L,et al. Towards high-performance video object detection[C]. Proceedings of the IEEE/CVF Conference on Computer Vision and Pattern Recognition, 2018: 7210-7218.

[34] WANG S,ZHOU Y,YAN J,et al. Fully motion-aware network for video object detection [C]. European Conference on Computer Vision,Springer,2018: 542-557.

[35] DENG J,PAN Y,YAO T,et al. Relation distillation networks for video object detection [C]. Proceedings of the IEEE/CVF International Conference on Computer Vision,2019: 7023-7032.

[36] WU H,CHEN Y,WANG N,et al. Sequence level semantics aggregation for video object detection[C]. Proceedings of the IEEE/CVF Conference on Computer Vision,2019: 9217-9225.

[37] CHEN Y,CAO Y,HU H,et al. Memory enhanced global-local aggregation for video object detection[C]. Proceedings of the IEEE Conference on Computer Vision and Pattern Recognition,2020: 10337-10346.

[38] GONG T,CHEN K,WANG X,et al. Temporal ROI align for video object recognition[C]. Proceedings of the AAAI Conference on Artificial Intelligence,2021: 1442-1450.

[39] HAN M,WANG Y,CHANG X,et al. Mining inter-video proposal relations for video object detection[C]. European Conference on Computer Vision,Springer,2020: 431-446.

[40] SUN G,HUA Y,HU G,et al. MAMBA: multi-level aggregation via memory bank for video object detection. Proceedings of the AAAI Conference on Artificial Intelligence, 2021: 2620-2627.

[41] HE F,GAO N,JIA J,et al. QueryProp: Object query propagation for high-performance video object detection[C]. Proceedings of the AAAI Conference on Artificial Intelligence, 2022: 834-842.

第2章

无人机目标检测

2.1 无人机目标检测概述

随着航空航天和数字化成像技术的发展，利用无人机（unmanned aerial vehicle，UAV）装载摄像头拍摄空对地场景图像并进行智能化分析，成为空对地场景视觉感知的重要方向。一方面，摄影成像技术的进步使图像采集的分辨率不断提升，进一步使空中的视觉传感器可以准确采集海量的地面信息。另一方面，无人机技术快速发展，配备高清摄像机的无人机可进行空中巡航和监测，从而获取海量的无人机视角高清图像和视频数据。与地面的普通场景拍摄相比，无人机视角拍摄获取的场景图像具有视角高、视场宽的特点，如图 2-1 所示。成像设备与拍摄目标之间的距离远，从而导致目标的图像分辨率低，而无人机具备的广阔视野使图像能够涵盖丰富的场景信息。如何从丰富的场景信息中提取低分辨率的目标，实现对无人机拍摄图像的智能化识别与分析，成为一个重要的研究课题。

图 2-1 无人机拍摄的对地图像示意图，来源于 Visdrone 数据集[1]

近年来，深度学习的蓬勃发展带来了智能检测识别技术的飞速发展，在视频安防监控、自动驾驶等众多应用领域取得显著突破。目标检测作为智能化视觉感知的关键技术之一，可对目标所属的类别进行识别并利用矩形包围框给出图像中的目标位置。推而广之，无人机目标检测技术需要在宽视角的空对地场景图像中识别并定位低分辨率目标，在空对地场景的智能识别与理解中发挥重要作用。在军事领域，无人机目标检测可以应用于战地军事侦察和对地目标精确打击，通过计算机实现对海量侦察图像中目标的自动定位和识别，为作战人员提供高效准确的决策依据，同时也为未来智能化、无人化战争提供重要的技术支撑。在建筑领域，无人机能够通过目标检测技术监测施工进度及建筑施工质量等，为建筑项目管理提供数据支持。在消防领域，无人机能够通过目标检测技术实现烟雾、着火点等重要目标的智能探测，为消防安全提供决策支持，并在面对突发灾害救援时大幅提高人员搜救效率。

基于深度学习的目标检测与识别方法在自然场景中已取得较好的性能，且在部分简单场景中的准确率已超越人类。尽管如此，面向空对地场景的无人机目标检测效果仍不尽如人意。考虑到空对地场景的视角特殊性，无人机采集图像中的目标表观、尺寸与常见自然场景中的目标有着显著差异，基于海量有标注的自然场景图像训练的目标检测模型直接应用至空对地场景图像时会出现性能受限、检测效果不理想等问题。因此，空对地场景下的无人机目标检测具有重要的研究价值。

2.1.1　无人机目标检测的挑战

在无人机空对地场景中，传感器通常从高空采用俯视或斜视的角度拍摄，具有视角高、视场宽的特点。图像中的目标尺寸相对很小，低分辨率目标占比大，且在斜视角度下图像中目标尺寸的差异非常大(图 2-2)，给基于深度神经网络的视觉特征表征学习及基于表征的智能化探测识别带来挑战。具体而言，空对地场景的无人机目标检测技术主要存在以下两方面的技术挑战。

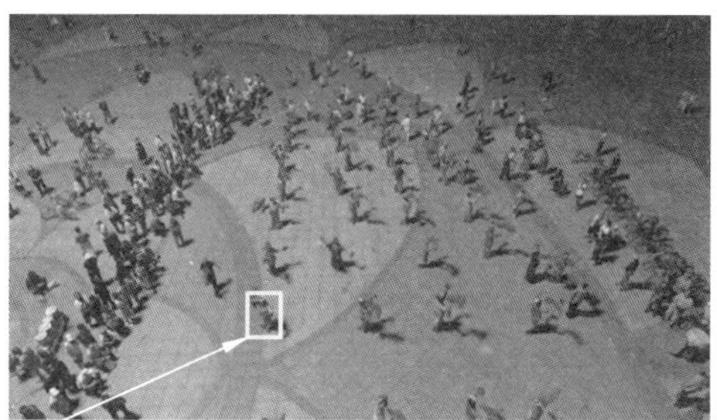

图 2-2　无人机拍摄到的图像中目标的尺寸示意图

注：通常由于成像距离较远，无人机拍摄图像中存在大量的低分辨率小目标。且在斜视场景中，目标尺寸的变化范围较大，存在显著的尺寸差异。

首先，由于空对地场景特殊的采集方式，无人机采集的图像具有视角高、视场宽的特点。无人机装载视觉传感器通常从上百米的高空采集地面的视觉信息进行成像。也就是说，装载高分辨率摄像头的无人机成像可以覆盖广阔的地面范围，使图像具备高分辨率的特点；相对而言，由于成像距离的原因，图像中的待检测目标（如行人、机动车等）的像素较少，其相对于整幅图像比例很小，具备低分辨率成像的特点，显著区别于自然成像中的目标。小目标的特征提取困难导致识别和定位的精度难以提升，同时目标的表观信息极易被大量的复杂背景环境干扰，给目标的特征表征和高精度识别检测带来巨大的挑战。另外，现有视觉图像中的目标检测算法大部分基于卷积神经网络，在网络架构的搭建过程中，为获取更大感受野并减小计算量，通常需要对卷积获取的特征图进行下采样，逐渐减小特征图的尺寸。然而，对于小目标而言，下采样会导致低分辨率小目标的视觉信息进一步损失，从而使深度神经网络难以准确检测图像中的小目标，造成严重的漏检。

其次，以无人机为代表的空中平台具有较高的机动性。在信息采集和成像过程中，视觉传感器的视角、高度变化剧烈，导致图像中目标表观和尺寸差异大。根据视觉传感器的成像原理，距离传感器近的目标在图像中所占的像素比更高，而距离传感器远的目标在图像中所占的像素比更低。传感器视角和无人机飞行高度的变化，导致采集的图像中目标所占的像素比差异大。同一类目标在不同采集条件下仍会出现明显的尺寸差异，甚至同一个目标在图像中所占的比例也会出现上百倍的差异。目标的尺度差异给现有的检测模型和方法带来了更大的挑战。在基于卷积神经网络的目标检测器中，采用多层卷积结构对图像特征进行提取，每层使用固定的卷积核进行卷积操作，具有相对固定的感受野，难以同时满足不同尺寸目标的特征提取模式。特征金字塔网络（feature pyramid network，FPN）[2]通过多层特征间的融合，利用不同深度卷积层的感受野差异，将尺寸差异的目标特征提取分配到特征金字塔的不同层，获取与目标尺寸相适应的卷积感受野，进而改善目标特征的提取效果。然而，在空对地场景中，特征金字塔难以弥补因采集视角特殊和高度差异而导致的目标尺寸差异。因此，针对空对地场景的无人机目标检测仍面临巨大的挑战。

总而言之，为提升神经网络的特征表征能力，目标检测采用的基线网络深度不断增加，且网络中存在的一系列下采样操作，导致小目标的信息在深层网络的特征表征中十分容易丢失，从而造成小目标出现严重的漏检。为避免小目标特征表征中的信息不足造成的漏检问题，一种直接思路是放大输入图像以增大目标尺寸。然而，由于空对地场景的图像本身尺寸较大，直接放大图像会带来计算资源的巨大负担。因此，无人机目标检测需要均衡宽视角场景带来的计算资源限制和低分辨率目标的信息缺失，是一个具有挑战性的课题。

2.1.2 无人机目标检测数据集

VisDrone 数据集[1]是一个基于航空无人机拍摄的大规模公开数据集。

VisDrone 数据集共包括 288 个视频片段、261 908 帧图像和 10 209 幅静态图像，且在持续扩充中。VisDrone 数据集共包括 4 个赛道的任务，分别为图像目标检测、视频目标检测、单目标跟踪和多目标跟踪。VisDrone 数据集采集的图像具有丰富的场景，涉及国内 14 个不同的地区，包括城市、乡村等不同场景，采集高度涵盖十几米到上百米的范围。此外，该数据集还包含不同的环境条件，例如白天、夜晚等不同光照、天气条件。VisDrone 数据集提供了针对地面目标的完整标注，包括目标的包围框和目标的类别，共包括行人、非行人、汽车、货车、公交车、卡车、摩托车、自行车、雨篷三轮车和三轮车 10 个类别。VisDrone 数据集提供了上述 10 个类别的 260 多万个手动标注框，还提供了场景可见性、对象类别和遮挡等属性，可为无人机相关的智能探测识别任务提供算法和模型评估。

2.2 无人机目标检测的一般思路

由于任务场景的复杂性及环境的多样性，相比自然场景下的目标检测，无人机对地拍摄图像中目标的尺寸极小，而直接对图像进行放大对计算资源有较高的需求。考虑到无人机成像及智能化分析的实际应用需求，需要在图像层面采用检测预处理方法，从而在一定程度上缓解目标分辨率低、目标暗弱及背景干扰等问题造成的检测困难，为后续的检测模型服务。采用的预处理方法包括基于均匀网格的场景切分和区域预测选择。

1. 基于均匀网格的场景切分

无人机拍摄的空对地图像视场相对于自然拍摄场景而言极其宽广。在后端的智能化分析过程中，大场景、宽视角图像处理对计算资源有很高的要求。为降低计算和显存负担，通常需要对图像进行下采样以减小图像尺寸，而后进行处理。由于高空拍摄的目标图像尺寸极小，目标所占像素比例小，导致目标所含信息十分有限，容易受到背景的严重干扰。因此，直接对图像进行下采样处理会加剧小目标的信息损失，导致大量小目标漏检的情况。为应对图像分辨率与目标尺寸之间的矛盾，并缓解目标相对尺寸小的问题，可采用均匀网格对图像进行切分，并在切分后的子图像上利用检测器进行目标识别和定位，最终融合所有子图像的检测结果，得到整幅图像的检测结果。

基于均匀网格的场景切分是一种简单有效的无人机图像预处理方法。直接地说，通过预定义图像的划分方式，将大尺寸的原始无人机对地图像均匀划分为多个图像块。相比原始图像每个图像块的尺寸大大减小。例如：对原始图像进行 3×3 划分，每个子图像(块)的尺寸减小为原图像的 1/9，串行或者分卡并行地对多个子图像(块)进行处理和检测，可以避免计算资源的容量限制，同时避免强制尺度下采样操作导致的小目标信息损失。简言之，在利用基于深度神经网络特别是深度卷积神经网络的算法进行目标检测的过程中，由于存在池化等下采样操作，导致神经网络提取特征时小目标信息容易丢失。因此在利用神经网络进行检测之前，进行子图像（块）划分并针对每个子图像（块）进行上采样处理，可有效增加小目标所占的像素数，从而缓解小目标信息损失。基于均匀网格的图像切分作为简单有效的预处理方式，联合目标检测器可以得到比原始检测器更高的检测性能。

2. 场景区域预测选择

基于均匀网格切分的方法实现简单，且针对每个子图像（块）进行上采样可以缓解低分辨率小目标的表观信息不足，但是子图像（块）均采用相同的上采样率，无法解决目标尺寸差异问题。特别地，对于斜视场景拍摄的无人机图像，同时存在尺寸相对较大的目标和小尺寸目标，针对大目标的放大反而造成了极端大尺寸目标的存在和目标截断，从而降低大目标的检测性能。另外，由于无人机对地图像中存在大量密集分布的目标区域和纯背景区域，采用均匀化网格切分的方法赋予所有图像区域同等的重要性并在所有子图像（块）上进行检测，其中大量背景子图像（块）作为输入会增加虚警的出现并增加不必要的计算开销。针对以上问题，更加灵活的场景区域预测和选择方式应运而生。具体而言，宽视角的无人机拍摄图像具备多场景、跨场景的特点。采用图像分析或者深度神经网络的方法预测差异化场景的切分边界，并进行场景区域的预测和选择。进一步对图像中存在目标的区域进行选择，筛除图像中的大量背景区域子图像（块），可提高计算效率并降低内存和显存的耗费。这一点对于嵌入式无人系统的构建是非常重要的。从检测性能的角度看，场景区域的自适应预测可对图像中小目标存在的区域进行自适应放大，使区域中的目标尺寸与网络的特征表征相适应，便于深度神经网络学习到统一的语义表达，提高检测准确率。

以基于深度学习的场景区域选择为例：为实现对宽视角无人机图像的自适应切分，需要训练一个神经网络模型进行预测，但是目标检测数据集通常不存在场景切分的真值，难以直接应用监督学习的训练方法。为此，可引入强化学习的思路，利用目标检测数据集中常提供的目标所在位置包围盒标注，设计奖励函数，指导神经网络学习区域切分与选择的策略。相比基于均匀网络的切分方法，利用网络的自适应区域预测更加灵活，并能进一步根据区域内目标的尺寸自适应调整区域的尺寸输入目标检测模型，显著缓解斜视视角下的目标尺寸差异大造成的“头尾难以兼顾”问题。同时根据神经网络选择区域筛除背景区域，可在提高检测的效率同时降低虚警。

3. 多尺度金字塔

在无人机图像中，目标尺寸差异大是影响检测性能的一个重要因素，典型的待检测目标类别包括行人、交通工具等，不同类别目标的实际尺寸有很大差异，目标尺寸分布从几米到上百米，横跨两个数量级。另外，无人机对地图像空间分辨率的变化导致图像中目标尺寸差异大，由于图像拍摄范围较大，即使是同类目标（如行人），采集到的图像尺寸也存在差异大的问题。对于基于深度学习的目标检测算法,目标尺寸差异严重影响检测性能。在神经网络结构中,采用卷积操作进行目标特征提取时,卷积核具有固定的大小和感受野,每层神经网络具有相对固定的感受野,目标尺寸差异导致神经网络需要可灵活变化的感受野才能完整提取目标特征。不同尺寸目标的语义信息可能出现在神经网络的不同层,导致难以学习并获取统一的目标语义表达。为缓解图像中目标尺寸过大或过小造成的检测困难问题,一种适合的方法是构建特征图金字塔。在图像层面,通过对输入图像进行上下采样获得不同尺寸的图像,构成图像金字塔,获得合适尺寸的目标。在下采样获得的小尺寸图像中,原始大目标由于下采样尺寸相应减小,在上采样得到的大尺寸图像中,原始的小目标也相应因上采样而获得更大的尺寸。通过图像金字塔,可以为尺寸差异的目标匹配合适分辨率和感知范围的特征图。在后续检测过程中,经过上采样获得的大尺寸图像更容易检测原始的小目标,经过下采样获得的小尺寸图像更容易检测原始的大目标。

图像金字塔对于缓解目标过大或过小有显著作用,不同的目标在图像金字塔中可以有合适的尺寸。但是对于基于神经网络的检测框架,单纯使用图像金字塔的方法会导致训练过程难以收敛到局部最优。由于图像金字塔的上下采样是针对整张图像,无法解决目标尺寸差异大的问题,因此大目标会随着图像上采样变得更大,而小目标会在图像金字塔下采样的图像中变得更小。这个问题将导致在神经网络训练过程中极大或极小的目标给神经网络收敛增加难度,神经网络难以学到一个统一的语义表达。

针对这一问题,进一步可采用的策略是,在使用图像金字塔进行训练过程中只保留一定尺寸范围内的目标,进行自适应分配式训练,忽略极端尺寸的目标产生的梯度。对于图像金字塔中上采样的图像,在训练过程中忽略其中的大目标,只采用中等尺寸和较小尺寸的目标进行训练。对于图像金字塔中下采样的图像,忽略其中的小目标,只采用较大尺寸的目标作为真值进行训练。通过这种方式,确保训练过程中参与梯度回传的目标尺寸都限定在一定的范围内,从而增加神经网络训练的稳定性。在图像金字塔的基础上,将每个尺度的图像切分为一个个图像块,并从中进行采样训练,筛除其中不包含目标的图像块,大大提高多尺度的训练效率。可针对推理过程,设计一个由粗到细的检测流程,在图像金字塔的基础上先预测粗粒度的区域,然后根据该区域内目标的尺寸进行相应的上下采样策略,保持目标的尺寸在一定范围内,再在处理后的图像块上进行细粒度的检测,进而大大提高检测的准确率。

2.3 无人机目标检测方法

2.3.1 基于图像切分的无人机目标检测

在无人机拍摄的对地场景中,传感器通常采用高空斜视或俯视的角度拍摄,具有视角高、视场宽、图像尺寸大的特点，而图像中的目标尺寸相对很小，给目标检测算法带来巨大的挑战。目前目标检测算法通常基于深度卷积神经网络建立多层次的特征表征。为提升网络的特征表征能力，网络深度不断增加以获取更大的感受野。而对于小目标而言，深度网络中存在下采样操作，导致小目标的信息在网络的深层十分容易丢失，从而导致严重漏检。因此，在无人机对地场景图像中，为使目标尺寸与卷积神经网络的感受野相适应，同时避免小目标出现严重的信息损失，通常会对输入图像进行上采样，以增加小目标的尺寸。然而，直接放大无人机空对地图像对于计算资源的负担较大。一种直接的方法是对图像进行切分，再对切分后的图像块进行上采样并逐次进行检测，以减小对计算资源的过度消耗，融合所有图像块的检测结果输出得到整张图像的检测结果。

基于均匀网格的图像场景切分是无人机目标检测中常见的预处理方案，如图 2-3 所示。然而这种直接的处理方式在处理无人机拍摄的空对地图像时是低效的。这是因为空对地场景图像中的背景区域通常占较大的比例，均匀化网格切分方式生成的大部分图像块中只包含背景区域，目标稀疏或不存在。因此，将所有切分的子图像块并行或串行地送入目标检测网络进行计算会造成大量的冗余计算。另外，均匀网格的切分方法会导致处于切分边界的目标被划分至多个子图像块，导致重复检测，为后续目标检测结果融合带来困难。如何对无人机拍摄的宽视角空对地场景图像进行合理的自适应区域划分，是无人机目标检测方向的一个重要问题。

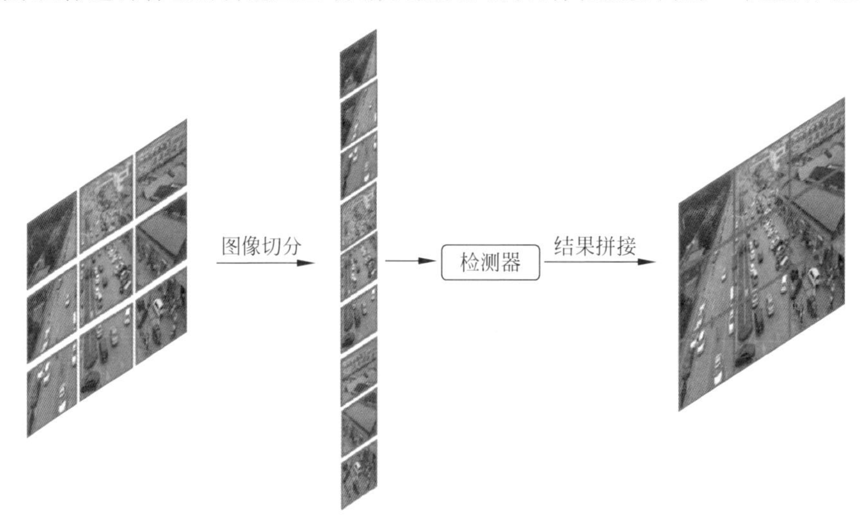

图 2-3 基于图像均匀切分的无人机目标检测示意图

除均匀化网格切分外，研究者还提出了基于神经网络的场景切分方法，其一般流程如图 2-4 所示。首先，利用神经网络模型预测图像中的差异化场景以实现对区域的切分，其次将切分出的子图像(块)进行上采样并送入目标检测器进行检测，最后对所有子图像(块)的目标检测结果进行融合，得到整幅图像的检测结果。通过模型预测的方法进行无人机对地图像不同场景区域的切分具有更高的灵活性，可根据不同的输入图像给出不同场景区域的切分方式，从而使子图像(块)和目标检测模型更加适配。

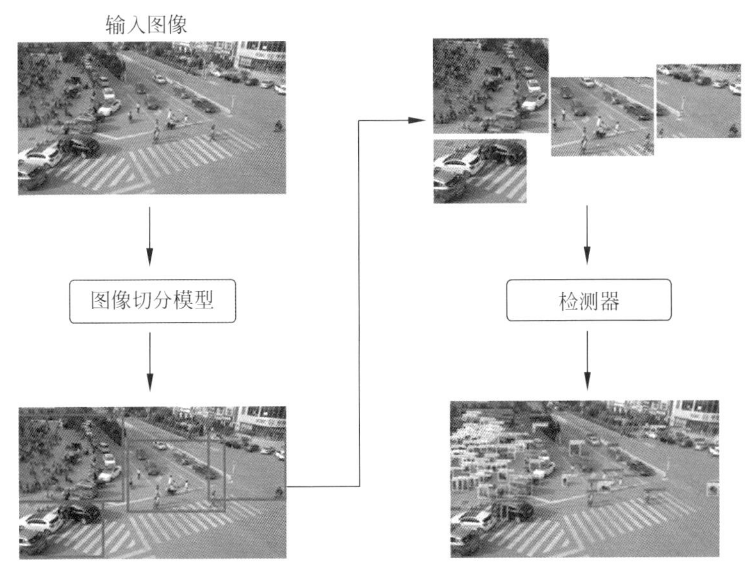

图 2-4　基于深度网络模型的图像区域候选和图像切分一般流程

聚类区域估计网络(cluster region estimation network，CRENet)[3]利用一个初步训练的目标检测网络获取整幅图像中的目标检测结果，并基于目标检测结果进行聚类以判断图像中的目标密集区域，指导图像的切分，其算法流程示意图如图 2-5 所示。在初始检测阶段，将整幅宽视角图像输入目标检测器，获取粗略的检测结果，并以此为基础估计图像中的目标分布；进一步根据无人机图像中的目标分布信息联合聚类规则生成目标聚集图像区域，并将上述区域上采样输入目标检测网络，进行细致粒度的检测，以提升低分辨率小目标的召回率；融合初始阶段的

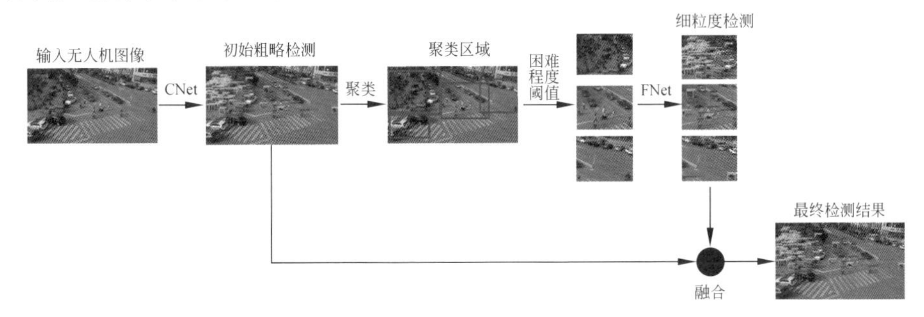

图 2-5　CRENet 算法流程示意图[3]

注：CNet(coarse detection network，粗粒度检测网络)是实现初始粗略检测的网络，其通过粗略的检测获取目标的大致分布。相较而言，FNet(fine detection network，细粒度检测网络)则是在聚类区域的基础上，对困难程度高的样本再次进行特定区域的针对性检测。CRENet 利用聚类算法对初始检测结果进行聚类并获取高难度区域，进行第二阶段的细粒度检测，融合两阶段检测结果得到最终检测结果。

检测结果和第二阶段的细化检测结果，实现跨越多尺度的目标检测。在 CRENet 中，利用 Meanshift 聚类方法[4]对初始阶段的目标检测结果进行聚类，结合目标检测的置信度估计聚类区域的困难程度，选取其中高难度的区域进行第二阶段的检测。但是该方法是一种基于检测模型的区域切分方法，其性能依赖于初始检测网络的性能和聚类规则的设定。

ClusDet[5]也是基于聚类的图像区域预选方法。其网络架构包含三个组件：聚类区域提议子网络（CPNet）、尺度估计子网络（ScaleNet）和目标检测子网络（DetecNet）。算法流程示意图如图 2-6 所示。首先，提取主干网络的特征图，通过特征图上的区域聚类获取图像区域候选框，即聚类区域提议子网络 CPNet；其次通过 ScaleNet 调整候选框和图像缩放尺寸；最后将切分出的候选区域图像输入 DetecNet，进行精细尺度的目标检测。ClustDet 对聚类区域的检测结果和全局图像的检测结果进行标准的非最大值抑制融合，得到最终的检测结果。相比均匀化网格切分，ClusDet 可极大地减少检测区域数量，从而提升面向大场景无人机对地图像的目标检测效率，且基于聚类的尺度估计比基于单个目标的尺度估计更精确，通过尺度估计可以有效提升小目标检测精度。但是在聚类区域提议阶段，聚类区域提议子网络 CPNet 的学习是一个依赖伪标签的有监督学习过程，可能产生密集且重叠度高的候选框。

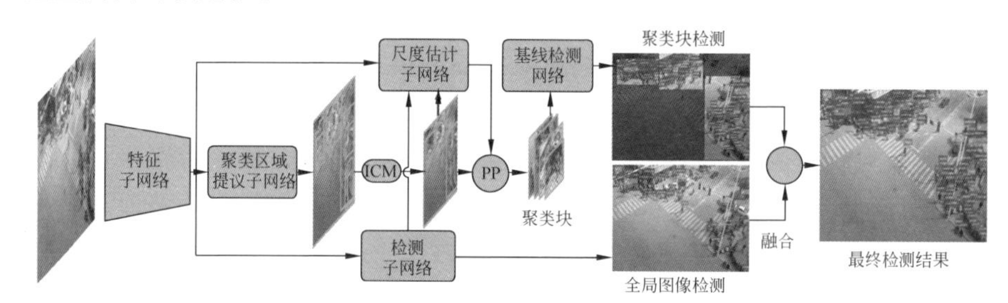

图 2-6 ClusDet 算法流程示意图[5]

注：ICM(iterative cluster merging，迭代聚类合并)是针对 CPNet 输出的初始聚类区域密集且杂乱的问题，通过设置阈值并采用类似于非极大值抑制的操作，对于重合度高的区域进行合并的操作。PP(partition and padding，分区和填充)是保证目标尺寸在检测器适应范围的操作，根据检测器估计的目标尺寸范围对于聚类得到的区域进行扩充。ClusDet 通过三个子网络分别执行候选区域聚类、尺度估计和目标检测，实现无人机场景的智能化识别。

困难区域估计网络（difficult region estimation network，DREN）[6]也是一种基于深度网络模型的宽视角场景图像切分方法，其算法流程示意图如图 2-7 所示。该方法引入了区域检测困难程度的规则打分，在困难程度打分的基础上对图像中的小区域进行合并，从而自适应裁剪出困难检测区域。DREN 进一步对选出的困难区域进行精细化的二次检测，增强对困难样本的检测，并在测试阶段充分利用检测器，提升无人机对地目标检测的性能。在训练阶段，DREN 可挖掘多样化的代表训练图像，可将该方式视作一种隐性的数据增强策略，从而提升检测网络模型性能。为解决训练过程中目标/背景样本的不平衡问题，DREN 通过引入平衡模块、采用 IoU 平衡采样方法和平衡 L1 损失函数,进一步提升检测性能。

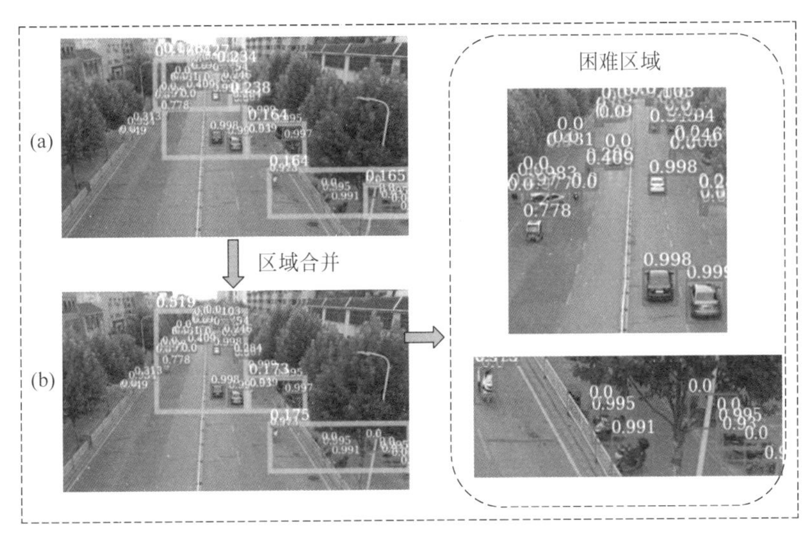

图 2-7 DREN 算法流程示意图[6]

注:DREN 引入了区域困难程度的打分规则,通过困难区域的二次细粒度检测提升小目标检测精度。

密度图引导的目标检测网络(density-map guided network,DMNet)[7]则通过估计目标出现的密度分离出无人机图像的候选子区域,以提升无人机空对地目标检测的精度。其算法流程示意图如图 2-8 所示。首先,利用显式的密度图生成网络生成每个航拍图像的密度图。其次,设计窗口在密度图上进行不重叠的滑动,并统计不同窗口内目标出现的比例。由于密度图的强度表示目标在某一位置出现的概率,因此每个窗口内所有密度(像素强度)的总和即可看作该窗口中目标的可能性。利用阈值过滤总体强度值较低的窗口。将总体强度高的候选窗口合并,即可生成切分的图像区域。由于不同区域中像素强度的变化隐式提供了上下文信息(如相邻对象之间的背景),DMNet 可在密度图估计的基础上生成有效的待裁剪区域。在切分出高分布强度的区域子图像(块)后,利用放大的子图像(块)训练目标检测器。与 ClustDet 的多个子网络结构相比,DMNet 仅需要训练一个密度生成网络,设计相对简单。

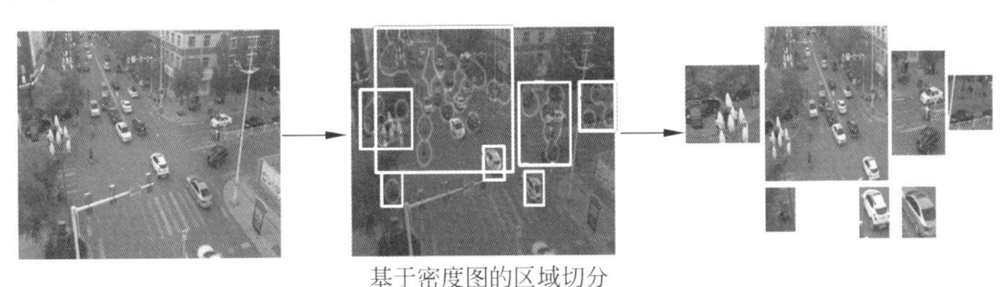

图 2-8 DMNet 算法流程示意图[7]

SAIC 目标检测方法[8]采用对小目标的相对尺寸进行估计的方式实现尺寸自

适应的目标检测。其流程示意图如图 2-9 所示。该方法通过设计特定的神经网络对每幅输入图像预测目标的尺寸等级，根据目标尺寸等级选择图像均匀切分的方式。相比最小的目标尺寸等级，使用生成式模型生成超分辨率图像，可降低低分辨率对目标检测的影响。同时引入图像的自适应裁剪切分方式。对于以目标为主且目标分布较密集的图像，选择更密集的划分方式，以适应目标尺寸和分布。然而，该方法针对每张图像只能生成一种尺度划分，在应对斜向视角的无人机图像存在的目标尺寸差异时仍有困难，即对图像中既存在大尺寸目标也存在小尺寸目标的情况缺乏适应性。

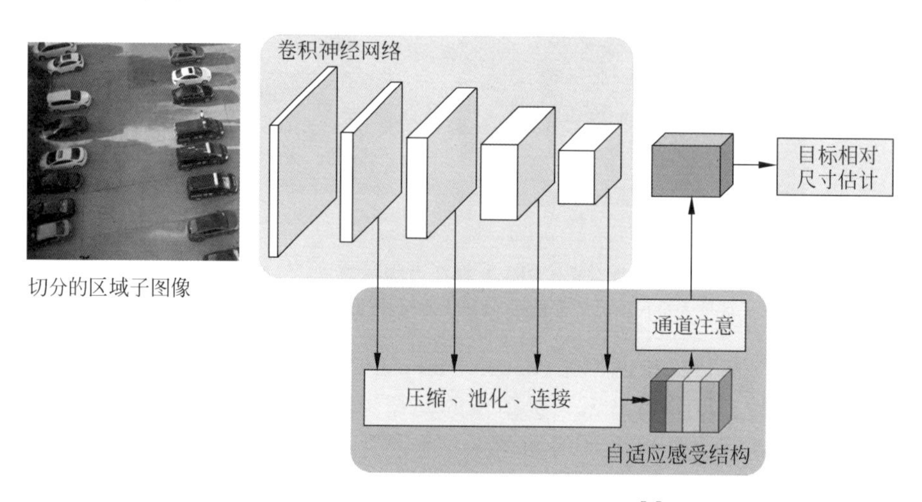

图 2-9 SAIC 目标检测方法流程示意图[8]

统一前景打包的多代理检测网络(multi-proxy detection network with unified foreground packing，UFPMP-Det)[9]建立从粗到细的层次化检测框架，并引入拓展模块以实现无人机目标检测。一方面，为解决无人机图像中小目标占比高的问题，首先利用粗粒度的检测器结合聚类方法获取前景区域，将切分出的前景子图像打包并进行自适应区域放大，从而统一利用细粒度检测器输出检测结果。这种统一打包输入细粒度检测器的方式可以提升从粗到细的整体检测框架的检测效率。另一方面，无人机图像由于目标分辨率低，相似类别间的目标实例差异可能不足。为解决类间相似性和类内相似性之间的严重混淆，引入多代理学习设计检测器的多类分类分支，以学习灵活的分类边界。

2.3.2 基于尺度自适应特征的无人机目标检测

在卷积神经网络中，一个神经元节点的响应值可对应原始输入图像中的一个局部区域，即局部感受野。由于卷积神经网络具有不同的层次结构，不同层卷积的感受野也有差异。在目标检测过程中，目标尺寸与感受野相匹配，有助于目标相关的特征表示和检测性能的提升。然而，图像中的目标尺寸并不固定，且在无人机图像中目标尺寸差异巨大，从而导致极端尺寸的目标缺乏匹配的特征提取层。因此，如何应对无人机场景图像中的目标尺度极端差异，使目标检测网络能够适应极端的尺度变化是一个难点问题。为改善网络模型对目标尺寸变化的自适应能力，现有的方法思路主要分为两个方面：图像层面的尺度自适应和特征层面的尺度自适应。

1. 图像层面的尺度自适应

由于拍摄视角、距离及目标自身属性等原因，通常一幅图像中可能存在多种尺寸的目标。对于图像中的大目标而言，适当缩小图像可将大目标尺寸调整到一个合理的范围。对于无人机对地图像中大量存在的小目标而言，需要将图像适当放大，从而将小目标的尺寸调整至可与卷积神经网络的感受野匹配。图像金字塔是一种直接有效的尺度自适应方法，其通过多尺度缩放图像获取对不同尺寸目标的适配性。如图 2-10 所示，首先对输入图像进行插值，得到一系列不同分辨率的图像，构建图像金字塔并将不同尺寸的目标分配至图像金字塔的不同层。多层图像金字塔使每个目标都可以在图像金字塔中的某一层获得合适的尺寸，与检测器网络的感受野相匹配，提升目标关联的特征表征能力，进而提升检测性能。

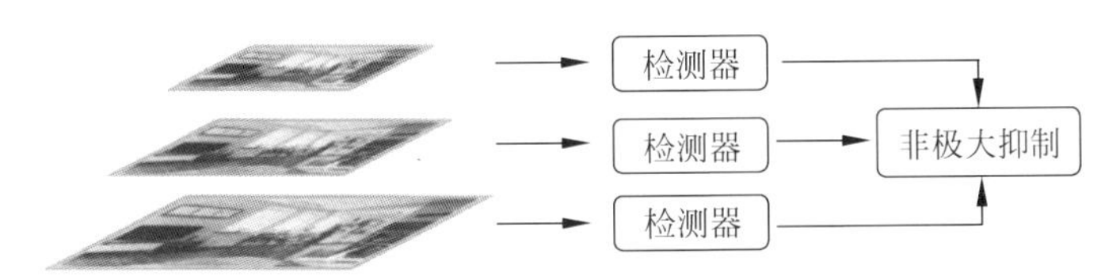

图 2-10 图像金字塔方法示意图

SNIP[10]一文中发现，将单个分辨率下训练的卷积神经网络直接应用于其他分辨率图像，会导致严重的检测性能下降。对图像整体进行缩放时，大目标尺寸会在放大后的图像中进一步增大，而小目标尺寸会在缩小后的图像中进一步减小，从而导致图像金字塔中出现大小更极端的目标，影响卷积神经网络的训练学习。为提升检测器对不同分辨率图像的适应性，需要优化卷积神经网络的训练过程。针对上述问题，SNIP 将图像金字塔中不同分辨率的图像引入神经网络的训练，并对多尺度的图像训练方式进行了优化。具体而言，训练过程中只保留落入适当尺寸范围的目标，进行损失计算和梯度回传，避免极端大和极端小的目标对神经网络训练的干扰。在测试阶段，也只保留图像金字塔中每个尺度检测获取的一定尺寸范围内的目标，最后经过非极大值抑制得到目标检测的结果。通过尺寸选择性训练和推理测试，SNIP 有效缓解了目标尺寸差异对神经网络训练的负面影响，在一定程度上保证了目标尺寸与卷积神经网络的感受野相适配，进而提高了目标检测性能。

SNIPER[11]是 SNIP 的进阶版本，其对图像金字塔的训练方式进行了进一步优化。SNIP 将图像金字塔的每一层图像都作为输入进行特征提取。在训练过程中，为了适配目标尺寸与神经网络的感受野，SNIP 会过滤大量理想尺寸范围外的目标，避免特征提取阶段的大量冗余计算。SNIPER 对此进行改进并提出了将子图像(块)作为尺度变化单元的训练方法,将整幅图像划分为多个不同尺寸的子图像(块),再对子图像(块)进行缩放,使其中的目标尺寸尽可能都落在合适的尺寸范围内。在训练过程中,将这些子图像(块)作为输入,只保留合适尺寸范围内的目标进行训练。相比 SNIP,SNIPER 通过图像分块分析的方式提高了理想尺寸范围内目标的占比,从而提高了训练效率。SNIP 和 SNIPER 都聚焦多尺度目标的训练问题,通过过滤理想尺寸范围外的目标,避免极端大或极端小的目标在训练过程中对神经网络参数优化的影响,使网络更关注一定尺寸范围内的目标特征,匹配网络的感受野与目标尺寸范围,从而提升存在显著尺度差异目标的检测性能。

AutoFocus[12]设计了迭代聚焦的检测方法。不同于对整幅图像建立图像金字塔结构的方法,AutoFocus 采用由粗到细逐步迭代聚焦的方式,只处理可能包含更精细小物体的区域。如图 2-11 所示,该方法的网络框架分为两个分支,其中一个分支针对输入图像进行常规的目标检测流程,另一个分支在输入图像上预测进一步聚焦的图像区域,将该聚焦区域放大后作为新的输入图像进行迭代检测。AutoFocus 的逐步聚焦方式实现了对特定区域目标进行尺度缩放后的检测,避免了图像金字塔作为输入时的检测效率低下问题。一方面保持了目标尺度自适应的特点,即聚焦的图像区域会被进一步放大以调整目标的尺寸,使目标尺寸与神经网络的感受野尽可能匹配。另一方面,通过逐步聚焦图像区域的方式,大幅减少了冗余的计算量,即神经网络只在聚焦的关键区域进行多尺度检测,提高了检测效率。AutoFocus 的迭代聚焦检测方法提供了无人机目标检测的一种思路。

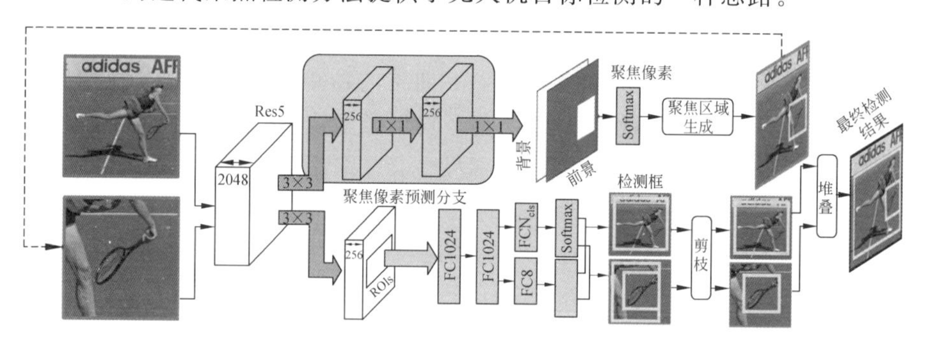

图 2-11 AutoFocus 目标检测方法[12]

2. 特征层面的尺度自适应

图像层面的尺度适应性聚焦输入图像的缩放、裁剪等操作以获取多分辨率图像输入,使变化分辨率的图像中的目标尺寸可以主动与神经网络的感受野和特征表征能力保持一致。除此之外,另一个思路是在神经网络的特征提取过程中,赋予神经网络对不同尺寸目标特征的适应能力,通过对不同感受野的特征进行有效融合,从特征表征的角度提高神经网络对目标尺寸变化的适应性。相比图像层面的尺度自适应,此类方法是特征层面的尺度自适应方法。以卷积神经网络为例,由于卷积核的尺寸相对固定,导致网络中每层的感受野相对固定。由于卷积神经网络的层次结构,浅层网络通常感受野较小,而深层网络的感受野较大,即随着网络层数的加大,深层网络的特征感受野也随之增大。通过对卷积神经网络的响应进行可视化可以发现,卷积神经网络的浅层特征是一些相对低阶的纹理和边缘特征,深层特征则具有更大的感受野,并能提取到更高阶的语义特征。然而,由于目标存在尺寸差异,特定层的感受野和特征图分辨率难以兼顾所有尺寸的目标。小尺寸目标在分辨率相对较高的浅层特征图上分布分散,而大尺寸目标通常在整体图像中占比较高,需要感受野覆盖范围足够大,才可以全面提取目标的特征,因此与网络深层的感受野更加匹配。考虑到不同尺寸目标的特征可能在网络不同层的特征图上出现高响应,且分布分散利于检测,需要对不同层、不同感受野的特征进行有效的融合,以提高特征对尺寸的鲁棒性。

特征金字塔网络[2]是一种在目标检测领域常用的特征尺度自适应方法。通过对不同深度层的特征图进行融合,增强特征图的感受野范围,得到的特征金字塔具备语义表征能力相对均衡的多尺度特征图。进一步将不同尺寸的目标分配到多尺度特征金字塔的相应特征层,可使目标尺寸与特征图分辨率、感受野范围相匹配。与图像金字塔相似,特征金字塔在特征层面融合了感受野和分辨率均有差异的特征图,可实现特征层之间的信息互补,并将深层的高阶语义信息传递到浅层,并对浅层特征的语义表征能力进行增强。具体实现过程如下:首先利用基于卷积神经网络的基线网络提取特征,通常神经网络中存在下采样操作以逐步减小特征图的分辨率,在减小计算量的同时增加深层特征的感受野。特征金字塔方法则对深层的特征图进行上采样,并与浅层的特征图相融合,实现从深层特征到浅层特征的信息传导通路,增强浅层网络特征的高阶语义表征能力。特征金字塔可以获取不同分辨率的特征图。在检测过程中,根据目标尺寸大小将目标分配到特征金字塔的不同层,从而使目标尺寸与网络感受野、特征图分辨率相匹配,从而实现尺度自适应的目标特征表征与目标检测。特征金字塔是解决目标检测中尺度差异的一种十分有效的方法,在各种目标检测中都得到了广泛应用。

在特征金字塔网络的基础上,也有许多研究者进行了进一步的改进。PANet[13]和AugFPN[14]在原有特征金字塔FPN的结构上增加了一条由浅层至深层的特征融合支路。通过将浅层特征富含的图像细节信息传递至深层特征,进一步实现深层特征和浅层特征的互补。此外,针对将不同尺寸目标分配至不同特征层的方式提出了更具适应性的方法,对于每个目标,利用各特征层的特征进行动态加权融合,通过网络自主选择合适的特征,进一步提高了网络对目标尺寸的适应性。EFF-FPN[15]认为,相邻层之间自上而下的特征连接通路对小目标检测的影响是双向的,提出融合因子以灵活控制网络深层传递给浅层的信息。

因此,针对无人机目标检测中广泛存在的目标尺寸小及尺寸差异大的问题,需要构建尺度自适应的目标检测模型。除上述聚焦图像自适应切分的方法外,仍需要针对尺度差异提出解决方案的方法。此外,现有基于文本模态的目标检测方法[16-17]可提升在自然数据集上的小目标检测精度。这是由于文本模态特征可视作一种知识表示，当目标的视觉信息不足时，引入知识表示可以弥补低分辨率带来的视觉信息不足，提升小目标表征和小目标检测能力。

2.4 无人机目标检测应用示范

在目标检测中，低分辨率的小目标由于表观信息不足，极易被漏检。而在无人机目标检测任务中，小目标占比高，因此如何提升小目标的检测性能是非常重要的问题。针对小目标视觉信息不足的问题，常用方法是对输入图像直接进行上采样，通过插值的方式增大图像尺寸，进而增加小目标所占像素数，以保证小目标经过神经网络一系列下采样后仍可以在特征图上保留信息。然而，对于宽视角的无人机场景图像而言，对整幅图像进行上采样处理并不切实可行。一方面，无人机拍摄的对地图像尺寸大，由于计算资源的限制，难以将图像放大到足够大的尺寸使其中的小目标达到适宜检测的尺寸范围。另一方面，对于无人机对地的场景图像中，由于视角变化的原因，小目标和大目标可能同时存在于同一幅图像，且目标尺寸差异较大。将整幅图像进行上采样并不能解决现有特征表征难以适应极端的目标尺寸变化的核心问题。此外，在无人机对地图像中还存在大量的背景区域，对整幅图像的放大会增加大量不必要的计算量，影响整体图像的目标检测效率。

为解决上述问题，可以基于强化学习(deep reinforcement learning，DRL)的方法建立无人机图像的区域聚焦(感知示意如图 2-12 所示)网络，并引入区域聚焦网络和目标检测网络的联合学习。在强化学习中，奖励是环境反馈给智能体的信号，也是策略优化的目标。奖励以最大化期望奖励为优化目标，指导智能体学习最优策略。现有数据集中并不存在区域切分的标注信息，因此难以使用监督学习的方法进行优化。且对于区域聚焦任务而言，原本就不存在明确的定义和划分。因为对于一幅无人机对地场景图像而言，不存在人为唯一确定且判定正确的区域聚焦方式。这一点明显区别于有明确定义的目标边界。考虑到区域划分缺乏唯一确定的标准，且为避免区域划分可能带来的额外人工标注及大量人力成本，使用强化学

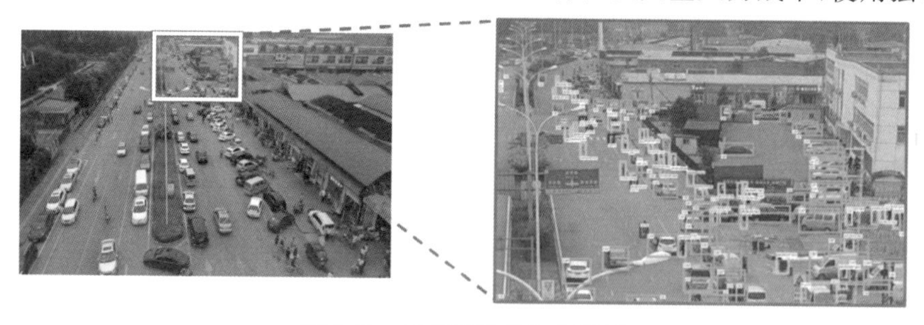

图 2-12 区域聚焦感知示意图

注：在无人机目标检测中，区域聚焦可实现对小目标密集分布的区域定位。

习奖励建模的方式指导优化区域聚焦网络。与监督学习不同，强化学习中的奖励函数可以在没有明确区域划分边界定义的条件下指导智能体的优化。此外，强化学习也不会对聚焦的区域给出正确和错误的硬性评估，而是通过一个连续值对聚焦区域的质量进行评估，更符合自适应区域聚焦的评价。

具体而言，强化学习是一种对马尔可夫决策过程的建模求解方法[18-19]。区域聚焦的马尔可夫决策过程建模如图 2-13 所示，使整个区域聚焦过程分别对应马尔可夫决策过程中的状态、策略、行为、奖励等要素。在该过程中，将一个时间步定义为智能体根据当前状态生成策略和行为，与环境互动获取奖励并更新状态的完整过程。若当前正在进行第 t 个时间步，则具体要素建模如下。

状态 S_t：状态是智能体采取行为的基础，其包含历史聚焦和基础特征两部分，分别记为 H_t 和 F_t。历史聚焦记录了过去所有时间步生成的聚焦区域，以保证状态的马尔可夫性。基础特征则描述了无人机对地场景图像的整体特征，为区域聚焦策略提供完整的图像信息，例如无人机中目标的分布信息，为区域聚焦提供依据。

行为 A_t：在区域聚焦中，一个行为即聚焦一个具体的区域，获得该区域的完整描述。在区域聚焦中，一个行为可解耦为三个组成部分，分别为区域中心位置、区域尺寸及区域形状，分别记为 a_f、a_s、a_r。通过确定 a_f、a_s、a_r 可唯一确定一个聚焦区域。

策略 π_θ：描述了当前状态下采取各行为的概率分布。对应于行为，策略也可解耦为三个部分，分别描述了区域中心位置、区域尺寸和区域形状的概率分布，分别记为 p_f、p_s、p_r。行为根据策略进行采样获得一个聚焦区域。

奖励 r_t：奖励作为对智能体的反馈，描述了聚焦区域的质量。根据当前产生的聚焦区域对状态进行更新，得到新的状态 S_{t+1}，完成整个时间步。

接下来分别对强化学习的状态、策略等模块的网络结构及流程进行相应的策略设计。如图 2-13 所示，原始图像首先经骨干网络提取图像特征信息，然后与初

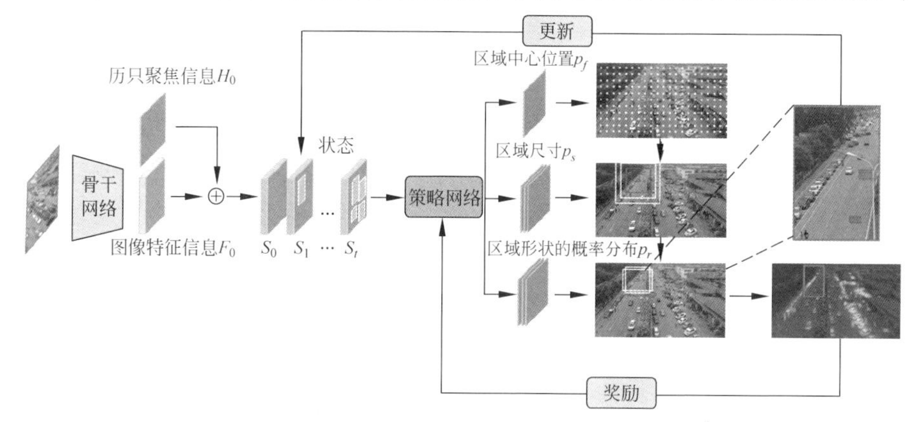

图 2-13 区域聚焦的马尔可夫决策过程建模

始历史聚焦信息结合形成初始状态，策略网络以状态为输入，生成三个分支，分别对应聚焦区域中心位置的概率分布、聚焦区域尺寸的概率分布和聚焦区域形状的概率分布。在由策略生成行为的过程中，依次根据三个概率分布图确定聚焦区域的中心位置、聚焦区域的尺寸，最后确定聚焦区域的形状，生成最终行为，即一个聚焦区域。根据聚焦区域计算对应的奖励，并对状态进行更新，生成下一时间步的聚焦区域。

区域聚焦模型需要与目标检测相结合，即在聚焦区域上使用目标检测方法进行检测。联合训练将区域聚焦网络和目标检测网络的优化学习统一到一个框架中。采用联合迭代的方式对两个网络进行训练，可提高两个网络间的适应性，进而获得更优异的检测效果。如图 2-14 所示。首先，在原始图像上训练一个目标检测网络，然后固定目标检测网络的权重，训练区域聚焦网络。同时将目标检测的结果引入奖励，使区域聚焦网络根据奖励进行优化，联合目标检测网络的反馈更关注需要聚焦的区域。具体而言，使用目标检测网络对输入图像进行检测，对于图像中的每个目标 $B_{\text{box}}=\{B_i \mid i=1,2,\cdots,N\}$，目标检测网络都会输出一个检测置信度 $c=\{c_1,c_2,\cdots,c_N\}$。置信度高的目标可认为是简单样本，容易被检测器检出，在区域聚焦的奖励中占比也相应较小。而对于置信度低的样本，目标检测网络的判定存在较大的不确定性，属于困难样本，需要区域聚焦网络更高的关注权重。基于以上设计，区域聚焦网络在优化过程中会受到奖励的引导，更关注目标检测网络检测效果不好的区域，该区域预测的目标置信度普遍较低。在区域聚焦网络训练稳定后，固定其参数并进一步在尺度自适应区域训练目标检测网络。上述联合训练的过程可发挥困难样本挖掘的作用，从而提升目标检测网络的性能。类似地，进一步迭代交替训练目标检测网络和区域聚焦网络。通过这种迭代联合训练的方式，使目标检测网络和区域聚焦网络相互配合，相互优化，不断提升最终检测效果。

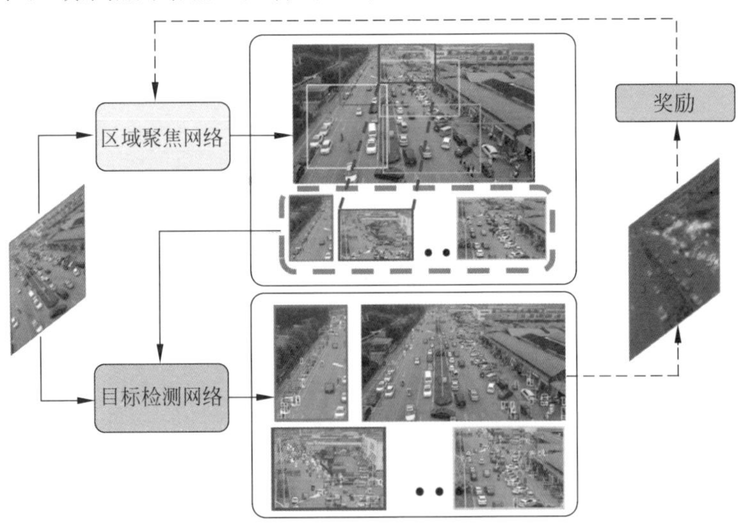

图 2-14 联合训练示意图

图 2-15 对上述基于强化学习策略的区域自适应选择与聚焦方法的结果进行了可视化。图中第一行是现有常用目标检测模型 Faster R-CNN 直接在原始无人机对地图像上检测的结果。图中第二行是基于强化学习的区域聚焦网络在无人机对地图像上生成的聚焦区域,在此仅选取了前 3 个聚焦的区域,其中每个区域左上

图 2-15　区域候选和无人机对地目标检测可视化示意图

角的编号为其生成顺序。图中第三行是联合上述区域聚焦方法和目标检测模型的检测结果。第四行则是选取其中一个聚焦区域进行放大展示，更细致地可视化观察小目标区域的检测效果。从图中可以看出，基于强化学习的区域自适应聚焦选择的区域具有一定的合理性，且聚焦区域具有尺度自适应能力和一定的形状自适应能力。聚焦区域的尺寸和形状与聚焦区域中的目标分布特点相匹配。即对于小目标，聚焦区域的尺寸更小；而对于较大的目标，聚焦区域尺寸自适应地增大。对于不同的目标分布特点，例如，沿街道细长分布的目标，聚焦区域调整其形状以适应狭长的分布。上述可视化分析表明了区域聚焦方法的自适应能力，从检测结果的可视化也可以看出方法的有效性。联合区域聚焦的方法可以显著提高小目标的检测效果。

参考文献

[1] ZHU P,WEN L,BIAN X,et al. Vision meets drones: a challenge[J]. ArXiv preprint arXiv: 1804.07437,2018.

[2] LIN T Y,DOLLÁR P,GIRSHICK R,et al. Feature pyramid networks for object detection [C]. Proceedings of the IEEE Conference on Computer Vision and Pattern Recognition, 2017: 2117-2125.

[3] WANG Y, YANG Y, ZHAO X. Object detection using clustering algorithm adaptive searching regions in aerial images[C]. European Conference on Computer Vision,Springer, 2020: 651-664.

[4] CHENG Y. Mean shift, mode seeking, and clustering[J]. IEEE Transactions on Pattern Analysis and Machine Intelligence,1995,17(8): 790-799.

[5] YANG F, FAN H, CHU P, et al. Clustered object detection in aerial images [C]. Proceedings of the IEEE/CVF International Conference on Computer Vision, 2019: 8311-8320.

[6] ZHANG J,HUANG J,CHEN X,et al. How to fully exploit the abilities of aerial image detectors[C]. Proceedings of the IEEE/CVF International Conference on Computer Vision Workshops,2019.

[7] LI C,YANG T,ZHU S,et al. Density map guided object detection in aerial images[C]. Proceedings of the IEEE/CVF Conference on Computer Vision and Pattern Recognition Workshops,2020: 190-191.

[8] ZHOU J, VONG C M, LIU Q, et al. Scale adaptive image cropping for UAV object detection[J]. Neurocomputing,2019,366: 305-313.

[9] HUANG Y,CHEN J, HUANG D. UFPMP-Det: toward accurate and efficient object detection on drone imagery [C]. Proceedings of the AAAI Conference on Artificial Intelligence,2022,36(1): 1026-1033.

[10] SINGH B,DAVIS L S. An analysis of scale invariance in object detection snip[C]. Proceedings of the IEEE Conference on Computer Vision and Pattern Recognition,2018: 3578-3587.

[11] SINGH B, NAJIBI M, DAVIS L S. SNIPER: efficient multi-scale training[C]. Advances in Neural Information Processing Systems, 2018, 31.

[12] NAJIBI M, SINGH B, DAVIS L S. Autofocus: efficient multi-scale inference[C]. Proceedings of the IEEE/CVF International Conference on Computer Vision, 2019: 9745-9755.

[13] LIU S, QI L, QIN H, et al. Path aggregation network for instance segmentation[C]. Proceedings of the IEEE Conference on Computer Vision and Pattern Recognition, 2018: 8759-8768.

[14] GUO C, FAN B, ZHANG Q, et al. Augfpn: improving multi-scale feature learning for object detection[C]. Proceedings of the IEEE/CVF Conference on Computer Vision and Pattern Recognition, 2020: 12595-12604.

[15] GONG Y, YU X, DING Y, et al. Effective fusion factor in FPN for tiny object detection[C]. Proceedings of the IEEE/CVF Winter Conference on Applications of Computer Vision(WACV), 2021: 1160-1168.

[16] GU X, LIN T Y, KUO W, et al. Open-vocabulary object detection via vision and language knowledge distillation[C]. International Conference on Learning Representations (ICLR), 2022.

[17] ZHONG Y, YANG J, ZHANG P, et al. RegionCLIP: region-based language-image pretraining[C]. Proceedings of the IEEE/CVF International Conference on Computer Vision, 2022: 16793-16803.

[18] BELLMAN R. A Markovian decision process[J]. Journal of Mathematics and Mechanics, 1957: 679-684.

[19] MNIH V, KAVUKCUOGLU K, SILVER D, et al. Human-level control through deep reinforcement learning[J]. Nature, 2015, 518(7540): 529-533.

[20] XU J, LI Y, S WANG. AdaZoom: towards scale-aware large scene object detection[J]. IEEE Transactions on Multimedia, 2022, 25: 4598-4609.

第3章

人 脸 检 测

3.1 人脸检测概述

3.1.1 人脸检测的应用需求

人脸检测任务要求定位图像或视频中人脸的位置，是获取人脸信息的重要手段之一，最早作为人脸识别任务中的定位环节[1]。近年来，随着人脸识别的应用场景越来越广泛，人脸检测面临的环境条件也越来越复杂，逐步成为一个独立的研究课题。

从学术层面来说，人脸检测具有重要的研究价值。人脸是一类非刚体目标，具有相当复杂的细节变化，主要体现在以下方面。

(1) 多样性。人脸包含很多变化多样的细节和特性，比如发型、肤色、表情等。

(2) 遮挡。眼镜、口罩、佩戴物等的遮挡，以及外界环境引起的遮挡等。

(3) 姿态变化。人脸的姿态变化范围很大，侧脸、倾斜、抬头、低头都很普遍。

(4) 复杂的成像条件。背景可能存在多样的变化，环境的改变、光照的变化等都会对人脸成像造成影响。

除了目标人脸成像的复杂性造成的检测困难外，实际应用中海量的数据既影响人脸检测算法的精度，也影响效率。如何优化人脸检测算法，使其能够在短时间内处理大量数据，也是人脸检测课题研究的重点之一。

从应用层面来说，人脸检测与人脸识别已被广泛地应用于身份认证、账户注册、金融支付、安全防控等诸多领域。图 3-1 展示了人脸检测与人脸识别常见的应用场景。人脸检测是人脸识别的基础和必要环节，只有先从图像中检测和定位出人脸，才能对人脸进行识别和其他分析。随着应用领域的逐步扩展，人脸检测与人脸识别的应用场景逐渐从主动配合式封闭场景向非配合式开放场景拓展。更加复杂多变的应用场景对人脸检测方法提出了更高的要求。除了应用于人脸识别问题，人脸检测在其他图像处理应用中也发挥着重要作用。比如数码相机的人脸对焦功能就是通过人脸检测算法,将人脸区域作为自动对焦的区域;图像编码中的ROI编码,可以通过人脸检测为人脸区域赋予更低的压缩码率等。高效、准确地检测出人脸,是与人脸图像应用有关的各种算法和系统成功运行的前提。

移动支付

身份比对

安全防控

智能相机

图 3-1 人脸检测与人脸识别常见的应用场景

3.1.2 研究人脸检测的基本方法

人脸检测问题是计算机视觉领域最重要的研究课题之一。在过去的几十年中,很多研究者在人脸检测问题上做出了创新而有意义的贡献。根据 M. H. Yang[2] 的分类方法,人脸检测方法可以分为以下 4 类。

(1) 基于先验知识的方法。基于已知人脸的先验知识,用预定义的规则检测人脸,比如人脸由两只眼睛、一个鼻子和一张嘴等器官组成。

(2) 基于不变特征的方法。利用一些在不同环境条件下不变的特征(如人脸的肤色、纹理等)检测人脸。

(3) 基于模板匹配的方法。预先存储若干典型人脸模板,通过计算输入图像与人脸模板之间的相关度检测人脸。

(4) 基于表观的方法。给出一定数量的训练图像,包括正样本人脸图像和负样本非人脸图像,通过机器学习方法训练分类器,在图像中进行人脸检测。

前 3 类方法对人脸的描述能力有限,只适用于有约束的主动配合式封闭场景。当人脸的变化更多样时,难以用有限的规则或模板涵盖所有可能的情形。目前,主流的人脸检测方法都是基于表观的方法,因此无论是研究者还是应用者,通常主要关注此类人脸检测方法。根据提取特征方式的不同,可以将人脸检测方法分为基于手工设计特征的人脸检测方法和基于深度卷积神经网络特征的人脸检测方法。此外,通用目标检测方法也为人脸检测的研究提供了重要参考。

1. 基于手工特征的人脸检测方法

基于手工设计特征的人脸检测方法中,最具代表性的是由 Viola 和 Jones 提出的基于哈尔(Haar)特征和自适应提升方法(AdaBoost)分类器的人脸检测方法[3]。这种方法通过滑动窗口产生人脸候选区域,如图 3-2 所示。这种方法依次用可变大小的矩形框,按照一定的步长逐步移动,遍历整幅图像,产生成千上万个人脸候选区域。对每个候选区域计算若干个矩形特征(哈尔特征),如图 3-3(a)所示。训练出与这些矩形特征对应的弱分类器,再通过自适应提升方法挑选出最优弱分类器,将若干个最优弱分类器通过加权投票的方式组成一个或多个强分类器。应用时,每个候选窗口逐级通过多个最优弱分类器,如果置信度低于阈值,则不再进行下一级分类器的判断。通过所有多级分类器的候选区域被判断为人脸区域。这种方法第一次使人脸检测满足了实时速度的要求,为人脸检测的实用化奠定了基础。

图 3-2 滑动窗口产生人脸区域

诸多研究者在此基础上扩展了特征的类型,提出了更多人脸检测方法。Lienhart 等[4]去掉了对角特征,并加入了 45°倾斜特征和中心环绕特征,如图 3-3(b)所示。Li 等[5]提出了尺寸和间距可变的矩形特征。Viola 和 Jones[6]在其基本哈尔特征的基础上又提出了对角线滤波器特征。这些对哈尔特征的扩展使特征对人脸的描述能力更强,人脸检测的准确性得以提升。另一种在人脸检测中得到广泛应用的是

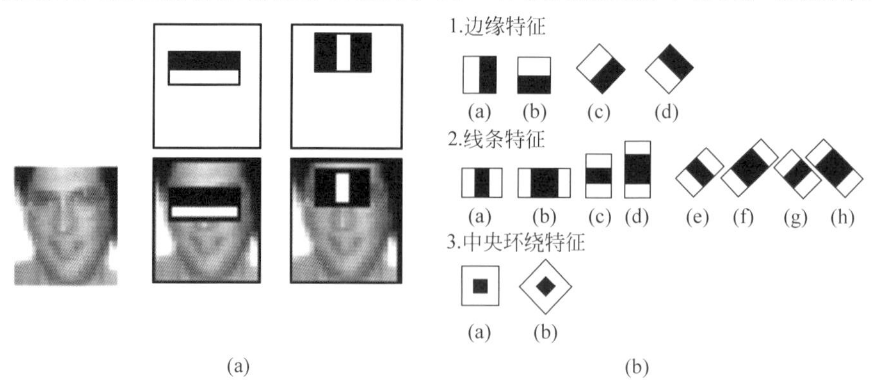

图 3-3 哈尔特征示意图

局部二值模式(local binary pattern,LBP)特征,这种特征将一个 3×3 邻域内的每个像素值以特定阈值二值化,得到一个 8 位的二值编码。LBP 特征对光照变化不敏感,且计算简单,因此基于 LBP 特征的人脸检测器速度较快。Chen 等[7]基于 LBP 特征,联合训练人脸检测与关键点定位,提高了算法的计算效率。手工设计特征对正脸和偏转角度较小的人脸有较强的描述能力。而在非约束场景下,人脸模式变化范围大,且受到姿态、遮挡、光照、模糊等多方面影响,基于手工设计特征的人脸检测器无法应对这些情况。

2. 基于深度卷积神经网络特征的人脸检测方法

近年来,卷积神经网络(convolutional netural networks,CNN)在图像处理和模式识别领域取得了巨大成功。卷积神经网络是一个多层前向神经网络,每层由多个二维特征平面组成,每个平面又由多个独立神经元组成。它的权值共享网络结构使其类似于生物神经网络,降低了网络模型的复杂度,减少了权值的数量。图 3-4 展示了一个经典的卷积神经网络 LeNet 结构示意图[8],用于手写字符分类。它由多个卷积层、池化层和全连接层组成。

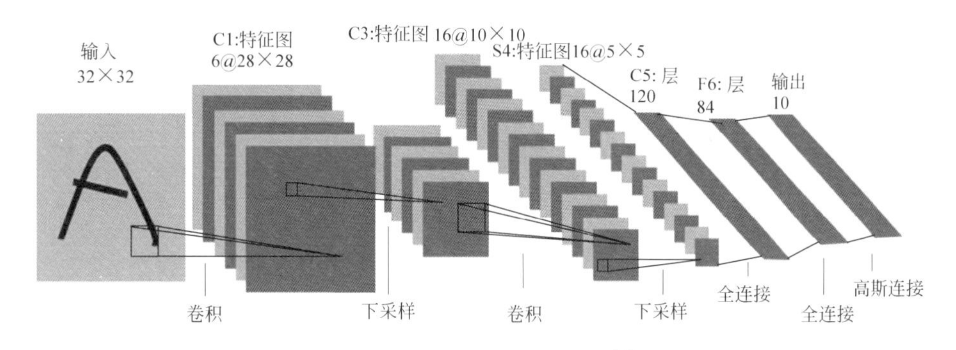

图 3-4　一个经典的卷积神经网络 LeNet[8]结构示意图

卷积神经网络的三个核心概念分别是局部感受野、权值共享和池化操作。

局部感受野是指每个神经元只关注上一层特征图中一定范围的局部区域。在传统的神经网络中,每个神经元与上层所有的神经元权值连接,导致计算成本过高。如果输入图像的尺寸是 1000×1000,采用全连接,第一层的每个神经元会与图像中的每个像素点产生连接,这时如果第一层有 1000 个神经元,那么仅这一层就会产生 1000×1000×1000 个参数。实际上,由于相邻像素点的相关性,这些参数的冗余度非常高。因此卷积神经网络引入了局部感受野机制,即每个神经元只需对图像的局部区域进行感知,没必要与所有像素进行连接。

权值共享是指不同位置的卷积操作采用同样权值的卷积核进行计算。在卷积神经网络中,需要对上一层特征图滑窗进行卷积计算,处理每个滑窗位置的卷积核权值相同。这样不仅能进一步减少参数数量,而且可将同样参数的卷积核看作一种特征模式,这种权值共享的卷积计算即可看作把图像中一种特定模式的特征提取出来。

池化操作是指将不同位置的特征进行映射，通常是一种降采样方式，能够降低特征维度，减少网络参数。常用池化方式有最大值池化和平均值池化两种。

卷积神经网络中，图像可以直接作为网络的输入，避免了传统识别算法中复杂的特征提取和数据重建过程。2012 年 Geoffery E. Hinton 等提出的基于深度卷积神经网络的方法[9]在 ImageNet[10]大规模图像识别竞赛中取得了惊人的成绩，以超过第二名 10%的准确率一举夺得该竞赛冠军，霎时间技惊业界，使卷积神经网络开始在图像识别领域大规模研究和应用。

此后，利用卷积神经网络提取深度特征替代手工设计特征的方法也逐渐在人脸检测领域得到研究和推进。基于卷积神经网络的深度特征对人脸有更强的描述能力，基于深度特征的人脸检测方法对人脸的多样性有着更好的适应性。Li 等[11]使用了一个级联的卷积神经网络，其结构如图 3-5 所示。这种方法继承了自适应提升方法的思想，采用多级网络结构。为了兼顾计算效率与准确率，在前几层利用计算快速的小型网络结构，排除大量的非人脸区域，在后几层网络采用更复杂的网络结构，对人脸进行细致判断。这种方法的准确率比传统方法有所提高，但仍然需要计算滑动检测窗口产生人脸候选区域，非常耗时。此外，网络结构中前几层的小型网络容易将姿态变化大、有遮挡的人脸区域判断为非人脸区域，产生漏检。Densebox[12]使用了一个复杂的网络结构，对图像的每个像素都预测一个候选区域。大量的候选区域使非极大抑制(non-maximum suppression，NMS)计算过程非常耗时。Faceness-Net[13]学习了人脸不同器官的特征图，将这些器官的特征图叠加，得到人脸特征图并进行人脸检测。相比手工设计特征的人脸检测方法，基于卷积神经网络的人脸检测方法提取的特征更加鲁棒，准确性有了大幅提升，但是计算复杂度较高，计算效率难以满足快速处理海量数据的需求。

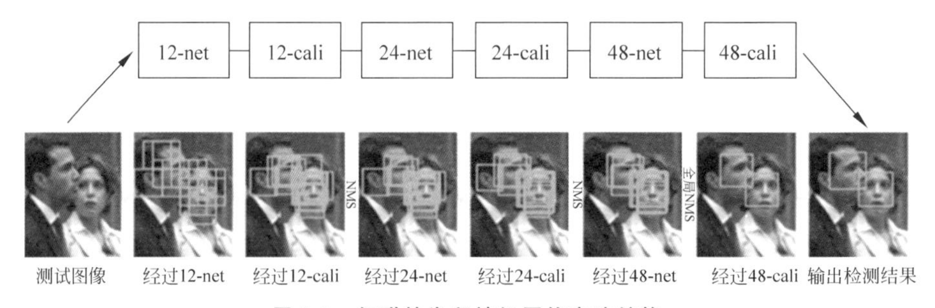

图 3-5 级联的卷积神经网络方法结构

3. 基于深度特征的目标检测方法

目前，基于卷积神经网络的目标检测取得了很大进展，这些方法对人脸检测的研究也有很大启发。R-CNN(基于区域的卷积神经网络)[14]、Fast R-CNN(快速基于区域的卷积神经网络)[15]、Faster R-CNN(更快速基于区域的卷积神经网络)[16]

和R-FCN(基于区域的全卷积网络)[17]系列方法在检测和分类准确率上都有了大幅提升。该系列方法的代表Faster R-CNN由候选区域产生网络(RPN)和Fast RCNN分类器网络组成。第一部分RPN产生候选区域,第二部分Fast RCNN对候选区域进行分类和校正。候选区域提取网络和分类网络共享前置卷积层。这种结构的网络能够实现端到端的训练和测试,提高目标检测效率和准确性。Jiang[18]直接将通用物体检测框架Faster R-CNN应用于人脸检测,取得了良好的效果。上述方法被称为二级检测框架结构。随后提出的YOLO[19]方法则是一个一级检测框架结构,它是一个可以一次性预测多个目标框位置和类别的卷积神经网络,能够实现端到端的目标检测和识别,其最大的优势是速度快。YOLO没有使用滑动窗口或提取候选区域的方式,而是直接对整幅图像进行网格划分来训练模型。这样可以更好地区分目标和背景区域,同时实现快速计算。但YOLO在提升检测速度的同时牺牲了一些精度。由于YOLO简单地对图像进行网格划分和处理,导致定位精度不高。另一个一级检测框架结构SSD结合了YOLO和Faster R-CNN中的锚框进行检测,准确率较YOLO有很大提升。与Faster R-CNN锚框的不同在于,SSD在多个感受野不同的特征图上选取锚框,能应对多尺度物体的检测。这些通用物体检测框架都有良好的适应性,经过适当的优化和样本训练,能够用于人脸检测。

从方法角度而言,目前人脸检测的研究主要集中在基于表观的方法,即给定一定数量的训练图像,训练分类器进行人脸检测。从特征使用角度而言,人脸检测特征逐渐从手工设计特征转向深度卷积神经网络提取特征。传统的手工设计特征模式非常有限,对于开放场景中模式多样的人脸目标,手工提取特征的表征能力十分单一,无法满足开放场景的人脸检测需求。深度卷积神经网络提取特征摒弃了手工设计的思想,从训练样本中自动学习特征表达的模式,因此深度特征对人脸的表征能力更强,更适应开放场景中多样的人脸检测需求。从候选区域产生角度而言,也逐渐从传统的滑窗方法转向用卷积神经网络预测候选区域。滑窗方法效率低下,计算复杂度高,造成后续特征提取部分产生大量重复计算,基于神经网络产生候选区域避免了在原尺寸大图上重复计算,大幅提升了候选区域产生的效率。产生候选区域和提取特征这两个部分从相对分离逐渐融合至一个检测框架,两个部分共享卷积神经网络计算,一方面提升了计算效率,另一方面两个任务能够同时训练,也使检测网络的训练和测试更便捷。随着研究的不断深入,人脸检测算法的准确率不断提升,应对遮挡、大角度等困难样本的能力也在逐渐增强。与此同时,人脸检测的计算复杂度也在不断上升,对硬件的要求越来越高。一般的卷积神经网络模型需要在GPU上才能进行计算,且模型参数众多,运行时需要占用大量内存。一方面,如何进一步提高人脸检测准确率,使同一个检测器能够应对尽可能多的困难场景;另一方面,如何设计网络结构,使网络能够快速处理大规模的数据,这些都是人脸检测的重要研究方向。

3.2 深度卷积神经网络人脸检测

为了应对复杂多变的人脸检测场景，在一般目标检测方法的基础上，研究者改进了候选区域产生和特征提取的方式，采用一种基于全卷积神经网络的人脸检测方法。在模型训练过程中引入了分类样本预训练和在线困难样本挖掘，增强了特征网络的表达能力。该方法能够检测到开放场景中多姿态、多尺度、多表情、遮挡、模糊的人脸，且准确率高，在国际主要的人脸检测数据库评测中性能表现良好。

3.2.1 一种常用的人脸检测方法框架

基于通用目标检测方法，提出了一种基于全卷积神经网络的高精度人脸检测方法。方法流程图如图 3-6 所示。一幅输入图像经过一个共享的全卷积特征提取网络得到一幅特征图，特征图相比原始图像尺寸大幅缩小，特征图对应的人脸位置响应值较高。特征图经过候选人脸产生网络时，对每个卷积位置应用 3×3 卷积，对多个不同尺寸的区域预测包含人脸的置信度和该区域向真值人脸区域的回归偏移量，得到可能包含人脸位置的候选区域。基于候选区域对应的特征图，计算位置网格加权特征，得到候选区域的特征向量。再根据特征训练分类器，判断该区域是否为人脸，并进一步对人脸区域进行位置校准，最终输出置信度高且定位准确的人脸区域。

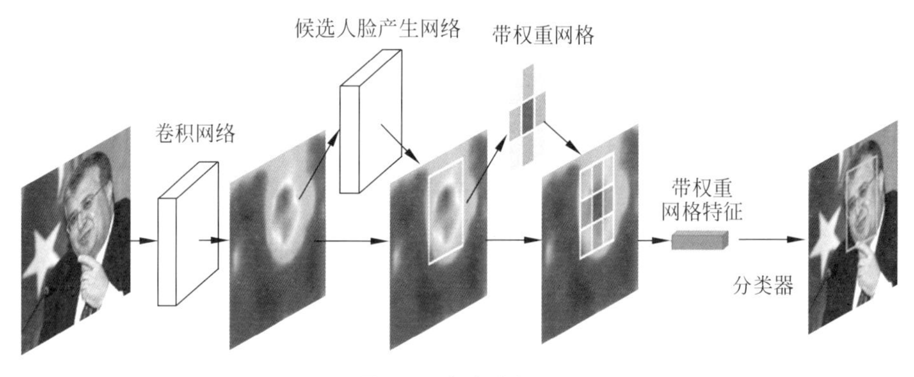

图 3-6 方法流程图

3.2.2 原理设计

1. 候选区域

有别于传统的滑窗方法产生候选人脸区域，受到 RPN[16] 算法的启发，采用卷积神经网络在特征图上产生人脸候选区域的方法原理示意图如图 3-7 所示。在特征图上进行 3×3 的卷积，以每次卷积运算时卷积核的中心为中心，对应原图上若干尺寸的矩形区域作为人脸候选区域，这些区域称为锚框。经过两个并行的全卷积神经网络结构，其中一个分支计算每个候选区域包含人脸的置信度，另一个分支计算候选区域的位置。

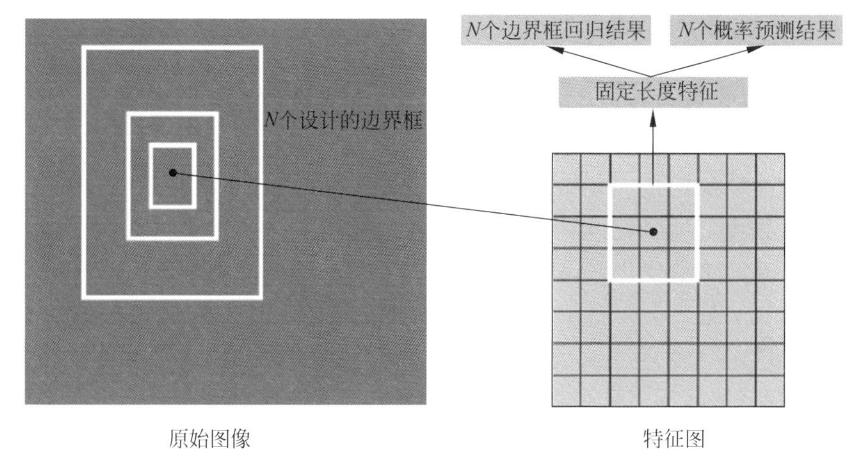

图 3-7　采用卷积神经网络在特征图上产生人脸候选区域的方法原理示意图

候选区域位置预测沿用了 R-CNN[14] 中的做法，计算由候选区域到校正候选区域的平移和缩放变化量如式(3-1)所示，其中 x_a、y_a、w_a、h_a 分别为锚框的中心横坐标、中心纵坐标、宽度和长度；x、y、w、h 分别为预测的候选矩形区域的中心横坐标、中心纵坐标、宽度和长度；x^*、y^*、w^*、h^* 分别为真值人脸矩形区域的中心横坐标、中心纵坐标、宽度和长度；t_x、t_y、t_w、t_h 为神经网络的 4 个预测值，分别对应候选框在宽度方向和长度方向的平移量和缩放量；而 t_x^*、t_y^*、t_w^*、t_h^* 分别为 t_x、t_y、t_w、t_h 对应的标签值，如式(3-2)所示。将预测置信度大于阈值的候选区域送入下一个模块，再次计算对应区域包含人脸的置信度；进一步校正矩形区域的位置，使其更接近人脸的真实位置。

$$t_x = \frac{x - x_a}{w_a},\quad t_y = \frac{y - y_a}{h_a},\quad t_w = \log\left(\frac{w}{w_a}\right),\quad t_h = \log\left(\frac{h}{h_a}\right) \tag{3-1}$$

$$t_x^* = \frac{x^* - x_a}{w_a},\quad t_y^* = \frac{y^* - y_a}{h_a},\quad t_w^* = \log\left(\frac{w^*}{w_a}\right),\quad t_h^* = \log\left(\frac{w^*}{h_a}\right) \tag{3-2}$$

2. 位置加权

至此，通过人脸候选区域产生网络的初步筛选得到了可能的人脸候选区域。这些候选区域的特征图经过一层卷积神经网络，得到校正候选区域的位置响应特征图。如果校正候选区域包含人脸，位置响应特征图对应区域的值就大，反之则小。将每个校正候选区域的位置响应特征图划分为若干方格，则每个方格对应的人脸部位不同。每个候选区域方格内平均相加，方格间加权相加，则每个候选区域得到一个长度相同的特征向量，如式(3-3)所示。

$$F=\frac{\sum_{i=1}^{n^2} w_i g(f_i)}{\sum_{i=1}^{n^2} w_i} \tag{3-3}$$

其中，F 是候选区域的加权位置特征，w_i 是每个方格的权重，f_i 是每个方格对应的特征，g 可以是最大池化操作或平均池化操作。

根据这个特征向量训练 Softmax（归一化指数函数）分类器，得出候选区域包含人脸的置信度。同时，由特征向量经过全卷积网络，输出校正候选区域与真实人脸区域的平移和缩放变化量，使最终给出的人脸区域窗口更准确。图 3-8(a)是加权网格示意图；图 3-8(b)展示了位置网格加权特征应用于人脸检测的几个例子，可以看到，在人脸遮挡和姿态角度较大的情况下，未被遮挡的人脸部分占有较大的权重，被遮挡的部分权重较小。对于这种困难情况，位置网格特征的加入改善了困难样本的特征分布，使算法能够处理图像中遮挡严重和姿态角度较大的人脸，增强了算法的鲁棒性。

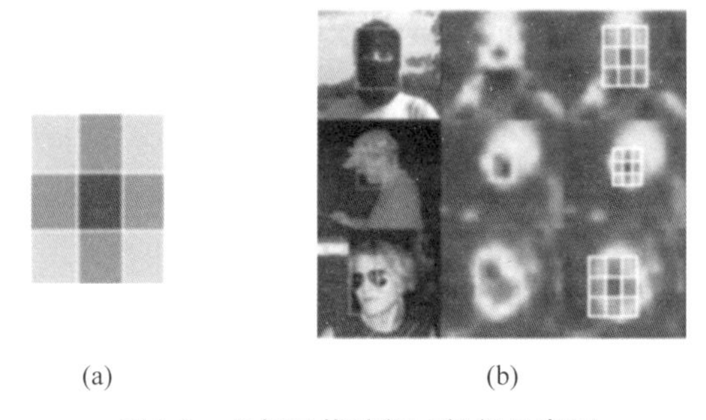

图 3-8 加权网格特征可视化示意图

3. 损失函数设计

在模型训练过程中，分类任务（将候选框分为背景类和人脸类）和定位任务（回归人脸候选框的位置）是一起学习的，其损失函数沿用了 Fast R-CNN[16] 中的做法，总的损失函数是分类损失和回归损失的加权和，如式(3-4)所示。

$$L=\frac{1}{N_{\mathrm{cls}}}\sum_i L_{\mathrm{cls}}(p_i,p_i^*)+\mu\frac{1}{N_{\mathrm{reg}}}\sum_i p_i^* L_{\mathrm{reg}}(t_i,t_i^*) \tag{3-4}$$

其中，L 是总损失函数，L_{cls} 是分类任务的损失函数，L_{reg} 是回归任务的损失函数，μ 是平衡两类损失的超参数。

对于一批候选区域，式中的每个 i 代表一个候选区域，p_i 和 p_i^* 分别代表这个候选区域是人脸区域概率的预测值和标签值。对于真值人脸区域，p_i^* 等于 1，否则等于 0。t_i 代表关于位置回归的 4 个变量 t_x、t_y、t_w、t_h，t_i^* 是这 4 个变量的标签值。N_{cls} 和 N_{reg} 分别代表一次性用于分类任务的候选区域数量和一次性用于回归任务的候选区域数量。

对于分类误差 L_{cls},采用交叉熵损失函数,其形式如式(3-5)所示。

$$L_{cls}(p_i, p_i^*) = -p_i^* \log p_i - (1-p_i^*)\log(1-p_i) \tag{3-5}$$

对于回归误差 L_{reg},采用 Smooth_{L_1}(平滑的 L1)损失函数,其形式如式(3-6)所示。

$$L_{reg}(t, t^*) = \sum_{j \in \{x,y,w,h\}} \text{Smooth}_{L_1}(t_j - t_j^*) \tag{3-6}$$

其中 Smooth_{L_1} 形式如式(3-7)所示。

$$\text{Smooth}_{L_1}(z) = \begin{cases} 0.5z^2, & |z| < 1 \\ |z| - 0.5, & \text{其他} \end{cases} \tag{3-7}$$

3.2.3 人脸检测测试

人脸检测模型通常在 FDDB(face detection data set and benchmark,人脸检测数据集和基准)、AFW(annotated faces in the wild,非约束场景人脸标注)、PASCALFaces(PASCAL 人脸)等多个数据集上进行测试,以检验方法性能。

FDDB 数据集是人脸检测竞争最激烈的数据集之一,众多知名互联网公司和学术机构都在 FDDB 数据集上对方法进行测试评估。FDDB 数据集评价指标的测试曲线横坐标为虚警数,纵坐标为真阳率(TPR),也称召回率,如式(3-8)所示。TPR 等于检测出的正样本数 TP 除以所有标签的正样本数 FP+FN,其中 FN 为被误认为是负样本的未被正确检测的正样本数。在人脸检测问题中,真阳率等于查全率。

$$\text{TPR} = \frac{\text{TP}}{\text{TP}+\text{FN}} \tag{3-8}$$

当虚警数一定时,查全率越高越好。上一节所述方法在测试曲线的大部分测试区段超越了其他方法,取得了优异的性能。在 FDDB 数据集上,上述人脸检测方法在虚警数为 300 的情况下,查全率达到 96.4%,最终查全率超过 98%。表 3-1 给出了主要人脸检测方法在 FDDB 数据集上的查全率。

表 3-1 主要人脸检测方法在 FDDB 数据集上的查全率

方法名称	查全率(虚警数为 300)
THU CV-AI Lab	0.964
BAIDU-IDL-v4	0.960
Xiaomi	0.958
MT-Face-v2	0.958
Deep IR	0.956
360-NUS	0.938
Linkface	0.908
TencentBestImage	0.860
Face++	0.826

图 3-9 给出了人脸检测的结果示例。可以看出应用的检测方法能够准确检测出测试图像中的人脸，对人脸的姿态、遮挡、尺度、分辨率等变化均有良好的鲁棒性。

图 3-9 人脸检测的结果示例

图 3-10 给出了大规模人群聚集场景的人脸检测结果。在这幅测试图像中，人脸尺寸的变化范围非常大，小尺寸人脸多且密集，应用的检测方法能够检测到图像中的大部分人脸，为人脸检测在安全监控领域等大规模人群聚集场景的应用提供了基础。

图 3-10 大规模人群聚集场景的人脸检测结果

3.3　人脸检测应用实例

人脸检测作为基础的视觉任务之一，应用非常广泛。本节将介绍人脸检测的两个应用实例：其一是人脸识别，这是人脸检测最重要的应用场景之一；其二是虚拟眼镜佩戴，该应用结合了计算机视觉和增强现实两个领域，具有一定的趣味性和商用价值。

3.3.1　人脸识别

人脸检测是人脸识别的基础和必需环节，人脸识别是人脸检测最重要的应用之一。人脸识别流程图如图3-11所示，包含人脸检测、关键点定位、人脸归一化、人脸特征提取，以及利用人脸特征在人脸特征库中比对，找出最相似的特征，给出身份识别结果。

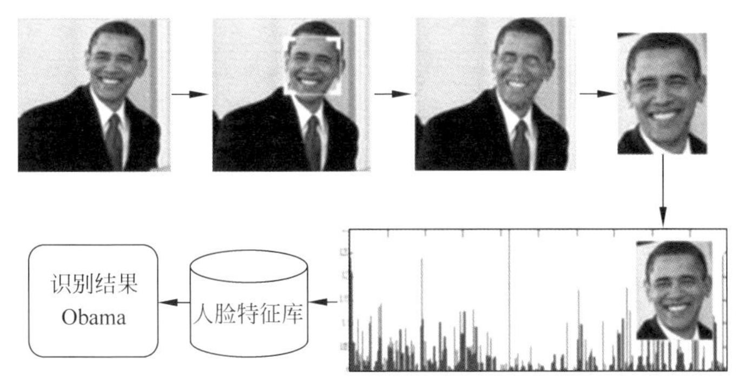

图3-11　人脸识别流程图

对于应用于人脸识别任务的检测算法，检测速度非常重要。通常采用压缩加速的检测模型，算法在GPU(GeForce GTX TITAN X)上处理单帧检测耗时小于10ms。同时采用两级人脸检测，提升小虚警时的查全率，增加人脸置信度分布的梯度，能够使真值人脸的置信度尽可能高，虚警的置信度尽可能低。人脸识别系统中的检测算法，可以通过一个阈值筛选出尽可能多的真值人脸，用于后续的识别环节。在训练人脸检测模型的过程中，可以通过样本筛选，在检测时重点关注角度、遮挡在限定范围的人脸，以配合人脸识别算法。通过以上方法对用于人脸识别系统的人脸检测算法进行优化，为人脸识别系统的性能提升提供良好的基础。人脸检测与人脸识别在安防监控、身份认证、出入境管理等场景中均实现了重要应用。

3.3.2　虚拟眼镜佩戴

虚拟眼镜佩戴是通过算法给摄像头拍摄的人脸“佩戴”上虚拟的三维眼镜模型，是图像处理算法和增强现实(AR)算法的结合，具有趣味性和潜在商业价值。

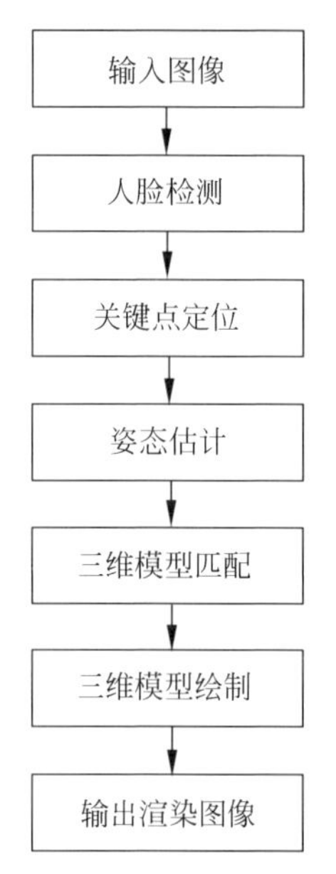

图 3-12 虚拟眼镜佩戴系统流程图

虚拟眼镜佩戴系统由人脸检测、关键点定位、姿态估计、三维模型渲染等多环节组成，其系统流程图如图 3-12 所示。

对于一张输入图像，先进行人脸检测，在人脸检测框的基础上采用 CLM 算法进行人脸关键点定位。对于连续的视频帧输入，人脸关键点的模板可以采用上一帧的关键点预测值，这样得到的关键点更加稳定。

得到人脸关键点后，需通过求解透视变换矩阵的方法，对二维人脸关键点的位置和模板关键点的位置进行人脸姿态估计。

对于已知的三维结构，例如此处的三维人脸模板，利用多个控制点在三维结构中的坐标及其在二维图像中的透视投影坐标，可以解出相机坐标系与世界坐标系之间的绝对位置和姿态关系，包括绝对平移向量 $\boldsymbol{t}$ 及旋转矩阵 $\boldsymbol{R}$。

这里使用的模型为针孔相机模型，其原理如图 3-13 所示。在这个模型中，相机将现实场景中的三维物体通过透视变换投射到平面上，得到二维成像。如式(3-9)所示，X、Y、Z 是世界坐标系中控制点的三维坐标，u、v 是对应的投影点在二维成像平面中的坐标，s 是相机对图像的缩放比例。矩阵 $\mathbf{A}$ 是相机的内参矩阵，如式(3-10)所示。其中 c_x、c_y 是相机光心对应的像素坐标，是图像平面坐标系的原点，接近图像的中心位置；f_x、f_y 是用像素单位表示的焦距。相机的内参矩阵不随拍摄场景的变化而变化，对于特定的相机来说，是已知参数。$[\boldsymbol{R}|\boldsymbol{t}]$是相机的外参矩阵，其形式如式(3-11)所示，用于描述相机和拍摄物体之间的相对运动，包含平移变换和旋转变换。即对于一个固定的相机，$[\boldsymbol{R}|\boldsymbol{t}]$将世界坐标系中的三维点$(X,Y,Z)$映射为二维图像平面中的二维坐标点$(u,v)$。

$$s\begin{bmatrix}u\\v\\1\end{bmatrix}=\mathbf{A}[\boldsymbol{R}\mid\boldsymbol{t}]\begin{bmatrix}X\\Y\\Z\\1\end{bmatrix} \tag{3-9}$$

其中

$$\mathbf{A}=\begin{bmatrix}f_x & 0 & c_x\\0 & f_y & c_y\\0 & 0 & 1\end{bmatrix} \tag{3-10}$$

$$[\boldsymbol{R}\mid\boldsymbol{t}]=\begin{bmatrix}r_{11} & r_{12} & r_{13} & t_1\\r_{21} & r_{22} & r_{23} & t_2\\r_{31} & r_{32} & r_{33} & t_3\end{bmatrix} \tag{3-11}$$

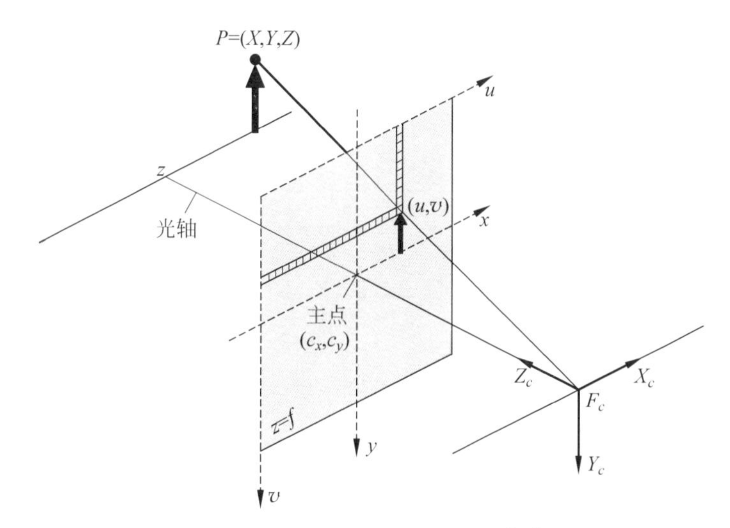

图 3-13 针孔相机模型原理图[22]

对虚拟眼镜佩戴系统中的姿态估计问题应用透视变换，采用的控制点是人脸的 68 个关键点。每帧关键点的定位结果是图像中的二维坐标，采用标准的人脸三维模型中相应的 68 个关键点作为人脸的三维坐标，通过透视变换原理反解出对应平移和旋转的变换矩阵$[\boldsymbol{R}|\boldsymbol{t}]$。矩阵中有关旋转的参数是人脸在 3 个维度的角度变化，即人脸的姿态。

得到人脸的关键点信息和姿态估计结果后，将预先设计好的三维眼镜模型按照人脸关键点定位的位置和人脸姿态估计的角度渲染到图像中即可。图 3-14 是虚拟眼镜佩戴系统各步骤的可视化效果图，包括人脸检测、人脸关键点定位、人脸姿态估计和三维眼镜渲染。

图 3-15 是 4 种虚拟眼镜的佩戴效果图。可以看到三维眼镜模型与人脸较好地贴合，且在三维角度上与人脸保持一致。在实际系统演示中，虚拟眼镜佩戴系统能够实时稳定运行，三维眼镜模型能够与人脸保持随动，达到了眼镜虚拟佩戴的效果。此外，交互者还可以通过按键切换眼镜类型，选择自己喜爱的眼镜类型。

除实时交互的虚拟眼镜佩戴系统外，虚拟眼镜佩戴算法还可以给批量图像中的人脸虚拟“佩戴”眼镜，其效果图如图 3-16 所示。可以看出，对于不同姿态的人脸，算法能够将合适角度的眼镜模型渲染到相应的人脸位置，达到仿真的效果。可将这种算法作为一种数据增强方式，帮助人脸检测和人脸识别算法扩充训练数据，提升对戴眼镜人脸检测的准确率。

随着深度学习的深入研究，人脸检测方法在准确率和计算效率上已取得很大进展，但仍然无法满足广泛而复杂的实际应用场景对人脸检测的需求。因此，进一步的人脸检测研究工作仍然十分重要。

首先，人脸检测方法的性能很大程度上还依赖于训练数据，不同场景下的人脸

图 3-14 虚拟眼镜佩戴系统各步骤的可视化效果图

图 3-15 4 种虚拟眼镜的佩戴效果图

检测往往先要对数据进行优化。大量训练数据的采集和标注是一个费时费力的工作，而且在某些场景下无法获取大量的数据。下一步可以考虑将迁移学习的思想引入人脸检测的研究工作，使人脸检测模型通过少量的数据训练就能适应不同场景的变化。

图 3-16 给批量图像中的人脸虚拟“佩戴”眼镜的效果图

一般的非约束开放场景的人脸检测虽然在很大程度上得到了解决，但是对于常出现于智能视频安防监控等现实应用中的某些极端场景，比如极端光照、极端尺度、戴口罩、活体人脸检测等场景，人脸检测问题仍未得到较好解决。如何解决这些场景中的人脸检测问题，提升该类场景中的人脸检测准确率，仍然是一个值得研究的方向[23-26]。

此外，人脸检测的算法效率问题仍然未得到完全解决。基于深度神经网络的人脸检测算法仍然具有较高的计算复杂度，需要一定的算力支持。如何简化网络结构，训练优化简化的网络结构，实现准确率和效率的同步提升，具有实际意义，是未来研究的前沿课题。

参考文献

[1] 梁路宏，艾海舟，徐光祐，等. 人脸检测研究综述[J]. 计算机学报，2002，25(5)：449-458.

[2] YANG M H，KRIEGMAN D J，AHUJA N. Detecting faces in images：A survey[J]. IEEE Transactions on pattern analysis and machine intelligence，2002，24(1)：34-58.

[3] VIOLA P，JONES M. Rapid object detection using a boosted cascade of simple features [C]//Proceedings of the 2001 IEEE Computer Society Conference on Computer Vision and Pattern Recognition. CVPR 2001. IEEE，2001，1：I-I.

[4] LIENHART R，KURANOV A，PISAREVSKY V. Empirical analysis of detection cascades of boosted classifiers for rapid object detection[C]//Pattern Recognition：25th DAGM Symposium，Magdeburg，Germany，September 10-12，2003. Proceedings 25. Springer Berlin Heidelberg，2003：297-304.

[5] LI S Z,ZHU L,ZHANG Z Q,et al. Statistical learning of multi-view face detection[C]//Computer Vision—ECCV 2002: 7th European Conference on Computer Vision Copenhagen, Denmark,May 28-31,2002 Proceedings,Part IV 7. Springer Berlin Heidelberg,2002: 67-81.

[6] JONES M,VIOLA P. Fast multi-view face detection[J]. Mitsubishi Electric Research Lab TR-20003-96,2003,3(14): 2.

[7] CHEN D,REN S,WEI Y,et al. Joint cascade face detection and alignment[C]//Computer Vision-ECCV 2014: 13th European Conference,Zurich,Switzerland,September 6-12,2014, Proceedings,Part VI 13. Springer International Publishing,2014: 109-122.

[8] LECUN Y,BOTTOU L,BENGIO Y,et al. Gradient-based learning applied to document recognition[J]. Proceedings of the IEEE,1998,86(11): 2278-2324.

[9] KRIZHEVSKY A, SUTSKEVER I, HINTON G E. Imagenet classification with deep convolutional neural networks[J]. Advances in neural information processing systems, 2012,25.

[10] DENG J, DONG W, SOCHER R, et al. Imagenet: A large-scale hierarchical image database[C]//2009 IEEE conference on computer vision and pattern recognition. IEEE, 2009: 248-255.

[11] LI H,LIN Z,SHEN X,et al. A convolutional neural network cascade for face detection [C]//Proceedings of the IEEE Conference on Computer Vision and Pattern Recognition. 2015: 5325-5334.

[12] HUANG L,YANG Y,DENG Y,et al. Densebox: Unifying landmark localization with end to end object detection[J]. 2015.

[13] YANG S,LUO P,LOY C C,et al. Faceness-net: Face detection through deep facial part responses[J]. IEEE Transactions on Pattern Analysis and Machine Intelligence, 2017, 40(8): 1845-1859.

[14] GIRSHICK R,DONAHUE J,DARRELL T,et al. Rich feature hierarchies for accurate object detection and semantic segmentation[C]//Proceedings of the IEEE Conference on Computer Vision and Pattern Recognition. 2014: 580-587.

[15] GIRSHICK R. Fast r-cnn[C]//Proceedings of the IEEE International Conference on Computer Vision. 2015: 1440-1448.

[16] REN S,HE K,GIRSHICK R,et al. Faster r-cnn: Towards real-time object detection with region proposal networks[J]. Advances in neural information processing systems, 2015,28.

[17] DAI J,LI Y, HE K,et al. R-fcn: Object detection via region-based fully convolutional networks[J]. Advances in neural information processing systems,2016,29.

[18] JIANG H,LEARNED-MILLER E. Face detection with the faster R-CNN[C]//2017 12th IEEE International Conference on Automatic Face & Gesture Recognition(FG 2017). IEEE,2017: 650-657.

[19] REDMON J,DIVVALA S,GIRSHICK R,et al. You only look once: Unified,real-time object detection[C]//Proceedings of the IEEE Conference on Computer Vision and Pattern Recognition. 2016: 779-788.

[20] LIU W,ANGUELOV D,ERHAN D,et al. Ssd: Single shot multibox detector[C]//Computer Vision-ECCV 2016: 14th European Conference,Amsterdam,The Netherlands,

October 11-14, 2016, Proceedings, Part I 14. Springer International Publishing, 2016: 21-37.

[21] ZHANG K, ZHANG Z, LI Z, et al. Joint face detection and alignment using multitask cascaded convolutional networks[J]. IEEE signal processing letters, 2016, 23(10): 1499-1503.

[22] OpenCV. Camera Calibration and 3D Reconstruction [EB/OL]. https://docs. opencv. org/2. 4/ modules/calib3d/doc/camera_calibration_and_3d_reconstruction. html.

[23] DENG J, GUO J, ZHOU Y, et al. Retinaface: Single-stage dense face localisation in the wild[C]//Proceedings of the IEEE/CVF Conference on Computer Vision and Pattern Recognition. 2020: 5203-5212.

[24] LIU Y, TANG X, HAN J, et al. Hambox: Delving into mining high-quality anchors on face detection[C]//2020 IEEE/CVF Conference on Computer Vision and Pattern Recognition(CVPR). IEEE, 2020: 13043-13051.

[25] WANG W, YANG W, LIU J. Hla-face: Joint high-low adaptation for low light face detection[C]//Proceedings of the IEEE/CVF Conference on Computer Vision and Pattern Recognition. 2021: 16195-16204.

[26] LIU Y, WANG F, DENG J, et al. Mogface: Towards a deeper appreciation on face detection[C]//Proceedings of the IEEE/CVF Conference on Computer Vision and Pattern Recognition. 2022: 4093-4102.

第4章

行 人 检 测

4.1 引言

行人检测是经典的计算机视觉任务之一，旨在检测图像中存在的行人，在自动驾驶、视频监控等领域具有重要的应用价值。同时，行人检测是开展行人重识别、姿态识别等视觉任务的前提与基础，具有重要的研究价值。在过去十几年中，行人检测经历了从手工设计特征到深度特征的不同发展阶段[1]，取得了巨大的进步。例如，2020 年 Caltech 行人检测数据集 Reasonable 子集平均丢失率达到 6.7%[2]。尽管如此，行人检测仍然存在巨大的提升空间，小尺度行人检测、遮挡行人检测的性能仍然相对较差。本节首先介绍基于手工设计特征的行人检测方法，然后介绍基于深度特征的行人检测方法。基于深度特征的行人检测方法可以分为非端到端的行人检测方法和端到端的行人检测方法。

4.2 基于手工设计特征的行人检测方法

在深度特征之前，研究者主要关注如何设计手工特征进行行人检测。比较经典的手工设计特征包括 SIFT(scale-invariant feature transform，尺度不变特征变换)特征[3]、HOG(histogram of oriented gradients，方向梯度直方图)特征[4]、Haar 特征[5]等。其中，HOG 特征是早期成功用于行人检测的手工特征。HOG 特征首先计算图像的梯度，其次将图像划分为若干个子区域，并统计每个子区域内梯度在不同方向的直方图，最后将不同子区域的直方图串接构成整个图像的 HOG 特征。HOG 特征能够很好地刻画行人的轮廓信息。基于 HOG 特征的行人检测方法采用支持向量机 SVM(support vector machine，支持向量机)训练行人检测器。在训练阶段，首先收集大量固定尺寸(如 128 像素×64 像素)的行人图像(正例)和背景图像(负例)，其次分别提取正负例样本的 HOG 特征，最后利用 HOG 特征训练 SVM 分类器。在测试阶段，对于给定图像，利用滑动窗口从左到右、从上到下滑动，对于每个滑动窗口利用训练好的 SVM 分类器判断该窗口是否为行人窗口，然后利用非极大值抑制将判定为行人的检测窗口合并，生成最终的检测结果。为了检测不同尺度的行人，通常采用图像金字塔的方法将输入图像缩放为不同尺度大小的图像，检测每个尺度图像中是否存在行人，最终将不同尺度的检测结果合并。

在 HOG 特征之后，基于手工特征的行人检测方法取得了巨大发展。相关方法分为基于通道特征的行人检测方法和基于形变模型的行人检测方法。

4.2.1 基于通道特征的行人检测方法

基于通道特征的行人检测方法首先将原始图像转换为若干特征通道图，然后从通道特征图中提取局部或非局部特征构成候选特征集，最后利用级联 AdaBoost 从候选特征集中选择若干有区分力的特征构成强分类器。最具代表性的方法为 Dollar 等提出的积分通道特征（integral channel features，ICF）[6]。ICF 将 RGB 图像转为 3 个颜色通道 LUV、1 个梯度幅度通道、6 个不同方向梯度通道（简称 HOG+LUV 特征通道），并从这 10 个特征通道中提取局部和特征构成候选特征集，用于后续 AdaBoost 分类器学习。为了加快计算速度，Dollar 等提出利用积分图技术加快特征提取的速度。首先计算整张图像的 HOG+LUV 特征通道，然后利用局部区域左下角和右上角的特征之和减去左下角和右上角特征之和（局部区域和特征）。此后，Dollar 等又提出了累积通道特征（aggregate channel features，ACF）[7]。ACF 通过 4 倍下采样操作累积 HOG+LUV 特征通道的局部特征作为候选特征。相比 ICF，ACF 减少了候选特征集中特征的数量，加快了检测速度。为了去掉图像特征的局部相关性，Nam 等提出基于局部去相关的行人检测方法（local decorrelation channel features，LDCF）[8]。LDCF 根据训练数据学习去相关滤波核，并利用去相关滤波核与 HOG+LUV 特征通道卷积，生成去相关特征通道，将特征通道的每个特征值作为候选特征集。Zhang 等提出滤波通道特征（filtered channel features，FCF）[9]，试图对基于通道特征的行人检测方法进行框架统一化。FCF 首先将原始图像转换成 HOG+LUV 特征通道，其次利用手工设计的卷积核对 HOG+LUV 通道进行卷积，生成通道特征，最后将特征通道的所有特征值作为候选特征集，学习级联 AdaBoost 分类器。

此外，研究者还关注级联 AdaBoost 的结构设计。最早的级联结构是 Viola 和 Jones 提出的用于人脸检测的多级级联结构 VJCascade[5]。该级联结构包含多级级联分类器，每级级联分类器由多个弱分类器构成。每级级联分类器中弱分类器的数量由设定的检测率和丢失率确定。为了解决 VJCascade 需要设定级联分类器级数及多级级联分类器间信息利用不充分的问题，Bourdev 等提出了 SoftCascade[10]，使用一个级联分类器代替多级级联分类器。在该级联分类器中，每个弱分类器的初始分类得分为前面所有弱分类器的分类得分之和，从而充分利用不同弱分类器的分类得分。Dollar 等提出了级联结构 Crosstalk[11]，根据图像相邻检测窗口存在局部相关的特性设置级联结构的拒绝阈值，加快了级联结构的检测速度。Crosstalk 的两个核心模块是 Excitatory 级联结构和 Inhibitory 级联结构。Excitatory 级联结构旨在减少负例检测窗口的计算量，采用稀疏的采样方式进行检测，仅在检测窗口的响应值大于一定阈值时才检测该检测窗口周围的窗口。Inhibitory 级联结构旨在减少正例检测窗口的计算量，当检测窗口的响应值与其周围某个检测窗口的响应值比值小于给定阈值时，停止当前检测窗口的后续特征计算。Pang 等提出了最优级联结构 iCascade[12]，以最小化计算量为目标函数更新每级弱分类器的拒绝阈值，进而实现分类器阈值的最优设置。

4.2.2 基于形变模型的行人检测方法

为应对物体形变带来的挑战，研究者提出了基于形变模型的行人检测方法。该类方法中最具代表性的是 Felzenszwalb 等提出的可形变部分模型（deformable part model，DPM）[13]。DPM 由 1 个根模型和 6 个部分模型构成，并分别生成一个高分辨率和一个低分辨率的 HOG 特征图。根模型在低分辨率的 HOG 特征图上生成全身的特征响应图，而 6 个部分模型在高分辨率的 HOG 特征图上生成 6 个局部的特征响应图，并考虑部分模型的空间不确定性对 6 个局部特征图进行转换。在此基础上，利用隐式 SVM 模型将一个全身特征响应图和 6 个转换后局部特征响应图合并，生成最终的特征响应图。

此后，研究者针对 DPM 模型开展了系列改进工作。为了提升可形变部分模型的检测速度，Felzenszwalb 等将级联结构用于 DPM 模型[14]。该级联结构采用序列计算不同模型响应的方式代替同时计算所有模型响应的方式，在仅使用部分模型的情况下提前拒绝了大量负例样本，避免了同时计算所有模型，从而提升了目标检测速度。Park 等认为，不同的模型适用于识别不同尺度的行人[15]。例如，可形变部分模型 DPM 适用于检测大尺度行人，刚性模型 HOG 适用于检测小尺度行人。基于此，Park 等提出了多分辨率检测模型，根据行人的高度选择不同的检测模型。具体地，对于大尺度行人，选择可形变部分模型 DPM；对于小尺度行人，选择刚性模型 HOG。Ouyang 等提出利用多人检测提升单人检测的性能[16]。首先，利用 DPM 模型训练一个多人检测器，两个联合的行人对应根模型，两个独立的行人、三个行人的部分区域作为部分模型。然后，利用概率模型建模多行人模型与单行人模型之间的关系，增强单行人模型的检测结果。

4.2.3 基于非相邻特征的行人检测方法

基于通道特征的行人检测方法大多基于局部特征，如局部和特征、局部差特征。这些方法忽略了利用行人的特有特性。本节介绍 Cao 等发表在国际会议 CVPR2016 上的基于非相邻特征的行人检测方法[17]。该方法利用行人的特有特性提升行人检测的性能。行人主要存在两个特性，简称为外观恒常性和形状对称性。外观恒常性是指行人的外观通常与周围的背景存在一定的差异。此外，可将行人看作由头、上半身、下半身三部分构成。每部分的外观通常相对恒定。形状对称性是指行人通常是直立的，在水平方向具有一定的对称性。受上述两个特性的启发，论文[17]设计了两种非相邻特征描述，简称为边缘中部差分特征（side-inner difference features，SIDF）和对称相似度特征（symmetrical similary feature，SSF）。

边缘中部差分特征 SIDF 用于刻画行人的外观恒常性。图 4-1 给出了边缘中部差分特征示意图。对于一个行人检测窗口，随机生成一个矩形框 A 和矩形框 B。矩形框 B 位于矩形框 A 和其对称矩形框 A′之间，具有相对高度。矩形框 B 的位置可以变化（图 4-1(a)和图 4-1(b)），同时矩形框 B 的宽度也可以变化（图 4-1(c)和图 4-1(d)）。因此，矩形框 A 和矩形框 B 的边缘中部差分特征 SIDF 可以表示为

$$f(\mathrm{A},\mathrm{B})=\frac{S_{\mathrm{A}}}{N_{\mathrm{A}}}-\frac{S_{\mathrm{B}}}{N_{\mathrm{B}}} \tag{4-1}$$

其中，S_{A} 和 S_{B} 表示矩形框 A 和矩形框 B 内所有特征值之和，N_{A} 和 N_{B} 表示矩形框 A 和矩形框 B 内所有特征的数量。矩形框 A 位于行人边缘或背景区域，矩形框 B 位于行人内部区域，因此，SIDF 特征能够很好地刻画行人内部与周围背景之间的差异。

(a)

(b)

(c)

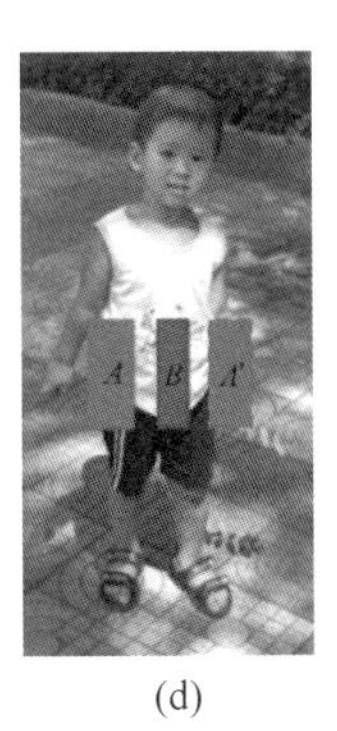

(d)

图 4-1　边缘中部差分特征示意图

注：矩形框 B 在矩形框 A 及其对称框 A′之间，随机采样生成。矩形框 A 和矩形框 B 具有相同的高度。

SSF 主要用于刻画行人的对称性。图 4-2 给出了对称相似度特征示意图。对于一个行人检测窗口，随机生成一个矩形框 A 和其对称矩形框 A′。为解决行人出现形变问题，用矩形框内 3 个随机子窗口的特征最大值表示该矩形框的特征。矩形框 A 的特征可以表示为

$$f_M(\mathrm{A})=\max_{i=1,2,3}\frac{S_i}{N_i} \tag{4-2}$$

基于矩形框 A 和 A′的特征，其 SSF 可以表示为

$$f(\mathrm{A},\mathrm{A}')=|f_M(\mathrm{A})-f_M(\mathrm{A}')| \tag{4-3}$$

在训练过程中，对于一个检测窗口，首先将其转换为 HOG+LUV 特征通道，

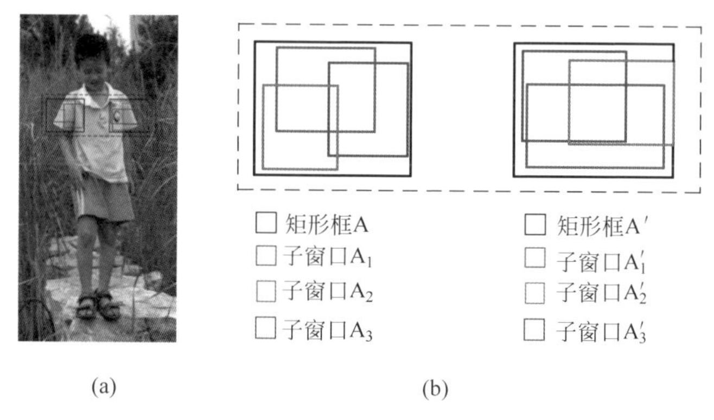

图 4-2 对称相似度特征示意图(见文前彩图)

(a) SSF 在行人检测窗口内的示意图；(b) SSF 的具体组成部分

然后在特征通道中提取所有的非相邻特征 SIDF 和 SSF 作为候选特征集。此外，提取局部和特征、局部差特征到候选特征集。基于上述提取的候选特征集，利用级联 AdaBoost 选择若干有区分力的特征构成强分类器。上述方法简称 NNNF(neighboring and non-neighboring features，相邻与非相邻融合特征)，包含相邻特征(neighboring features，NF)、非相邻特征 SIDF 和 SSF。在测试阶段，对于一幅给定的图像，利用训练好的检测器判定每个检测窗口是否为行人，并利用非极大值抑制合并属于同一个行人的检测窗口。

表 4-1 给出了不同模块在 Caltech 行人检测数据集[18] Reasonable 子集上的丢失率。可以看出，将非相邻特征 SIDF 和 SSF 同相邻特征 NF 集成能够有效地降低丢失率。例如，相比仅适用相邻特征 NF，NNNF 将丢失率降低了 4.44%。此外，实验发现在所学习的强分类器中，相邻特征 NF 的占比为 69.97%，非相邻特征 SIDF 的占比为 18.69%，非相邻特征 SSF 的占比为 11.34%。

表 4-1 不同模块在 Caltech 行人检测数据集 Reasonable 子集上的丢失率

方法	MR(%)	提升
NF	27.50	N/A
NF+SIDF	25.67	1.83
NF+SSF	25.20	2.30
NNNF	23.06	4.44

图 4-3 给出了不同方法在 Caltech 数据集 Reasonable 子集上的性能对比。横坐标表示平均每幅图像行人虚检数量(false positive per image，FPPI)，纵坐标表示丢失率。图例给出了不同方法的平均丢失率。NNNF 取得了 16.84%的平均丢失率。相比当时的方法 Checkerboards[9]，NNNF 有 1.63%的性能提升。同时，FPPI 在 0.001～1 的变化区间内，NNNF 的丢失率稳定低于其他方法。

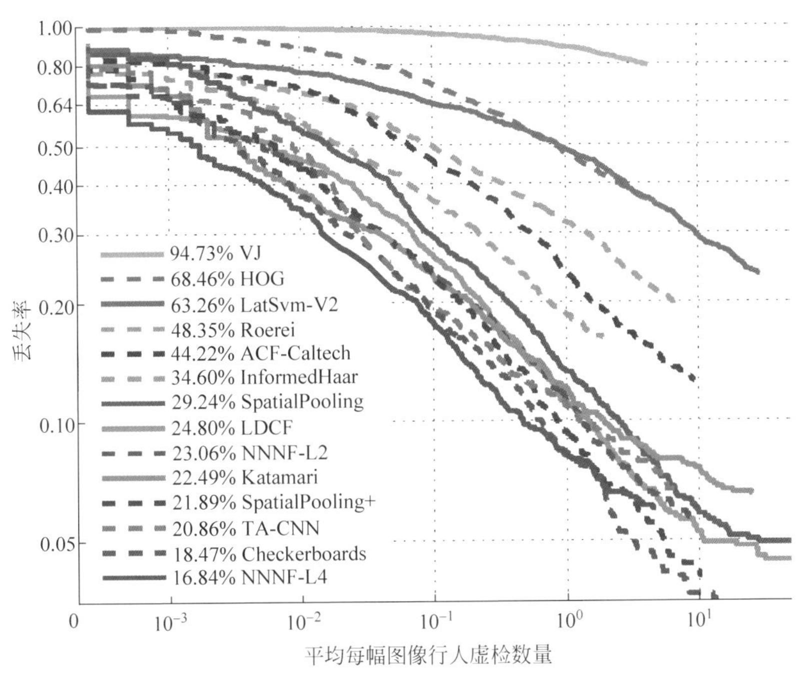

图 4-3　不同方法在 Caltech 数据集 Reasonable 子集上的性能对比(见文前彩图)

4.3　非端到端深度行人检测方法

随着深度卷积神经网络的出现和硬件设备的更新,基于深度特征的目标检测取得了巨大的成功。相比手工设计特征,深度特征具有更强的区分力。早期研究者探索将手工特征和深度特征融合用于行人检测,这类方法大多不是端到端的,简称为非端到端深度行人检测方法。

4.3.1　非端到端行人检测方法分类

一些非端到端方法将卷积神经网络当作特征提取器生成深度特征,并利用浅层分类器 AdaBoost 进行特征选择与分类。Yang 等[19]利用卷积神经网络提取的深度通道特征(convolutional channel features,CCF)代替手工通道特征 HOG+LUV,然后利用级联 AdaBoost 学习分类器。为了加快检测速度,Yang 等将多尺度的图像拼接为一幅大图,同时提取深度特征。Zhang 等利用 Faster R-CNN 的候选窗口提取网络(region proposal network,RPN)进行行人检测[20]。为了提升行人检测性能,Zhang 等改变卷积神经网络池化层的步长,提升输出特征图的分辨率,并从该高分辨率的特征图上进行候选检测框的提取,最终利用级联 AdaBoost 分类器对候选框进行分类。Cai 等提出了计算复杂度敏感的级联结构 CompACT[21],旨在通过学习将计算复杂度高的弱分类器放到级联结构的后半部分，将计算复杂度较低的弱分类器放到级联结构的前半部分。实验发现，计算复杂度较高的深度特征被分配到级联靠后的阶段。这样只有少量的困难样本需要经过计算复杂度较高的弱分类器，从而达到检测率和检测速度的较好平衡。

另外，一些非端到端的方法将深度卷积神经网络作为分类器进行行人分类。Hosang 等[22]采用基于传统手工特征的行人检测方法 SquaresChnFtrs 提取候选行人检测窗口，然后利用深度卷积神经网络对这些候选窗口进行分类。为提升深度卷积神经网络分类的性能，Hosang 等探索了正负例样本选择、检测窗口大小、卷积核大小、卷积层数量等参数的设置。通过仔细设计这些参数，Hosang 等首次使用深度卷积神经网络在行人检测方面取得了当时最好的性能。Tian 等利用手工特征检测器 LDCF[8]提取行人检测窗口，并利用卷积神经网络提升遮挡行人检测性能。该方法简称 DeepParts[23]。DeepParts 利用行人检测器 LDCF 提取候选检测窗口，并训练多个行人部分区域的分类器，最后利用 SVM 选择权重最大的 6 个分类器进行集成用于行人分类。为应对定位不准的问题，Tian 等提出扩大候选检测框区域生成多个候选特征，并从中选择分类器响应值与中心偏移惩罚项之差的最大值作为最终得分。Ouyang 等[24]基于传统特征 HOG＋CSS(HOG＋color-self-similarity)提取行人检测窗口，然后利用深度卷积神经网络将特征提取、形变处理、遮挡处理、分类统一到一个框架下。

4.3.2 基于多层通道特征的行人检测方法

本节介绍 Cao 等发表在国际期刊 IEEE TIP 上的基于多层通道的行人检测方法[25]，旨在结合手工特征和深度特征各自优势提升行人检测性能。手工设计特征相对简单、计算效率较高，而深度卷积神经网络不同层的深度特征包含不同的语义信息。基于级联结构的多层通道特征充分利用手工特征和卷积神经网络的每层特征学习一个级联分类器。图 4-4 给出了基于级联结构的多层通道特征(multi-layer channel features，MCF)示意图，包括多层通道构建、特征提取、多级级联分类器三个阶段。

多层通道由手工设计特征通道 HOG＋LUV 及卷积神经网络的每层构成，表示为 $L_1 \sim L_N$。一般而言，层数 N 为 6。对于大小为 128×64 的检测窗口，L_1 为 HOG＋LUV，大小为 128×64×10；$L_2 \sim L_6$ 为卷积神经网络的 $C_1 \sim C_5$ 层，大小分别为 64×32×64、32×16×128、16×8×256、8×4×512、4×2×512。在构建的多层通道中，深度卷积神经网络不同层具有不同的特性。靠前的卷积层主要提取局部、边缘等低级语义信息，靠后的卷积层主要提取物体的高级语义信息。基于上述构建的多层通道，分别从每层通道提取候选特征集，表示为 $F_1 \sim F_N$。对于 HOG＋LUV 通道，可以提取局部或非局部的特征。这里选择累积通道特征 ACF 或非局部特征 NNNF 用于 HOG＋LUV 通道的特征提取。为简化特征提取的计

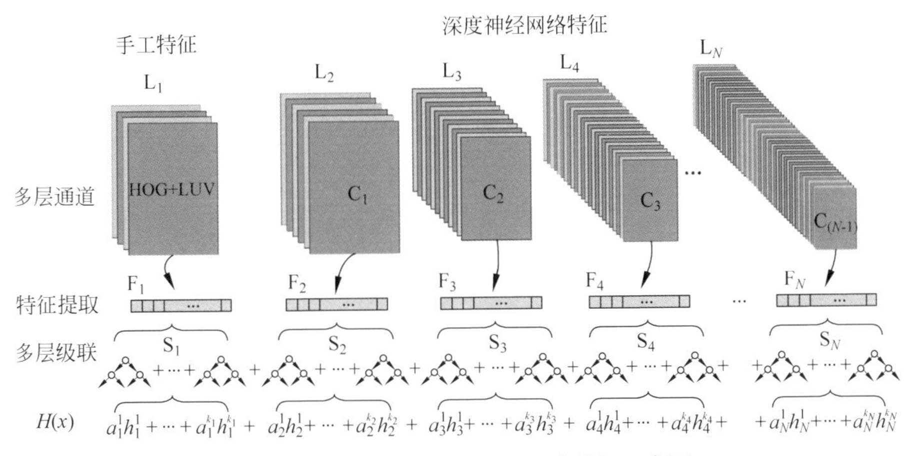

图 4-4 基于级联结构的多层通道特征示意图

算量、避免生成大量的候选特征集，仅将卷积神经网络每层通道每个位置的特征当作候选特征集。基于从每层通道生成的候选特征集，学习多级级联的强分类器。该强分类器的每级表示为 $S_1 \sim S_N$。每级分类器从不同层通道对应的候选特征集中选择若干具有区分力的特征，每个特征表示一个弱分类器。最终学习得到的强分类器可以表示为

$$H(x)=\sum_{i=1}^{N}\sum_{j=1}^{k_i}a_i^j h_i^j(x) \tag{4-4}$$

其中，x 表示待分类检测窗口，h_i^j 表示第 i 级分类器的第 j 个弱分类器，a_i^j 表示弱分类器 h_i^j 对应的权重，k_i 表示第 i 级分类器的弱分类器个数，N 表示级联结构级数。需要注意的是，虽然该强分类器由多级分类器组成，但是每级分类器的每个弱分类器都可以提前拒绝检测窗口。

图 4-5 给出了基于多层通道的行人检测方法测试过程。对于给定的测试图像，计算整幅图像的特征通道 L_1(HOG+LUV)，并利用滑动窗口策略生成一系列检测窗口。对于每个检测窗口，利用多级级联分类器的第一级 S_1 进行分类。对于被分类器 S_1 拒绝的检测窗口，不需要进行后续的特征提取和分类。对于被分类器 S_1 接收的检测窗口，可以消除高度重叠的检测窗口，避免高度重叠的检测窗口带来大量不必要的运算。为消除高度重叠的检测窗口，同时避免将不同行人的窗口合并，采用阈值为 0.8 的非极大值抑制操作进行窗口合并。后续实验表明，消除高度重叠检测窗口能够在几乎不丢失性能的情况下加快检测速度。接着，计算合并后检测窗口的特征通道 L_2，并利用分类器 S_2 进行分类。对被分类器 S_2 接收的检测窗口进行后续的特征提取和分类，以此类推，直到被所有分类器接收，该检测窗口才被判定为行人。由于大量的检测窗口提前被判定为非行人窗口，仅有少量的行人窗口能够通过所有的分类器。该多级级联分类器具有如下优势：能够避免从大量候选特征集中选择特征学习强分类器；能够充分利用多层通道中的互补信

息,增强分类器的区分力;能够快速拒绝大量的背景区域检测窗口,避免后续特征的计算,进而加快检测速度。

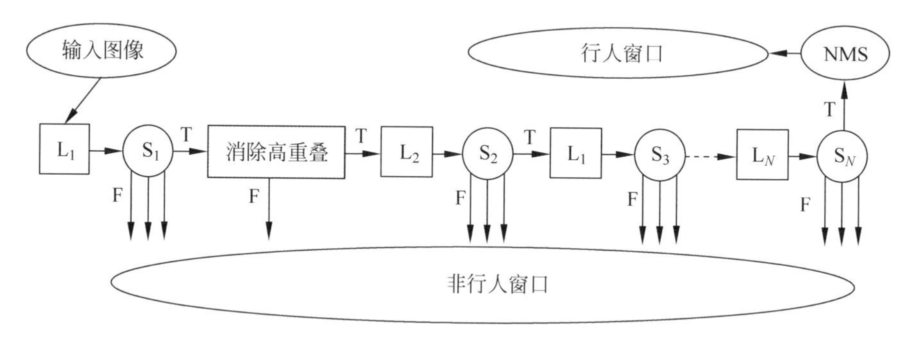

图 4-5 基于多层通道的行人检测方法测试过程

表 4-2 给出了多层通道特征 MCF 在 Caltech 数据集[18] Reasonable 子集上的性能。卷积神经网络 VGG16[26]由 5 个不同的层构成。当仅使用 HOG+LUV 和 VGG16 的 C_5 构成两层通道特征 MCF-2 时,丢失率为 18.52%。当使用 HOG+LUV 和 VGG16 的 C_4、C_5 构成三层通道特征 MCF-3 时,丢失率为 17.14%,相比 MFC-2 丢失率降低了 1.38%。当使用 HOG+LUV 和 VGG16 的五层构建六层通道特征 MCF-6 时,丢失率为 14.31%,相比 MCF-2 丢失率降低了 4.21%。可以看出,深度卷积神经网络的每层都有助于提升检测性能。

表 4-2 多层通道特征 MCF 在 Caltech 数据集 Reasonable 子集上的性能

名称	HOG LUV	VGG16					MR(%)	Δ(%)
		C_1	C_2	C_3	C_4	C_5		
MCF-2	√					√	18.52	N/A(not applicable,不适用)
MCF-3	√				√	√	17.14	1.38
MCF-4	√			√	√	√	15.40	3.12
MCF-5	√		√	√	√	√	14.78	3.74
MCF-6	√	√	√	√	√	√	14.31	4.21

表 4-3 给出了多层通道特征 MCF 在 Caltech 数据集上不同设置下的速度与丢失率对比。检测时间为 Intel Core i7-3700 上平均每幅图像的检测时间。MCF-6-f 表示在测试阶段增加了消除高度重叠的检测窗口这一操作。MCF-2 的丢失率为 18.52%,检测时间为 7.69s;MCF-6 的丢失率为 14.31%,检测时间为 5.37s。可以看出,MCF-6 不仅比 MCF-2 具有更低的丢失率,还具有更快的检测速度。当消除高度重叠的检测窗口时,MCF-6-f 的检测时间达到了 1.89s,将检测速度提高了 2.84 倍。

表 4-3 多层通道特征 MCF 在 Caltech 数据集上不同设置下的速度与丢失率对比

指标	MCF-2	MCF-6	MCF-6-f
MR(%)	18.52	14.31	14.89
Time(s)	7.69	5.37	1.89

图 4-6 给出了不同方法在 Caltech 测试集 Reasonable 子集上的性能对比。可以看出,多层通道特征 MCF 取得了 10.40%的平均丢失率。相比同样采用深度特征的方法 CompACT-Deep[21] 和 DeepParts[23],MCF 分别有 1.35%和 1.49%的性能提升。FPPI 在 0.001~1 的变化区间内,MCF 的丢失率几乎稳定地低于其他方法。

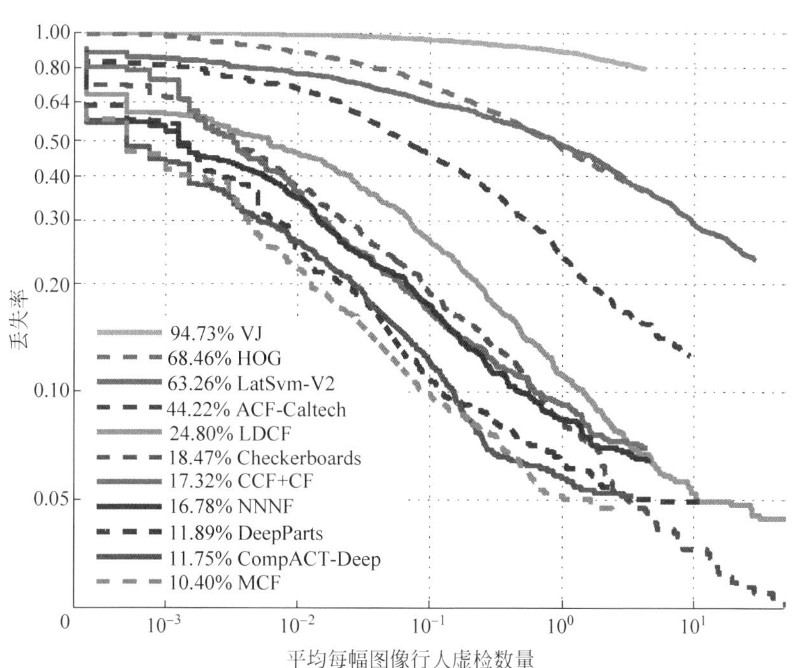

图 4-6 不同方法在 Caltech 数据集 Reasonable 子集上的性能对比(见文前彩图)

4.4 端到端深度行人检测方法

上述非端到端深度行人检测方法训练过程大多相对烦琐。为了进一步简化训练和测试流程,研究者提出了端到端行人检测方法,将候选检测窗口的生成和分类统一在一个深度网络模型下。与目标检测方法一样,端到端深度行人检测分为两阶段的行人检测方法和单阶段的行人检测方法。

4.4.1 两阶段行人检测方法

两阶段的行人检测方法首先提取行人的候选检测窗口,然后对这些候选窗口进行分类和回归。两阶段的行人检测方法大多建立在两阶段目标检测方法 Fast R-CNN[27] 或 Faster R-CNN[28] 的基础上。一些研究者关注多尺度行人检测。Yang 等提出了尺度独立的池化层和级联拒绝分类器[29]。尺度独立的池化层利用高分辨率的特征图提取小尺度物体的池化特征进行分类,利用低分辨率的特征图提取大尺度物体的池化特征进行分类。级联拒绝分类器利用卷积神经网络的不同层训练多个分类器,将大量的候选检测窗口从靠前的分类器中拒绝,在尽量不丢失检测率的情况下提升检测速度。Li 等提出两分支子网络(scale-aware faster R-CNN,SAF R-CNN)[30]。SAF R-CNN 分别提取尺度具体的特征预测候选框的分类得分和回归偏移量,同时利用尺度敏感层预测两个分支的权重,对两个分支的分类得分和回归偏移量进行加权。训练阶段,尺度敏感层的监督信息由物体的高度计算得到。Cai 等提出用于行人检测的多尺度卷积神经网络(multi-scale convolutional neural network,MS-CNN)[31]。MS-CNN 利用卷积神经网络的不同层,提取不同尺度行人的候选检测窗口,即靠前的卷积层提取小尺度行人的候选窗口,靠后的卷积层提取大尺度行人的候选窗口。为了增加上下文信息,MS-CNN 将候选窗口的 ROI 特征和候选窗口增大一倍的 ROI 特征串接,用于候选窗口的分类和回归。一些研究者探索利用额外的任务帮助提升行人检测性能。Brazil 等提出联合行人检测和分割的方法(simultaneous detection and segmentation R-CNN,SDS-RCNN)[32]。SDS-RCNN 在候选窗口生成和候选窗口分类两个阶段分别引入分割任务。在候选窗口生成阶段,SDS-RCNN 将行人标注框外的区域当作背景进行前景和背景的分割;在候选窗口分类阶段,SDS-RCNN 预测每个检测框与行人标注框之间的重叠区域。Mao 等探索不同信息对行人检测的帮助,包括梯度、边缘、分割、热图等[33]。具体地,Mao 等对这些信息和原始图像提取的特征进行融合,并利用融合的特征进行行人检测。实验发现,分割能够较好地提升行人检测性能。基于此,Mao 等提出 HyperLearner,利用卷积神经网络多层特征融合后的特征预测分割图,进而通过多任务学习辅助提升行人检测性能。此外,Brazil 等提出采用级联结构逐步提升行人检测性能[34]。具体地,Brazil 不断采用自上而下和自下而上的连接,对主干网络的多层特征进行融合,生成多级特征,用不同阶段的行人检测。与此同时,不同阶段行人检测的标签分配阈值不同,靠前的阶段采用较为宽松的标签分配阈值,靠后的阶段采用较为严格的标签分配阈值。基于上述操作能够显著提升 RPN 子网络和 ROI 头网络的行人检测精度。

此外,一些研究者关注遮挡行人检测。Zhang 等提出遮挡敏感的 R-CNN 网络(occlusion-aware R-CNN,OR-CNN)[35]。OR-CNN 建立在 Faster R-CNN 基础上,设计部分敏感的 ROI 池化层取代原始的 ROI 池化层。具体来说,OR-CNN 将行人窗口分为整体加 6 个不同的子区域,分别提取不同区域的 ROI 特征,并预测每个子区域的可见度,将可见度作为加权因子对部分区域的特征与全框特征进行加权,作为行人窗口的最终特征。通过引入可见度预测,OR-CNN 能够抑制遮挡部分特征对遮挡行人检测的影响。Zhou 等提出两分支网络 Bi-box[36]。Bi-box 利用两个 ROI 分支分别对行人可见框和行人全框进行分类和回归,最终利用 Softmax 操作将两个分支的分类得分进行加权,作为最终的分类得分。由于训练过程引入了可见框预测,Bi-box 能够引导两个分支学习互补的特征。Zhang 等在 ROI 头网络部分引入注意力机制进行行人检测[37],旨在利用 ROI 特征生成一个权重向量,并作为权重因子调节 ROI 每个通道特征值,进行后续的分类和回归。具体来说,Zhang 等探索了 3 种不同的注意力策略,包括自注意力策略、可见框注意力策略、部分注意力策略。自注意力策略直接利用池化层和全连接层生成权重向量,可见框注意力策略首先利用全连接层预测遮挡模式,然后利用全连接层生成权重向量。该策略需要利用可见框的标注信息。Zhang 等发现深度卷积神经网络中不同特征通道包含对行人不同部分的响应。为利用这些部分响应图,部分注意力策略直接利用卷积层和全连接层生成权重向量。此外,研究者还关注提升拥挤场景下的遮挡行人检测性能。Wang 等提出了适用于拥挤场景的损失函数 Repulsion Loss[38]。该损失函数可使同一行人的检测框尽可能近,不同行人的检测框尽可能远,从而阻止预测的检测框偏移到邻近的行人上。Liu 等认为传统贪婪的非极大值抑制方法在拥挤场景中存在将两个重叠度较高的行人检测框合并的问题。针对这一问题,Liu 等提出了自适应非极大值抑制方法 Adaptive-NMS[39]。Adaptive-NMS 采用密度子网络动态预测非极大值抑制的阈值。在行人密度较高的地方,Adaptive-NMS 学习一个较高的阈值,避免将重叠度较高的行人检测结果合并。在行人密度较低的地方,Adaptive-NMS 学习一个较低的阈值,尽可能将同一行人的检测框合并。Huang 等提出代表性区域的非极大值抑制方法(representative region NMS,R2NMS)[40]。与传统贪婪的非极大值抑制方法不同,R2NMS 根据预测可见框与真实可见框之间的交并比进行行人检测框合并。为了获得可见框,Huang 等提出了成对检测框预测模型 PBM。PBM 首先生成成对的候选框,其次利用注意力机制将可见框和全框对应的 ROI 特征进行自适应融合,最后利用融合的特征预测分类得分、可见框、全框。

4.4.2 单阶段行人检测方法

相比两阶段行人检测方法,单阶段行人检测方法直接预测行人的位置。相对而言,单阶段行人检测方法更简单。Ren 等提出递归滚动卷积(recurrent rolling convolution,RRC)进行行人检测[41]。RRC 在原始骨干网络的基础上采用自上而下和自下而上的方式累积相邻层特征,渐进地提取丰富的上下文信息,提升行人检测的性能。Lin 等[42]基于检测框的弱监督标注预测不同尺度行人的分割注意力图,并利用该注意力图分别增强不同尺度行人对应的特征图进行后续的行人检测。一些研究者认为单阶段的方法比两阶段的方法速度更快,但检测性能相对较差。为了使单阶段的方法具有更好的检测性能并保持较快的检测速度,研究者提出采用级联结构的思想提升单阶段行人检测的性能。Liu 等提出了渐进定位模块(asymptotic localization fitting,ALF)[43]。ALF 堆叠多个预测头网络,每个检测头基于前一个检测头的预测结果进一步生成更精确的检测框。Song 等提出渐进增强网络 PRNet[44],首先预测行人的可见区域,其次将可见区域转换为行人全框,最后基于调整后的全框预测行人位置。

上述方法大多是基于锚点框的行人检测方法。在训练过程中,这些方法需要设定超参数,如锚点框的尺度、比例等。为减少超参数设置,研究者提出了无锚点框的检测方法。Song 等[45]认为当前小尺度行人检测存在的挑战主要包括两方面。首先,小尺度行人轮廓模糊,与背景区域区分力较弱。其次,大多数方法依赖检测框标注,容易引入背景信息,增加虚检率。为了解决这一问题,Song 等提出了基于躯干拓扑线定位的行人检测方法 TLL。TLL 利用深度卷积神经网络分别预测躯干拓扑线的上下两个顶点及连接线。测试阶段将顶点与线的得分相乘作为检测得分。Liu 等提出无锚点框行人检测方法(center and scale prediction,CSP)[46],预测行人的中心点和尺度。基于预测的中心点和尺度,CSP 能够还原出行人检测框。Yuan 等[47]探索将视觉 Transformer 用于行人检测任务以提升单阶段和双阶段行人检测的性能。Zheng 等[48]提出基于端到端预测的行人检测方法,通过渐进式预测的方式使端到端的方法在行人检测方面取得较好的性能。Song 等[49]在无锚点框目标检测方法的基础上引入最优候选框学习策略,实现端到端的行人检测,避免了非极大值抑制的后处理操作。

4.4.3 基于掩膜引导注意力网络的行人检测方法

遮挡是行人检测面临的重要挑战之一。本节介绍 Pang 等发表在国际会议 ICCV2019 上的研究基于掩膜引导注意力网络的行人检测方法[50],旨在利用可见掩膜引导特征学习,提升遮挡行人检测的性能。图 4-7 给出了基于掩膜引导注意力网络的行人检测方法示意图(mask-guided attention network,MGAN)。MGAN 包括两部分:标准检测器和掩膜引导的注意力模块 MGA。标准检测器采用两阶段的目标检测器 Faster R-CNN[28]。对于给定的输入图像,首先采用在 ImageNet 数据库上预训练的深度模型 VGG16[26]提取深度特征,其次采用候选框提取网络 RPN 提取行人候选检测窗口,最后利用 RoIAlign 池化层将这些候选检测窗口对应的特征缩放为固定大小,用于后续的分类和回归。尽管采用标准检测器能够在非遮挡

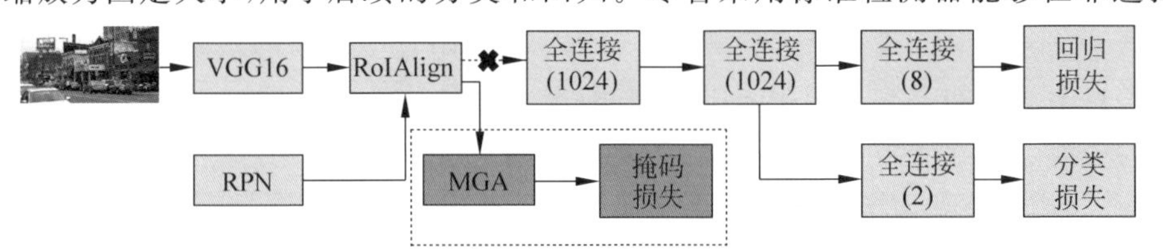

图 4-7 基于掩膜引导注意力网络的行人检测方法示意图

的行人方面取得较好的性能，但是该检测器容易漏检遮挡行人。其可能的原因在于检测器可学习到遮挡区域的特征，进而将遮挡行人当作背景丢弃。掩膜引导的注意力模块(mask-guided attention，MGA)旨在抑制遮挡区域的特征、增强可见区域的特征。

图4-8进一步给出了掩膜引导的注意力模块结构示意图。MGA的输入为RoIAlign池化层提取的固定尺度的特征图，表示为$F_r \in H \times W \times C$。$F_r$首先经过两个3×3的卷积层和非线性激活层，其次经过一个1×1的卷积层，最后经过一个Sigmoid层，生成概率密度图F_{pm}。基于概率密度图F_{pm}和输入特征图F_r，增强后的特征图F_m可表示为

$$F_{m_i} = F_{r_i} \odot F_{pm}, \quad i = 1, 2, \cdots, C \tag{4-5}$$

其中，i表示特征图的通道索引，$\odot$表示特征图点乘。RoIAlign头网络用增强后的特征图F_m取代原始的特征图F_r，进行后续的分类和回归。为了监督和引导概率密度图F_{pm}的预测精度，MGAN根据可见框标注和全框标注定义了两个损失函数，用于监督密度图的预测，包括掩膜预测损失函数和遮挡敏感损失函数。掩膜预测损失函数将检测框内属于可见框的区域标签置为1，其余区域置为0，将生成的二值图作为概率密度图的真实图。遮挡敏感损失函数将预测的遮挡程度作为权重系数，调整RoIAlign头网络的分类损失。预测的遮挡程度由1减去预测的概率图均值得到。对于遮挡程度较严重的窗口，其权重较大，训练过程中更关注该窗口的分类损失，从而增强遮挡行人窗口的分类准确率。

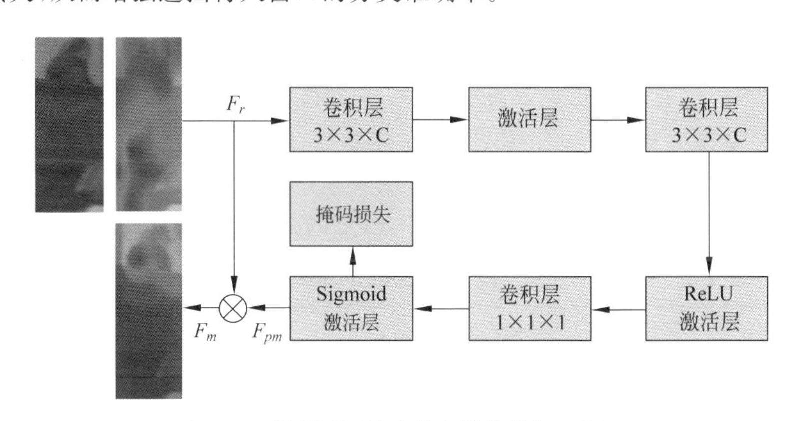

图4-8　掩膜引导的注意力模块结构示意图

图4-9给出了MGA生成的空间注意力掩膜。图4-9(a)、图4-9(c)、图4-9(e)为行人候选窗口对应的图像区域，图4-9(b)、图4-9(d)、图4-9(f)为MGA生成的空间注意力掩膜。可以看出，MGA能够很好地预测行人的可见区域，用于引导后续的特征增强。

图4-10给出了MGA增强前和增强后的特征图。图4-10(a)和图4-10(d)为输入图像，图4-10(b)和图4-10(e)为增强前特征图，图4-10(c)和图4-10(f)为增强

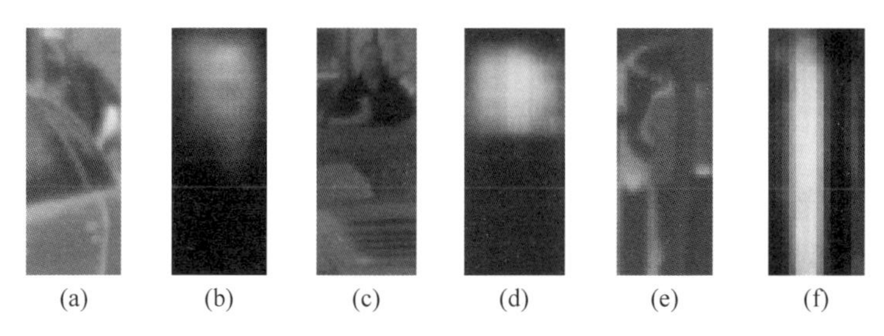

(a) (b) (c) (d) (e) (f)

图 4-9 MGA 生成的空间注意力掩膜

后的特征图。可以看出，增强后的特征图更能聚焦行人的可见区域，避免遮挡区域特征对行人检测的影响。

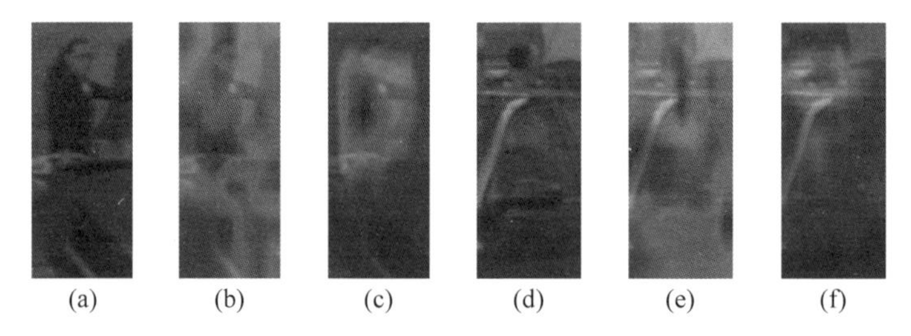

(a) (b) (c) (d) (e) (f)

图 4-10 MGA 增强前和增强后的特征图

表 4-4 给出了掩膜引导注意力网络在 Caltech 数据集[18]上不同模块的有效性。测试子集包括 Reasonable 子集（表示为 R）和 Heavy occlusion 子集（表示为 HO）。子集 R 主要包含非遮挡的行人，子集 HO 主要包含遮挡的行人。当仅使用标准检测器时，在 R 上的丢失率为 13.8%，在 HO 上的丢失率为 57.0%。当使用 MGA 和掩膜损失函数时，在 R 上的丢失率为 11.9%，在 HO 上的丢失率为 52.7%。当进一步增加遮挡敏感损失时，在 R 上的丢失率为 11.5%，在 HO 上的丢失率为 51.7%。可以看出，MGAN 将 HO 上的丢失率降低了 5.3%。

表 4-4 掩膜引导注意力网络在 Caltech 数据集上不同模块的有效性

方法	R(%)	HO(%)
标准检测器	13.80	57.00
MGAN(MGA＋掩膜损失)	11.90	52.70
MGAN(MGA＋掩膜损失＋遮挡敏感损失)	11.50	51.70

表 4-5 给出了不同方法在 Citypersons 数据集[51]上的性能对比。MGAN 在 R 和 HO 两个子集上均取得了最好的检测性能，在 R 上的丢失率为 9.29%，在 HO 上的丢失率为 40.97%。相比 OR-CNN，MGAN 在 R 上提升了 2.03%，在 HO 上提升了 10.46%。表明 MGAN 在 HO 子集上更具有优势。因此，MGAN 能够有效应对遮挡行人检测。

表 4-5　不同方法在 Citypersons 数据集上的性能对比

方　　法	R(%)	HO(%)
Adaptive Faster R-CNN[37]	12.97	50.47
Rep. Loss[38]	11.48	52.59
OR-CNN[35]	11.32	51.43
MGAN[50]	9.29	40.97

图 4-11 给出了不同方法在 Caltech 测试集(HO 子集)上的性能对比。MGAN 同样取得了最低的丢失率 38.16%。相比 GDFL(graininess-aware deep feature learning,粒度敏感的深度特征学习方法)[42],MGAN 将丢失率降低了 5.02%。同样,FPPI 在 0.001～1 的变化区间内,MCF 的丢失率几乎稳定地低于其他方法。

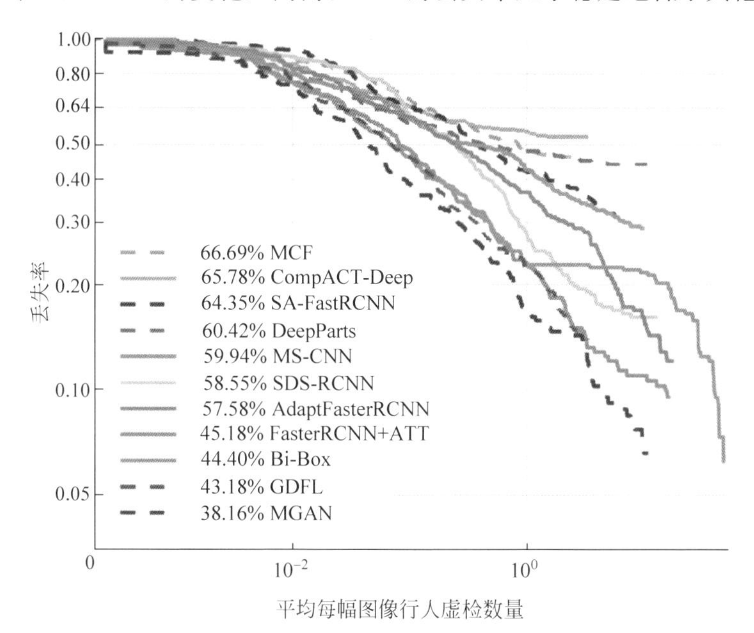

图 4-11　不同方法在 Caltech 测试集(HO 子集)上的性能对比(见文前彩图)

参考文献

[1] CAO J,PANG Y,XIE J,et al. From handcrafted to deep features for pedestrian detection: a survey[J]. IEEE Transactions on Pattern Analysis and Machine Intelligence,2022,44(9): 4913-4934.

[2] WU J,ZHOU C,YANG M,et al. Temporal-context enhanced detection of heavily occluded pedestrians [C]. IEEE/CVF Conference on Computer Vision and Pattern Recognition, 2020: 13427-13436.

[3] LOWE D G. Distinctive image features from scale-invariant keypoints[J]. International Journal of Computer Vision,2004,60: 91-110.

[4] DALAL N,TRIGGS B. Histograms of oriented gradients for human detection[C]. IEEE Conference on Computer Vision and Pattern Recognition,2005: 886-893.
[5] VIOLA P,JONES M J. Robust real-time face detection[J]. International Journal of Computer Vision,2004,57: 137-154.
[6] DOLLAR P,TU Z,PERONA P,et al. Integral channel features[C]. British Machine Vision Conference,2009: 91.1-91.11.
[7] DOLLAR P,APPEL R,BELONGIE S,et al. Fast feature pyramids for object detection[J]. IEEE Transactions on Pattern Analysis and Machine Intelligence,2014,36(8): 1532-1545.
[8] NAM W,DOLLAR P,HAN J H. Local decorrelation for improved pedestrian detection [C]. Advances in Neural Information Processing Systems,2014: 424-432.
[9] ZHANG S,BENENSON R,SCHIELE B. Filtered channel features for pedestrian detection [C]. IEEE Conference on Computer Vision and Pattern Recognition,2015: 1751-1760.
[10] BOURDEV L,BRANDT J. Robust object detection via soft cascade[C]. IEEE Conference on Computer Vision and Pattern Recognition,2005.
[11] DOLLAR P, APPEL R, KIENZLE W. Crosstalk cascades for frame-rate pedestrian detection[C]. European Conference on Computer Vision,2012: 645-659.
[12] PANG Y,CAO J,LI X. Cascade learning by optimally partitioning[J]. IEEE Transactions on Cybernetics,2017,47(12): 4148-4161.
[13] FELZENSZWALB P F,GIRSHICK R B,MCALLESTER D,et al. Object detection with discriminatively trained part-based models[J]. IEEE Transactions on Pattern Analysis and Machine Intelligence,2010,32(9): 1627-1645.
[14] FELZENSZWALB P F,GIRSHICK R B,MCALLESTER D. Cascade object detection with deformable part models[C]. IEEE Conference on Computer Vision and Pattern Recognition,2010: 2241-2248.
[15] PARK D,RAMANAN D,FOWLKES C. Multiresolution models for object detection[C]. European Conference on Computer Vision,2010: 241-250.
[16] OUYANG W,WANG X. Single-pedestrian detection aided by multi-pedestrian detection [C]. IEEE Conference on Computer Vision and Pattern Recognition,2013: 3198-3205.
[17] CAO J,PANG Y,LI X. Pedestrian detection inspired by appearance constancy and shape symmetry[C]. IEEE Conference on Computer Vision and Pattern Recognition, 2016: 5538-5551.
[18] DOLLAR P,WOJEK C, SCHIELE B, et al. Pedestrian detection: an evaluation of the state of the art[J]. IEEE Transactions on Pattern Analysis and Machine Intelligence, 2010,34(4): 743-761.
[19] YANG B,YAN J, LEI Z, et al. Convolutional channel features[C]. IEEE International Conference on Computer Vision,2015: 82-90.
[20] ZHANG L,LIN L,LIANG X,et al. Is faster R-CNN doing well for pedestrian detection [C]. European Conference on Computer Vision,2016: 443-457.
[21] CAI Z,SABERIAN M,VASCONCELOS N. Learning complexity-aware cascades for deep pedestrian detection[C]. IEEE International Conference on Computer Vision, 2015: 3361-3369.
[22] HOSANG J,OMRAN M,BENENSON R,et al. Taking a deeper look at pedestrians[C].

IEEE Conference on Computer Vision and Pattern Recognition,2015: 4073-4082.

[23] TIAN Y,LUO P,WANG X,et al. Deep learning strong parts for pedestrian detection[C]. IEEE International Conference on Computer Vision,2015: 1904-1912.

[24] OUYANG W, WANG X. Joint deep learning for pedestrian detection [C]. IEEE International Conference on Computer Vision,2013: 3198-3205.

[25] CAO J,PANG Y,LI X. Learning multilayer channel features for pedestrian detection[J]. IEEE Transactions on Image Processing,2017,26(7): 3210-3220.

[26] SIMONYAN K,ZISSERMAN A. Very deep convolutional networks for large-scale image recognition. arXiv: 1409. 1556,2014.

[27] GIRSHICK R. Fast R-CNN[C]. IEEE International Conference on Computer Vision, 2015: 1440-1448.

[28] REN S,HE K,GIRSHICK R,et al. Faster R-CNN: towards real-time object detection with region proposal networks[C]. Advances in Neural Information Processing Systems, 2015: 91-99.

[29] YANG F,CHOI W,LIN Y. Exploit all the layers: fast and accurate CNN object detector with scale dependent pooling and cascaded rejection classifiers[C]. IEEE Conference on Computer Vision and Pattern Recognition,2016: 2129-2137.

[30] LI J,LIANG X,SHEN S,et al. Scale-aware fast R-CNN for pedestrian detection[J]. IEEE Transactions on Multimedia,2018,20(4): 985-996.

[31] CAI Z,FAN Q,FERIS R S,et al. A unified multi-scale deep convolutional neural network for fast object detection[C]. European Conference on Computer Vision,2016: 354-370.

[32] BRAZIL G, YIN X, LIU X. Illuminating pedestrians via simultaneous detection and segmentation[C]. IEEE International Conference on Computer Vision,2017: 4960-4969.

[33] MAO J, XIAO T, JIANG Y, et al. What can help pedestrian detection [C]. IEEE Conference on Computer Vision and Pattern Recognition,2017: 6034-6043.

[34] BRAZIL G,LIU X. Pedestrian detection with autoregressive network phases[C]. IEEE/CVF Conference on Computer Vision and Pattern Recognition,2019: 7224-7233.

[35] ZHANG S,WEN L,BIAN X,et al. Occlusion-aware R-CNN: detecting pedestrians in a crowd[C]. European Conference on Computer Vision,2018: 657-674.

[36] ZHOU C,YUAN J. Bi-box regression for pedestrian detection and occlusion estimation [C]. European Conference on Computer Vision,2018: 135-151.

[37] ZHANG S,YANG J,SCHIELE B. Occluded pedestrian detection through guided attention in CNNs[C]. IEEE Conference on Computer Vision and Pattern Recognition, 2018: 6995-7003.

[38] WANG X,XIAO T,JIANG Y,et al. Repulsion loss: detecting pedestrians in a crowd[C]. IEEE Conference on Computer Vision and Pattern Recognition,2018: 7774-7783.

[39] LIU S,HUANG D,WANG Y. Adaptive NMS: refining pedestrian detection in a crowd [C]. IEEE/CVF Conference on Computer Vision and Pattern Recognition, 2019: 6452-6461.

[40] HUANG X, GE Z, JIE Z, et al. NMS by representative region: Towards crowded pedestrian detection by proposal pairing[C]. IEEE/CVF Conference on Computer Vision and Pattern Recognition,2020: 10747-10756.

[41] REN J, CHEN X, LIU J, et al. Accurate single stage detector using recurrent rolling convolution[C]. IEEE Conference on Computer Vision and Pattern Recognition, 2017: 752-760.

[42] LIN C, LU J, WANG G, et al. Graininess aware deep feature learning for pedestrian detection[C]. European Conference on Computer Vision, 2018: 745-761.

[43] LIU W, LIAO S, HU W, et al. Learning efficient single-stage pedestrian detectors by asymptotic localization fitting[C]. European Conference on Computer Vision, 2018: 643-659.

[44] SONG X, ZHAO K, CHU W S, et al. Progressive refinement network for occluded pedestrian detection[C]. European Conference on Computer Vision, 2020: 32-48.

[45] SONG T, SUN L, XIE D, et al. Small-scale pedestrian detection based on topological line localization and temporal feature aggregation[C]. European Conference on Computer Vision, 2018: 554-569.

[46] LIU W, LIAO S, REN W, et al. High-level semantic feature detection: a new perspective for pedestrian detection[C]. IEEE/CVF Conference on Computer Vision and Pattern Recognition, 2019: 5182-5191.

[47] YUAN J, YUAN J, PANAGIOTIS B, et al. Effectiveness of vision transformer for fast and accurate single-stage pedestrian detection[C]. Advances in Neural Information Processing Systems, 2022: 27427-27440.

[48] ZHENG A, ZHANG Y, ZHANG X, et al. Progressive end-to-end object detection in crowded scenes[C]. IEEE/CVF Conference on Computer Vision and Pattern Recognition, 2022: 857-866.

[49] SONG X, CHEN B, LI P, et al. Optimal proposal learning for deployable end-to-end pedestrian detection[C]. IEEE/CVF Conference on Computer Vision and Pattern Recognition, 2023: 3250-3260.

[50] PANG Y, XIE J, KHAN M H, et al. Mask-guided attention network for occluded pedestrian detection[C]. IEEE/CVF International Conference on Computer Vision, 2019: 4966-4974.

[51] ZHANG S, BENENSON R, SCHIELE B. Citypersons: a diverse dataset for pedestrian detection[C]. IEEE Conference on Computer Vision and Pattern Recognition, 2017: 4457-4465.

第5章

车 辆 检 测

5.1 引言

车辆检测旨在定位图像中存在的车辆。与行人检测类似,车辆检测可广泛应用于视频监控、自动驾驶等领域。在过去十几年中,不管是基于传统方法的车辆检测,还是基于深度学习的车辆检测,都取得了巨大的进展。根据采用视觉传感器数量的不同,这里将车辆检测的方法分为基于单目的车辆检测方法和基于双目的车辆检测方法。本节首先介绍基于单目的车辆检测方法,其次介绍基于双目的车辆检测方法,最后对车辆检测的研究趋势进行展望。

5.2 基于单目的车辆检测方法

基于单目的车辆检测旨在利用单目图像进行车辆检测。根据预测结果的不同,这里将基于单目的车辆检测方法分为基于单目的 2D 车辆检测方法和基于单目的 3D 车辆检测方法。

5.2.1 基于单目的 2D 车辆检测方法

基于单目的 2D 车辆检测方法分为传统方法和基于深度学习的方法。传统方法首先生成图像中可能存在车辆的窗口,其次用特征描述子对其进行特征提取,再次通过分类器对该窗口进行分类,最后对判定为车辆检测的窗口进行合并,生成最终的检测结果。常用的特征描述子包括车辆的外观特征,如颜色、边缘、对称性等,以及手工设计特征,如 HOG 特征、Haar-like 特征等。常用的分类器有 AdaBoost、SVM 等。Satzoda 和 Trivedi[1] 提出了一种基于外观特征与 Haar-like 特征的夜间车辆检测方法。该方法首先使用基于 Haar-like 特征的级联 AdaBoost 分类器生成候选窗口,然后利用颜色外观信息和几何约束进一步筛选这些候选窗口,提高了夜间车辆检测的精度。传统 HOG 特征存在位置信息缺失和强度信息缺失问题。针对此问题,Kim 等[2]提出包含位置与强度信息的 πHOG 特征,解决 HOG 特征存在的信息缺失问题,提高了车辆检测的准确度。另外,Kim 等利用车辆位置与尺寸的关系,即尺寸较大的车辆底部多在图像下部、尺寸较小的车辆底部多在图像上部,减小了滑动窗口的穷尽搜索空间,进而加快了检测速度。针对夜间车辆检测,Kuang 等[3]首先基于生物视觉中的视网膜机制对夜间图像进行增强;其次提取图像的 CNN 特征、HOG 特征和 LBP 特征,利用 SVM 学习它们的权重;最后使用加权后的特征进行车辆检测。为提升从大量 Haar-like 候选特征中学习分类器的效率,Wen 等[4]将样本的特征值与其类标签结合,设计了一种快速 AdaBoost 特征选择算法。Hsieh 等[5]提出了一种对称 SURF(speeded-up robust features,加速稳健特征)描述子,充分挖掘了车辆水平对称性,提升了车辆检测性能。ElMikaty 和 Stathaki[6]提出自适应单元格分布,在形状分布自适应的单元格内从梯度、颜色和纹理分布三个方面进行特征提取,有效提升了城市场景航拍图像中小目标的检测准确率和检测效率。

基于深度学习的车辆检测方法大多采用一般物体检测方法,可以分为两阶段方法和单阶段方法。一般来说,两阶段方法具有更高的检测精度,而单阶段方法具有更快的检测速度。两阶段方法首先在全图上生成一定数量的可能包含物体的候选框,然后对这些候选框进一步进行分类和回归。最典型的两阶段方法是 Faster R-CNN[7]。如图 5-1 所示,Faster R-CNN 首先提取全图的深度特征,其次通过区域候选网络生成一定数量的物体候选框,再次利用 ROI 池化层将这些候选框对应的特征缩放到同样尺寸大小的特征图,最后对固定尺寸大小的特征图进行分类和回归。为提升多尺度目标检测的性能,Lin 等[8]在 Faster R-CNN 的基础上改进,

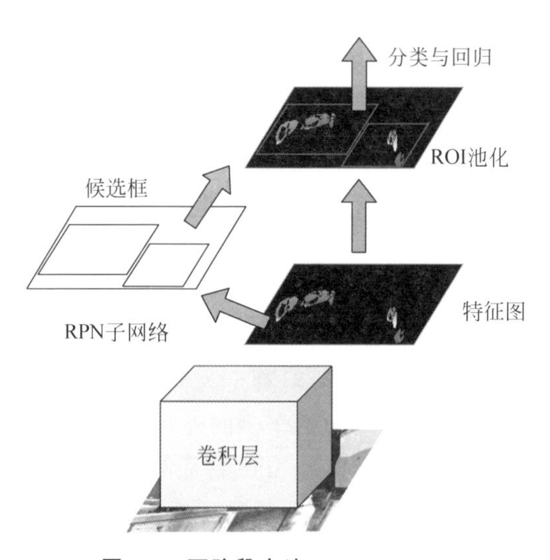

图 5-1 两阶段方法 Faster R-CNN

提出基于横向连接和自上而下连接的特征金字塔网络 FPN。具体来说，FPN 将深层高级语义信息引入浅层低级语义特征，并利用增强后的多尺度特征分别检测不同尺度的目标，提升了多尺度目标特别是小尺度目标的检测准确率。在 Faster R-CNN 的基础上，Cai 等[9]提出基于级联结构的两阶段方法，简称 Cascade R-CNN。Cascade R-CNN 通过级联若干检测头渐进地进行目标检测，当前检测头基于前一个检测头的预测结果进行进一步分类和回归。此外，为了更好地引导检测头的学习，Cascade R-CNN 逐步提升每级检测头判定正负样本设定的 IoU 阈值。通过多级级联结构，Cascade R-CNN 有效提高了目标的定位精度。

单阶段方法舍弃了两阶段方法采用 RPN 生成一定数量候选框的操作，直接进行目标的分类和回归。早期典型的单阶段方法包括 YOLO[10]和 SSD[11]。图 5-2 给出了典型的单阶段方法 YOLO 与 SSD 的网络结构示意图。YOLO 将图像划分为 $N\times N$ 个子网格，然后对每个子网格同时预测分类概率与回归边界框。基于简单的结构设计，YOLO 获得了较快的检测速度。SSD 采用深度骨干网络中不同尺度的特征图分别检测不同尺度的目标，在浅层高分辨率特征图上预测小尺度目标，在深层低分辨率特征图上预测大尺度目标，在检测速度和检测精度方面取得了较好的平衡。针对单阶段方法在训练中存在正负样本类别不平衡问题，Lin 等[12]提出了对标准的交叉熵分类损失函数进行改进，简称 Focal 损失。Focal 损失的核心是增大难分类样本损失权重、减小易分类样本损失权重。

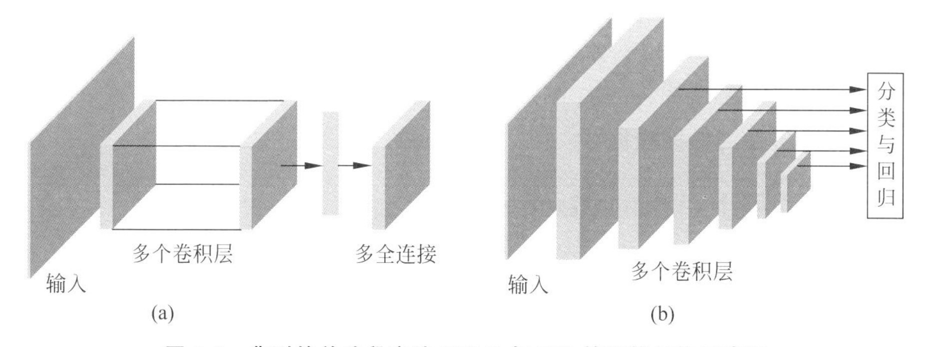

图 5-2　典型的单阶段方法 YOLO 与 SSD 的网络结构示意图

(a) YOLO；(b) SSD

上述两阶段方法和单阶段方法大多需要设定锚点框。针对这一问题，研究者提出了无锚点框的方法，避免了锚点框超参数的设置。Law 等[13]提出将边界框检测转化为物体左上角、右下角两个关键点的检测，并使用与真值框的偏移微调目标定位。该方法简称 CornerNet，如图 5-3 所示。相比 CornerNet 预测目标的两个角点，CenterNet[14]直接预测目标的中心点与高度宽度，从而避免了 CornerNet 中的角点关联操作。FCOS(fully convolutional one-stage，全卷积单阶段检测器)[15]基于全连接卷积神经网络进行逐像素的目标检测，预测目标区域内的每个像素点到边界框上下左右的距离。近年来，随着 Transformer 结构在图像分类任务中的成功,基于端到端预测的方法开始用于目标检测。相比先前的单阶段方法,基于端到端预测的方法直接将目标检测问题看作集合预测问题,进而直接预测图像中可能存在的目标,不需要非极大值抑制等后处理。比较有代表性的方法包括 DETR (detection transformer,检测转换器)[16] 和 Deformable DETR[17]。

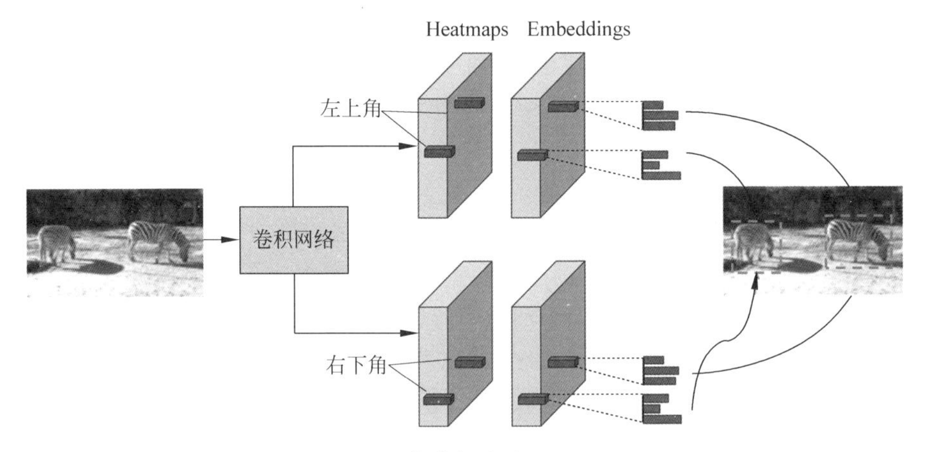

图 5-3 无锚点框方法 CornerNet

此外,一些研究者设计了专门针对车辆检测的方法。Wu 等[18] 提出了一个与或模型表示车辆的上下文信息与遮挡信息,通过多车、单车、部件等多层次图建模,提升了车辆检测的性能。针对无人机图像中车辆检测,SF-SSD(small feature fusion SSD,小特征单次检测器)[19] 提出了一种基于空间认知算法的单阶段检测器,利用反卷积操作增强浅层特征,并利用类间与类内相似度重新计算分类置信度,提高了小目标的检测精度。

5.2.2 基于单目的 3D 车辆检测方法

基于单目的 3D 车辆检测方法用于预测车辆在三维空间中的位置。相比激光雷达和双目相机,单目相机适用范围更广、设备成本更低。因此,基于单目的 3D 车辆检测方法得到了研究者的广泛关注,主要分为两类:基于深度估计辅助的单目 3D 检测方法和直接检测的单目 3D 检测方法。

基于深度估计辅助的单目 3D 检测方法使用深度估计模型引导后续的 3D 检测。Pseudo-LiDAR[20] 将单目深度估计的结果转换为伪点云的形式,并利用点云检测器对伪雷达数据进行 3D 目标检测。DD3D(dense depth-pre-trained 3D detector,稠密深度预训练三维检测器)[21] 在 3D 检测的基础上增加了一个像素级的深度估计分支,充分使用深度估计助力 3D 检测。训练过程由深度预训练和检测微调构成,避免了伪雷达方法非端到端训练导致的过拟合问题。CaDDN[22] 预测像素级的分类深度分布,将具有丰富上下文信息的图像特征投影到 3D 空间中的适当深度区间,之后使用鸟瞰投影和 3D 目标检测器输出 3D 检测框。如图 5-4 所示,

CaDDN 方法涉及三种特征的提取与转化，视锥特征是图像经过估计深度分布生成的，再利用相机标定将其转换为体素特征，随后体素特征被压缩折叠为鸟瞰图特征用于 3D 检测。Huang 等[23]利用 Transformer 模块将深度信息编码到特征中，提升了单目 3D 检测的精度。Wang 等[24]提出利用视频序列的运动信息估计深度信息，进而助力单目 3D 检测。

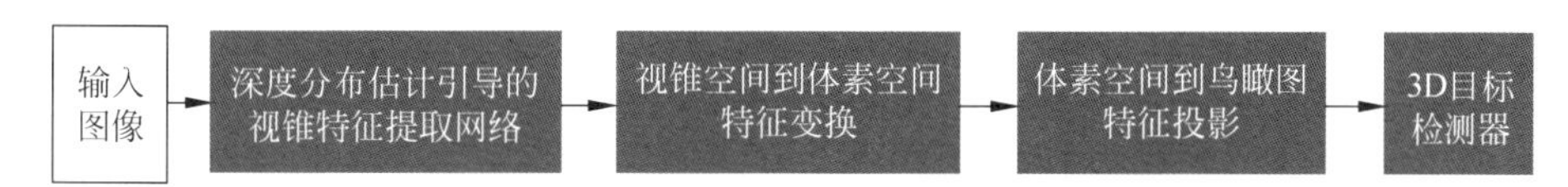

图 5-4　基于深度估计辅助的单目 3D 检测 CaDDN 方法

直接检测的单目 3D 检测方法隐式借助深度辅助信息，直接进行 3D 检测。SMOKE(single-stage monocular 3D object detection via keypoint estimation)[25]是一个基于关键点预测的单阶段单目 3D 检测网络，包含关键点分类分支和 3D 边界框回归分支，如图 5-5 所示。选取目标 3D 框的中心点在图像平面上的投影点作为该目标的关键点。在构造回归分支的损失函数时，将多个 3D 检测框属性对损失函数的贡献解耦，加速了模型收敛。GUPNet[26]首先通过几何先验将深度估计转化为高度估计，然后将几何不确定性投影引入深度估计，计算深度的几何引导不确定性，评估深度是否可靠，避免了几何投影中高度误差在深度上的放大。

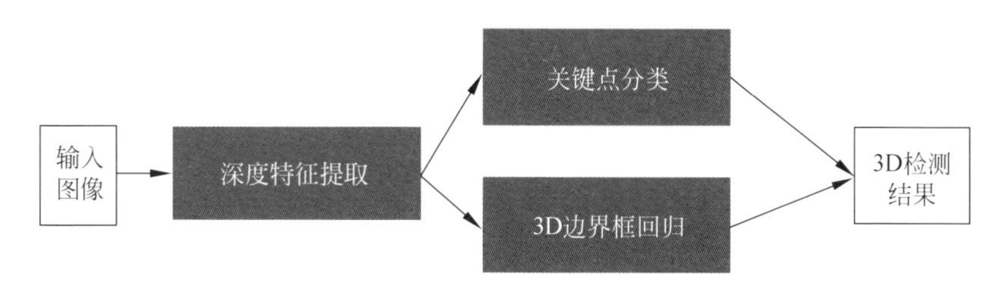

图 5-5　单目 3D 检测 SMOKE 方法

5.3　基于双目的车辆检测方法

基于双目的车辆检测方法利用成对双目图像检测车辆在三维空间中的位置。相比单目图像，双目图像包含车辆的深度信息。因此，基于双目的车辆检测方法能够充分挖掘深度信息，提升 3D 车辆检测的准确率，更适用于自动驾驶等应用场景。近几年，随着深度卷积神经网络的发展，双目车辆检测取得了巨大的成功。相关方法可以分为三类：基于视锥空间的方法、基于伪激光雷达的方法和基于体素的方法。本节首先简要介绍这三类方法，然后介绍两种双目车辆检测方法。

5.3.1　双目车辆检测方法分类

基于视锥空间的方法分别提取左右目图像特征，基于这些特征在相机视锥空间进行三维目标检测。在相机视锥空间中，坐标系中一个点可以表示为(u,v,d)，其中，u、v 是图像空间中的像素坐标，d 是深度坐标。比较有代表性的研究是 Li 等提出的 Stereo R-CNN[27]。Stereo R-CNN 建立在两阶段检测器 Faster R-CNN 的基础上，首先根据目标由左右图像的 ROI 求解出粗糙的目标 3D 检测框，然后对粗糙的 3D 检测框进行光束法平差优化得到最后的 3D 检测结果。Peng 等[28]提出由左右目的 ROI 特征构建匹配代价体以预测目标中心点的深度。

基于伪激光雷达的方法利用双目图像生成伪三维点云数据，并利用激光雷达目标检测器进行 3D 目标检测。Pseudo-LiDAR[20]是最早基于伪激光雷达的方法之一。它首先通过双目立体匹配方法得到视差图，其次将视差图转换为点云数据，最后将双目目标检测转化为点云目标检测。由于点云目标检测在过去几年中发展更为成熟，因此早期 Pseudo-LiDAR 是双目车辆检测的主流方法之一。Pseudo-LiDAR++[29]引入了深度立体匹配模块直接生成深度图，提高了远处物体的检测精度，同时结合稀疏的点云数据对双目深度转化得到的点云数据进行纠正，进一步改善了检测性能。在点云目标检测中，选取包含目标的前景区域进行检测有助于提升检测性能。受此启发，OC-Stereo[30]和 Disp R-CNN[31]引入了语义分割分支，只使用前景点云进行目标检测。为了提升远距离目标的检测性能，ZoomNet[32]通过扩大远处目标区域改进视差估计，进而可以得到更准确的伪点云。

基于体素的方法利用左右目图像提取 3D 空间中的体素特征，并基于 3D 体素特征进行目标检测。DSGN(deep stereo geometry network)[33]将视锥空间的双目匹配代价体转化到 3D 空间，减少了视锥空间存在物体畸变的问题，能够更好地表达目标的 3D 几何特征。DSGN++[34]在 DSGN 的基础上进一步提出了深度感知的平面扫描模块和双视角双目体素模块以提升双目有效信息的提取。LIGA (LiDAR geometry aware stereo detector)[35]认为点云检测器具有更优的检测性能，基于此提出了利用知识蒸馏的策略提升双目检测性能。具体来说，LIGA 首先利用点云数据训练一个点云检测器，然后利用点云检测器指导双目检测器学习，从而使双目检测器能够学习更具鉴别力的 3D 几何特征。当前，基于体素的方法在目标检测准确性方面占主导地位。然而，由于存在大量的三维卷积操作和聚合网络，基于体素的方法一般检测速度较慢。

此外，一些研究者还关注快速双目目标检测。当前，大多数快速双目目标检测方法属于基于视锥空间和基于伪激光雷达的方法。基于伪激光雷达的方法 RT3D-GMP(grid map patches for realtime 3D object detection)[36]和 RT3DStereo[37]首先使用轻量级深度估计算法生成深度图，其次将其转化为点云数据，最后使用轻量的三维点云检测器进行检测。Stereo-Centernet[38]将 Stereo R-CNN 中基于锚点框的检测方法替换为基于关键点的检测方法，用于快速双目目标检测。YOLOStereo3D[39]首先在视锥空间中构建双目匹配代价体，然后利用匹配代价体进行三维检测。在 YOLOStereo3D 的基础上，Wu 等[40]探索半监督的双目目标检测任务以减少对昂贵双目标注的依赖。

5.3.2　基于高效3D几何特征的双目车辆检测方法

本节主要介绍Gao等发表在国际期刊IEEE TCSVT上的基于高效3D几何特征的双目车辆检测方法[41]，以解决现有的基于体素的方法DSGN存在的计算效率低下问题。DSGN首先使用平面扫描和聚合模块在视锥空间中生成匹配代价体(stereo volume)，其次利用深度鸟瞰图(BEV)投影方案提取三维几何特征，最后利用三维几何特征进行3D检测。在上述步骤中，计算效率低下的主要原因在于DSGN需要使用计算量较大的3D与2D聚合网络进行特征提取。为解决这一问题，本节介绍基于高效3D几何特征的双目车辆检测方法ESGN(efficient stereo geometry network)，旨在高效地提取几何特征，其核心是高效三维几何特征生成模块EGFG。

图5-6给出了基于高效3D几何特征的双目车辆检测方法ESGN的总体结构图。对于给定的双目图像，ESGN利用深度骨干网络ResNet-34[42]提取多尺度成对的左右特征图($\{F_l^i,F_r^i\},i=1,2,3$)。对于这些成对的左右目特征图，ESGN设计了一种高效几何特征生成模块EGFG(efficient geometry-aware feature generation)以生成多级几何感知特征($\{F_l^i,F_r^i\},i=1,2,3$)。EGFG模块包含双目相关和重投影模块SCR(stereo crrelation and reprojection)，以及多尺度BEV(birds eye view)投影和融合模块MPF(multi-scale BEV projection and fusion)。具体来说，EGFG首先使用SCR模块在视锥空间中生成双目匹配代价体。为解决目标在视锥空间存在畸变的问题，EGFG采用MPF模块将视锥空间中的双目匹配代价体变换为三维空间中的BEV特征。为进一步增强三维几何特征表示，ESGN引入了一种深度几何特征蒸馏方案DGFD(deep geometry-aware feature distillation)，采用点云检测器生成更有区分力的多尺度点云几何感知特征(F_{lgf}^i，$i=1,2,3$)，然后引导双目几何体特征($F_{gf}^i,i=1,2,3$)学习。最后利用几何感知特征F_{gf}^3进行3D检测。

高效几何特征生成模块EGFG对多尺度左右目成对特征($\{F_l^i,F_r^i\},i=1,2,3$)进行处理得到多级几何感知特征($F_{gf}^i,i=1,2,3$)。首先SCR模块在视锥空间中通过简单的相关与重投影操作生成多尺度双目匹配代价体，然后MPF模块将多尺度双目匹配代价体转换为3D空间中的BEV几何特征。如图5-6(b)所示，SCR模块首先通过双目相关操作提取多尺度匹配代价体($F_{cv}^i,i=1,2,3$)，然后生成视锥空间中的多尺度双目匹配代价体($F_{sv}^i,i=1,2,3$)。对于左右目成对特征图$\{F_l^i,F_r^i\}$，匹配代价体F_{cv}^i可以表示为

$$F_{cv}^i(d,h,w)=\frac{1}{c}\sum_{c=1}^{c}F_l^i(c,h,w-d)F_r^i(c,h,w+d) \tag{5-1}$$

其中，d、h、w、c分别代表视差、高度、宽度和通道的索引。$w-d$表示左目特征图

右移 d 个像素，$w+d$ 表示右目特征图左移 d 个像素。如果 $w-d$ 或 $w+d$ 超出了特征图的取值范围，则这些索引对应的特征值设为零。在此基础上，SCR 将多尺度匹配代价体（$F_{cv}^{i}, i=1,2,3$）转换为多尺度双目匹配代价体（$F_{sv}^{i}, i=1,2,3$）。假设 F_{cv}^{1} 的大小为 $D\times H\times W$，SCR 首先使用二维卷积生成初始的双目匹配代价体 $F_{rsv}^{1}\in C\times D\times H\times W$，再将其变换为双目匹配代价体 $F_{sv}^{1}\in C\times D\times H\times W$。同时，对 F_{rsv}^{1} 进行 2 倍降采样，然后与 F_{cv}^{2} 进行串接和二维卷积运算生成初始的双目匹配代价体 $F_{rsv}^{2}\in C\times D\times H/2\times W/2$。$F_{rsv}^{2}$ 经过变换生成双目匹配代价体 $F_{sv}^{2}\in C\times D\times H/2\times W/2$。同样，利用 F_{rsv}^{2} 和 F_{cv}^{3} 生成 F_{sv}^{3}。

上述 SCR 模块生成的多尺度双目匹配代价体在视锥空间存在目标畸变问题。为了解决这一问题，引入多尺度 BEV 投影和融合模块 MPF 将视锥空间中的双目匹配代价体转换成 3D 空间中的几何特征。如图 5-6(c)所示，MPF 模块首先将双目匹配代价体（$F_{sv}^{i}, i=1,2,3$）转换到 3D 空间中的几何体（$F_{gv}^{i}, i=1,2,3$），然后将三维空间中的几何体转换为 BEV 特征，并对其进行多级融合生成最终的几何特征，选择最低分辨率的几何感知特征进行三维检测。具体来说，MPF 模块首先在 3D 空间中生成一个规则的体素网格，将网格中的每个体素投影到视锥空间，并将视锥空间双目几何代价体对应的特征逆投影到体素网格得到相应的几何体特征。对于多尺度双目几何代价体（$F_{sv}^{i}, i=1,2,3$），采用相同大小的体素网格生成具有相同分辨率的多级几何体（$F_{gv}^{i}, i=1,2,3$）。其次，通过 Reshape 操作将几何体转换为 BEV 特征（$F_{bev}^{i}\in(C\times Y)\times X\times Z, i=1,2,3$），并利用多级融合生成增强的几何感知特征（$F_{gf}^{i}\in C'\times X\times Z, i=1,2,3$）。最后，使用 F_{gf}^{3} 进行 3D 检测。

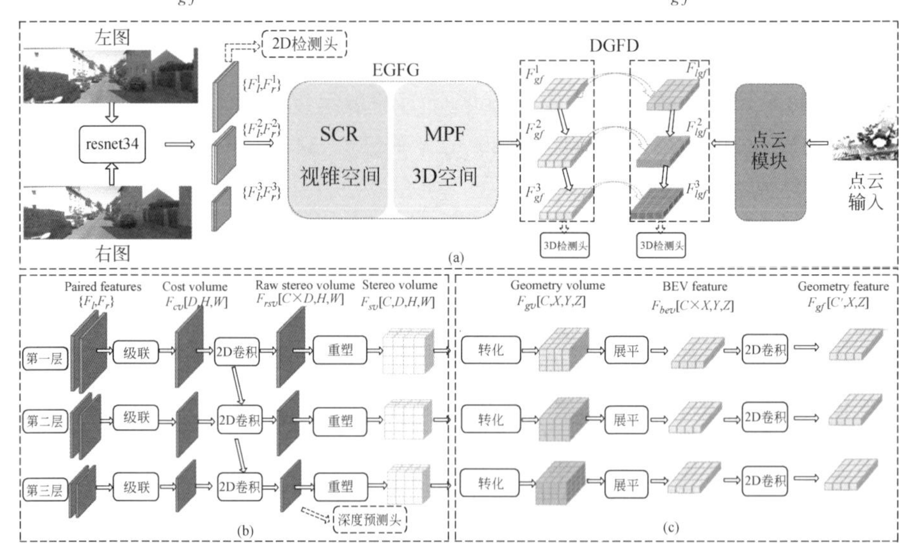

图 5-6 基于高效 3D 几何特征的双目车辆检测方法 ESGN 的总体结构图

(a) 总体框图；(b) 双目相关和重投影模块(SCR)；(c) 多尺度 BEV 投影和融合模块(MPF)

一般而言，基于激光雷达的目标检测器比双目目标检测器具有更高的检测精度。为了减少这一差距，受LIGA启发[35]，ESGN提出了深度几何感知特征蒸馏方案DGFD。图5-7给出了用于深度几何特征蒸馏的点云检测器结构图。首先将原始点云表示转换为体素表示，并使用3D骨干网络Sparse-conv[43]提取点云数据的多尺度体素特征(F_{lvf}^{i}，$i=1,2,3$)。然后将点云体素特征压平，并利用池化操作得到相同分辨率的BEV特征(F_{bev}^{i}，$i=1,2,3$)。此后执行多层特征融合输出激光雷达几何特征(F_{lgf}^{i}，$i=1,2,3$)。最后基于F_{lgf}^{3}进行3D检测。该点云检测使用KITTI数据集[44]中的点云数据进行训练。之后使用在点云数据上训练好的检测器生成的点云几何特征，指导双目几何特征学习。为了引导双目几何特征的学习，特征蒸馏的策略旨在最小化激光雷达的点云几何特征和双目几何特征的距离，可以表示为

$$L_{dif}=\sum_{i=1,2,3}\frac{1}{N}\mid M_{fg}M_{sp}(g(F_{gf}^{i})-F_{lgf}^{i})\mid^{2} \tag{5-2}$$

其中，i表示尺度索引，g表示单个1×1卷积操作，M_{fg}为前景掩膜，M_{sp}为点云数据的稀疏掩膜，N为稀疏前景掩膜的个数。

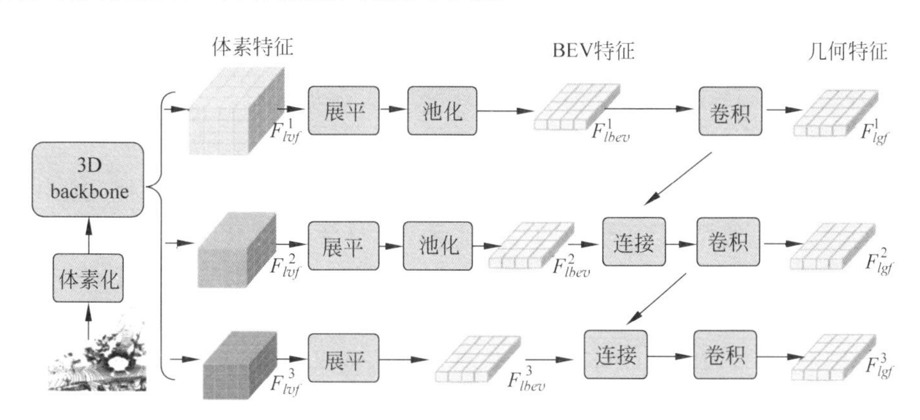

图5-7　用于深度几何特征蒸馏的点云检测器结构图

图5-8给出了不同方法在KITTI数据集[44]上的车辆检测准确率与速度的对比。大部分方法的速度从KITTI官网得到，而YOLOStereo3D和ESGN的速度用英伟达RTX3090测试得到。相比DSGN、ESGN的检测速度提升了11.2倍。与此同时，在所有检测时间小于100ms的方法中，ESGN具有最高的检测准确率。可以看出，ESGN在这些方法中具有最优的检测精度和速度平衡。

5.3.3　基于非均匀采样的双目车辆检测方法

本节主要介绍Gao等发表在国际期刊IEEE TITS上的基于非均匀采样的双目车辆检测方法[45]。该方法建立在快速双目目标检测方法RTS3D[46]的基础之上。RTS3D(real-time stereo 3D detector)构建了一个4D特征一致性嵌入空间作

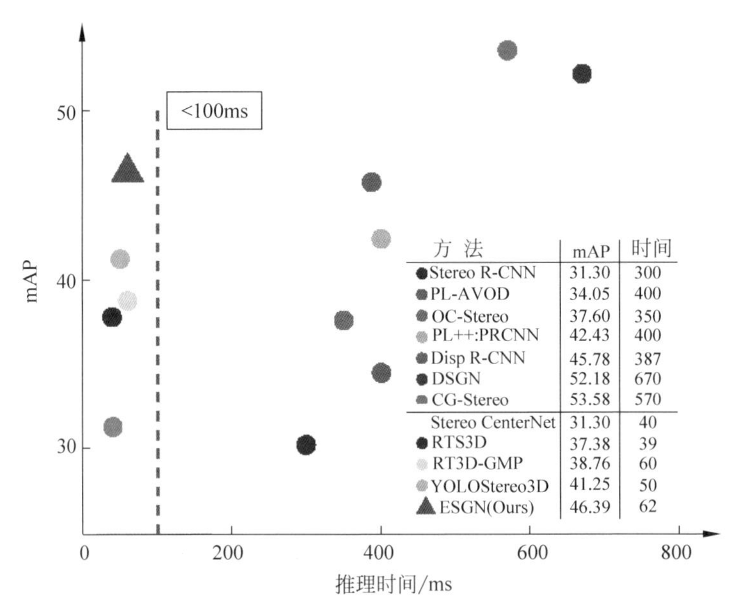

图 5-8 不同方法在 KITTI 数据集(Moderate 子集)上的车辆检测准确率与速度的对比(见文前彩图)

为物体的中间表示。具体来说,RTS3D 将每个 3D 候选框分为若干大小均匀的子网格,对于每个网格子区域从双目图像中提取一致性特征。基于 FCE(feature-consistent embedding)空间生成的特征图,RTS3D 可以更精确地预测 3D 候选框位置。通过这些简单而高效的设计,RTS3D 不仅避免了像素级的深度监督,而且在实时速度下实现了极具竞争力的检测准确率。尽管如此,RTS3D 中的一些设计阻碍了其性能的进一步提升。首先,RTS3D 采用均匀采样策略生成特征采样点,忽略了汽车不同区域的重要性。与区域内部点相比,区域外部点对 3D 检测起着更重要的作用。然而,RTS3D 对不同区域采用统一的采样策略。其次,在一致性特征生成过程中,RTS3D 没有充分利用上下文信息抑制噪声。为了解决 RTS3D 中的问题,本节提出基于非均匀采样的双目目标检测方法,称为 SAS3D(shape-aware stereo 3D detector)。相比 RTS3D,SAS3D 的两个主要改进为基于非均匀采样的隐空间构建和基于语义增强模块的特征一致性嵌入空间构建。

图 5-9 给出了基于非均匀采样的双目车辆检测方法 SAS3D 的总体结构图。对于给定的双目图像,首先使用单目三维检测器生成一些最初的 3D 候选框。对于每个 3D 候选框,SAS3D 引入了非均匀采样策略构造形状敏感的非均匀隐空间。非均匀采样策略在 3D 候选框的外部区域产生更多的采样点,在内部区域产生更少的采样点。对于非均匀隐空间中的每个采样点,利用语义增强模块从双目特征图中提取语义一致性特征生成非均匀的特征一致性嵌入空间(FCE space)。基于 FCE 空间特征,采用 3D 检测器进行 3D 检测。为了提高 3D 检测的性能,SAS3D 采用迭代操作对检测结果进行细化。具体来说,当前预测的 3D 检测框被视为下一次迭代

输入的 3D 候选框，构建新的非均匀隐空间和特征一致性嵌入空间进行 3D 检测。

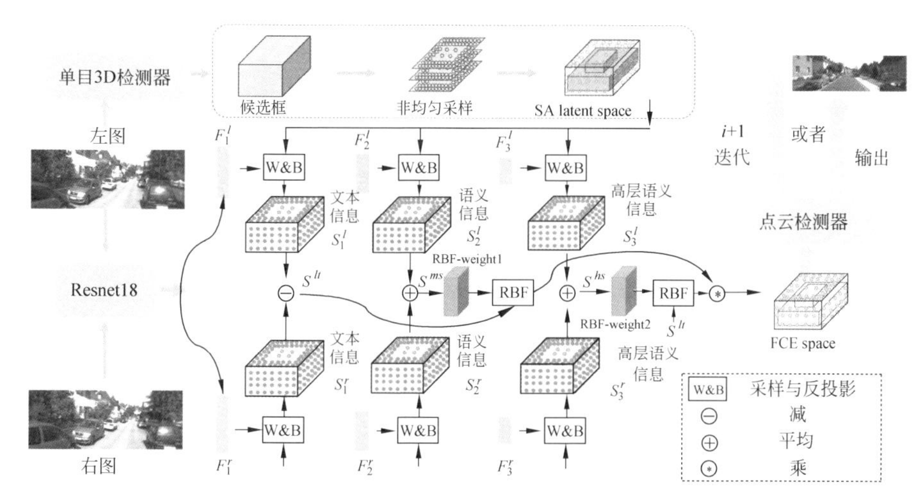

图 5-9　基于非均匀采样的双目车辆检测方法 SAS3D 的总体结构图

非均匀采样策略是 SAS3D 的核心，旨在根据车辆形状构建非均匀隐空间。为了构建非均匀隐空间，需要对汽车的形状进行建模。SAS3D 发现，并不需要对车辆进行精确建模，且无法采用同一模型精准建模所有汽车。首先，单目 3D 检测器生成的候选框不能给出汽车的准确位置。因此，即使精确的汽车模型也无法准确地区分粗糙 3D 候选框的内部区域与外部区域。其次，虽然不同车型的外观不同，但是一些重要参数(如汽车轴距与长度的比率)是相似的。最后，粗糙的车辆模型也可以在网络学习中得到进一步精确化。因此，SAS3D 采用一个粗糙的模型对汽车形状进行建模。如图 5-10(a)所示，汽车被分为两个红色立方体：顶部立方体和底部立方体。这里使用奥迪汽车模型的近似参数(宽度、高度等)构造这两个立方体。图 5-10(b)给出了奥迪汽车模型在 4 个不同视图(侧、前、俯、后视图)中的一些详细形状参数。基于这些参数比例，可以生成图 5-10(a)中的两个近似立方体。图 5-10(c)显示了俯视图中的两个近似立方体。假设汽车的宽度和长度分别为 W 和 L，则顶部立方体的宽度和长度分别为 $0.6W$ 和 $0.4L$，底部立方体的宽度和长度分别为 $0.8W$ 和 $0.6L$。基于这两个近似立方体进行非均匀采样，为每个 3D 候选检测框建立非均匀隐空间。

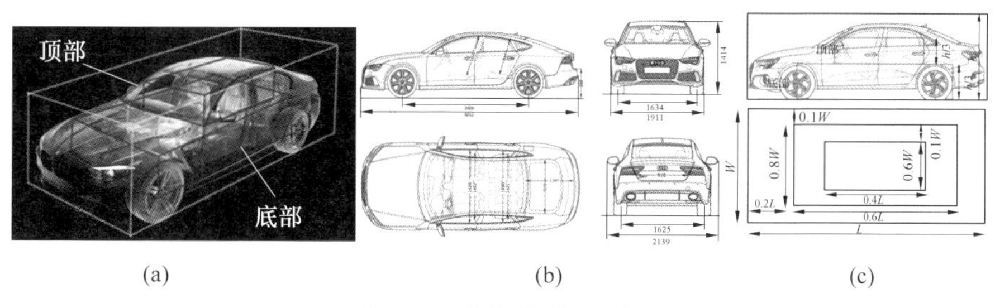

图 5-10　车辆模型示意图

图 5-11 为三种不同采样策略对比，包括均匀采样策略、非均匀采样策略及极端非均匀采样策略。图 5-11(a)表示均匀采样策略，图 5-11(b)表示非均匀采样策略，图 5-11(c)表示极端均匀采样策略。相比于均匀采样(a)，非均匀采样(b)能够在外部区域采样更多的点，在内部区域采样更少的点。相比于极端非均匀采样(c)，非均匀采样(b)没有忽略内部区域。实验结果表明，非均匀采样策略(b)优于均匀采样(a)和极端非均匀采样(c)。这意味着外部区域比内部区域起着更重要的作用，但内部区域同样对检测有一定的帮助。

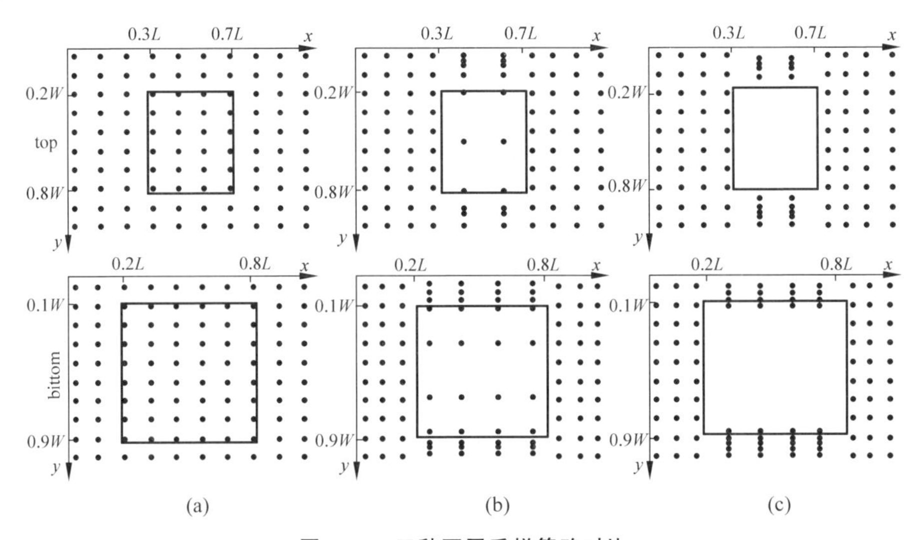

图 5-11 三种不同采样策略对比

基于上述构建的非均匀隐空间，SAS3D 利用语义增强模块生成特征一致性嵌入空间。对于左右目图像，采用深度网络模型 ResNet-18[42] 分别提取左右目图像的多尺度特征图，包括低级纹理特征图 F_{lr}^{1}、中级语义特征图 F_{lr}^{2} 和高级语义特征图 F_{lr}^{3}。基于这些多尺度特征图，SAS3D 采用重映射和逆投影操作从左右目特征图提取一致性特征，并利用高级语义增强模块生成特征一致性嵌入空间。假设 p_i 是非均匀隐空间中一个采样点的三维坐标，其重映射到图像空间的坐标可以表示为

$$x_{ij}^{lr}=h_jK_{lr}\begin{pmatrix}R^{lr} & t^{lr}\\ 0 & 1\end{pmatrix}p_i,\quad j=1,2,3 \tag{5-3}$$

其中，K 表示相机的内参，R、t 表示相机的外参(旋转和平移矩阵)，h 表示仿射变换矩阵，j 表示多尺度特征图索引，lr 表示左图或者右图。基于相机的内参和外参，可以得到采样点 p_i 在图像空间的坐标 x_{ij}^{lr}，进而可以得到其在左右图中的多尺度特征，表示为

$$S_{ij}^{l}=F_j^{l}(x_{ij}^{l}),\quad S_{ij}^{r}=F_j^{r}(x_{ij}^{r}),\quad j=1,2,3 \tag{5-4}$$

其中，F_j^l 和 F_j^r 分别表示左右图在尺度为 j 时的特征图。基于从左右目提取的不同语义级别特征，高级语义增强模块生成不同语义的特征，可以表示为

$$
\begin{cases}
S^{lt}=S_1^l-S_1^r \\
S^{ms}=(S_2^l+S_2^r)/2 \\
S^{hs}=(S_3^l+S_3^r)/2
\end{cases}
\tag{5-5}
$$

基于不同语义的特征，高级语义增强模块可以在特征一致性嵌入空间生成增强后的特征，表示为

$$
S^{fce}=\exp(-(S^{lt})^2(S^{ms})^2)\exp(-(S^{lt})^2(S^{hs})^2)
\tag{5-6}
$$

表 5-1 给出了 SAS3D 不同模块在 KITTI 数据集上车辆检测的有效性。可以看出，语义增强模块和非均匀采样策略都能提升车辆检测的准确率。例如，在 Moderate 子集上，相比基准方法，语义增强模块和非均匀采样策略分别提升性能 1.95%和 2.36%。当两个模块集成时，在 Moderate 子集上准确率达到 47.07%。相比基准方法，在 Moderate 子集上有 2.57%的提升。

表 5-1　SAS3D 不同模块在 KITTI 数据集上车辆检测的有效性

模块名称		IoU>0.7		
语义增强模块	非均匀采样策略	Easy/%	Moderate/%	Hard/%
		63.65	44.50	37.48
√		64.46	46.45	38.90
	√	65.14	46.86	39.02
√	√	65.26	47.07	39.62

5.4　车辆检测的研究趋势

车辆检测取得了巨大的进展，但仍然存在许多挑战。现将车辆检测存在的挑战与研究趋势总结如下。

车辆检测的主要应用场景包括自动驾驶、智能监控等，而这些场景的相关应用需要部署到移动端或嵌入式端。移动端或嵌入式端计算资源相对有限，对神经网络的要求更加苛刻。因此，研究轻量化网络结构十分必要。一方面，需要研究轻量化的骨干网络，不仅需要具备高准确率，还需要保持高效的推理速度和较小的内存占用。另一方面，研究高效的双目特征融合机制十分必要，有助于提升双目目标检测落地。

小目标车辆检测、拥挤场景下的车辆检测仍然是当前车辆检测需要突破的瓶颈。在过去十几年中，基于深度学习的车辆检测方法取得了巨大进展，但是在小目标检测、遮挡目标检测方面仍然性能较差，无法满足自动驾驶等领域的严苛要求。因此，研究如何利用上下文信息和时序信息十分必要，是解决这些瓶颈的重要手段。

当前车辆检测大多面向特定的数据集或特定的场景开展，没有考虑方法在不同场景中的通用性。例如，当前车辆检测方法大多适用于良好的天气状况，无法在雨天和雾天保持良好的检测性能。因此，研究域适应的通用车辆检测十分必要，能够有效满足自动驾驶等应用的全天候运行。

相比单目车辆检测，双目车辆检测的数据集相对较少，且缺少大规模双目数据集。与此同时，双目数据集的标注成本代价更大，需要借助激光雷达进行深度信息的标注。因此，研究如何在有限标注或无标注的情况下提升双目车辆检测效率十分必要。

参考文献

[1] SATZODA R K，TRIVEDI M M. Looking at vehicles in the night：Detection and dynamics of rear lights[J]. IEEE Transactions on Intelligent Transportation Systems，2016，20(12)：4297-4307.

[2] KIM J，BAEK J，KIM E. A novel on-road vehicle detection method using πHOG[J]. IEEE Transactions on Intelligent Transportation Systems，2015，16(6)：414-3429.

[3] KUANG H，ZHANG X，LI Y J，et al. Nighttime vehicle detection based on bio-inspired image enhancement and weighted score-level feature fusion[J]. IEEE Transactions on Intelligent Transportation Systems，2017，18(4)：927-936.

[4] WEN X，SHAO L，FANG W，et al. Efficient feature selection and classification for vehicle detection. IEEE Transactions on Circuits and Systems for Video Technology[J]，2015，25(3)：508-517.

[5] HSIEH J W，CHEN L C，CHEN D Y. Symmetrical surf and its applications to vehicle detection and vehicle make and model recognition[J]. IEEE Transactions on Intelligent Transportation Systems，2014，15(1)：6-20.

[6] ELMIKATY M，STATHAKI T. Detection of cars in high-resolution aerial images of complex urban environments[J]. IEEE Transactions on Geoscience and Remote Sensing，2017，55(10)：5913-5924.

[7] REN S，HE K，GIRSHICK R B，et al. Faster R-CNN：Towards real-time object detection with region proposal networks[J]. IEEE Transactions on Pattern Analysis and Machine Intelligence，2017，39(6)：1137-1149.

[8] LIN T Y，DOLLAR P，GIRSHICK R B，et al. Feature pyramid networks for object detection[C]. IEEE Conference on Computer Vision and Pattern Recognition，2017：2117-2125.

[9] CAI Z，VASCONCELOS N. Cascade R-CNN：Delving into high quality object detection[C]. IEEE Conference on Computer Vision and Pattern Recognition，2018：6154-6162.

[10] REDMON J，DIVVALA S，GIRSHICK R，et al. You only look once：Unified，real-time object detection[C]. IEEE Conference on Computer Vision and Pattern Recognition，2016：779-788.

[11] LIU W，ANGUELOV D，ERHAN D，et al. SSD：Single shot multibox detector[C].

European Conference on Computer Vision, 2016: 21-27.
[12] LIN T Y, GOYAL P, GIRSHICK R, et al. Focal loss for dense object detection[C]. IEEE International Conference on Computer Vision, 2017: 2980-2988.
[13] LAW H, DENG J. Cornernet: Detecting objects as paired keypoints[C]. European Conference on Computer Vision, 2018: 734-750.
[14] ZHOU X, WANG D, KRÄHENBÜHL P. Objects as points. arXiv: 1904.07850, 2019.
[15] TIAN Z, SHEN C, CHEN H, et al. FCOS: Fully convolutional one-stage object detection [C]. IEEE/CVF International Conference on Computer Vision, 2019: 9627-9636.
[16] CARION N, MASSA F, SYNNAEVE G, et al. End-to-end object detection with transformers[C]. European Conference on Computer Vision, 2020: 213-229.
[17] ZHU X, SU W, LU L, et al. Deformable DETR: Deformable transformers for end-to-end object detection[C]. International Conference on Learning Representations, 2021.
[18] WU T, LI B, ZHU S C. Learning and-or model to represent context and occlusion for car detection and viewpoint estimation[J]. IEEE Transactions on Pattern Analysis and Machine Intelligence, 2016, 38(9): 1829-1843.
[19] YU J, GAO H, SUN J, et al. Spatial cognition-driven deep learning for car detection in unmanned aerial vehicle imagery[J]. IEEE Transactions on Cognitive and Developmental Systems, 2021, 14(4): 1574-1583.
[20] WANG Y, CHAO W L, GARG D, et al. Pseudo-lidar from visual depth estimation: Bridging the gap in 3D object detection for autonomous[C]. IEEE/CVF Conference on Computer Vision and Pattern Recognition, 2019: 8445-8453.
[21] PARK D, AMBRUS R, GUIZILINI V, et al. Is pseudo-lidar needed for monocular 3D object detection[C]. IEEE/CVF International Conference on Computer Vision, 2021: 3142-3152.
[22] READING C, HARAKEH A, CHAE J, et al. Categorical depth distribution network for monocular 3D object detection[C]. IEEE/CVF Conference on Computer Vision and Pattern Recognition, 2021: 8554-8564.
[23] HUANG K C, WU T H, SU H T, et al. MonoDTR: Monocular 3D object detection with depth-aware transformer[C]. IEEE/CVF Conference on Computer Vision and Pattern Recognition, 2022: 4012-4021.
[24] WANG T, PANG J, LI D. Monocular 3D object detection with depth from motion[C]. European Conference on Computer Vision, 2022: 386-403.
[25] LIU Z, WU Z, TOTH R. SMOKE: Single-stage monocular 3D object detection via keypoint estimation[C]. IEEE/CVF Conference on Computer Vision and Pattern Recognition Workshops, 2020: 996-997.
[26] LU Y, MA X, YANG L, et al. Geometry uncertainty projection network for monocular 3D object detection[C]. IEEE/CVF International Conference on Computer Vision, 2021: 3111-3121.
[27] LI P, CHEN X, SHEN S. Stereo R-CNN based 3D object detection for autonomous driving [C]. IEEE/CVF Conference on Computer Vision and Pattern Recognition, 2019: 7644-7652.
[28] PENG W, PAN H, LIU H, et al. IDA-3D: Instance-depth-aware 3D object detection from

stereo vision for autonomous driving[C]. IEEE/CVF Conference on Computer Vision and Pattern Recognition, 2020: 13015-13024.

[29] YOU Y, WANG Y, CHAO W L, et al. Pseudolidar++: Accurate depth for 3D object detection in autonomous driving[C]. International Conference on Learning Representations, 2020.

[30] PON A D, KU J, LI C, et al. Object-centric stereo matching for 3D object detection[C]. IEEE International Conference on Robotics and Automation, 2020: 8383-8389.

[31] SUN J, CHEN L, XIE Y, et al. Disp R-CNN: Stereo 3D object detection via shape prior guided instance disparity estimation[C]. IEEE/CVF Conference on Computer Vision and Pattern Recognition, 2020: 10548-10557.

[32] XU Z, ZHANG W, YE X, et al. Zoomnet: Part-aware adaptive zooming neural network for 3D object detection[C]. AAAI Conference on Artificial Intelligence, 2020: 12557-12564.

[33] CHEN Y, LIU S, SHEN X, et al. DSGN: Deep stereo geometry network for 3D object detection[C]. IEEE/CVF Conference on Computer Vision and Pattern Recognition, 2020: 12536-12545.

[34] CHEN Y, HUANG S, LIU S, et al. DSGN++: Exploiting visual-spatial relation for stereo-based 3D detectors[J]. IEEE Transactions on Pattern Analysis and Machine Intelligence, 2023, 45(4): 4416-4429.

[35] GUO X, SHI S, WANG X, et al. LIGA-Stereo: Learning lidar geometry aware representations for stereo-based 3D detector[C]. IEEE/CVF International Conference on Computer Vision, 2021: 3153-3163.

[36] KONIGSHOF H, STILLER C. Learning-based shape estimation with grid map patches for realtime 3D object detection for automated driving[C]. International IEEE Conference on Intelligent Transportation Systems, 2020: 1-6.

[37] KONIGSHOF H, SALSCHEIDER N O, STILLER C. Realtime 3D object detection for automated driving using stereo vision and semantic information[C]. International IEEE Conference on Intelligent Transportation Systems, 2019: 1405-1410.

[38] SHI Y, GUO Y, MI Z, et al. Stereo centernet based 3D object detection for autonomous driving. arXiv: 2103.11071, 2021.

[39] LIU Y, WANG L, LIU M. YOLOStereo 3D: A step back to 2D for efficient stereo 3D detection[C]. International Conference on Robotics and Automation, 2021: 13018-13024.

[40] WU W, WONG H S, WU S. Semi-supervised stereo-based 3D object detection via cross-view consensus[C]. IEEE/CVF Conference on Computer Vision and Pattern Recognition, 2023: 17471-17481.

[41] GAO A, PANG Y, NIE J, et al. ESGN: Efficient stereo geometry network for fast 3D object detection[J]. IEEE Transactions on Circuits and Systems for Video Technology, 2022.

[42] HE K, ZHANG X, REN S, et al. Deep residual learning for image recognition[C]. IEEE Conference on Computer Vision and Pattern Recognition, 2016: 770-778.

[43] YAN Y, MAO Y, LI B. Second: Sparsely embedded convolutional detection[J]. Sensors, 2018, 18(10): 1-17.

[44] GEIGER A, LENZ P, URTASUN R. Are we ready for autonomous driving? The kitti vision benchmark suite[C]. IEEE Conference on Computer Vision and Pattern Recognition, 2012: 3354-3361.

[45] GAO A,CAO J,PANG Y,et al. Real-time stereo 3D car detection with shape-aware non-uniform sampling[J]. IEEE Transactions on Intelligent Transportation Systems,2023,24(4):4027-4037.

[46] LI P,SU S,ZHAO H. RTS3D:Real-time stereo 3D detection from 4d feature-consistency embedding space for autonomous driving[C]. AAAI Conference on Artificial Intelligence,2021:1930-1939.

第6章

异 常 检 测

6.1 异常检测概述

6.1.1 异常的定义

异常又称离群值，是在数据挖掘领域一个常见的概念。Hawkins 等将异常定义为与其余观测结果完全不同，以致怀疑其是由不同机制产生的观测值。一般情况下，将常见的异常样本分为三个类别：点异常、上下文异常和集群异常[1]。

点异常一般表现为某些严重偏离正常数据分布范围的观测值，如图 6-1(a)所示的二维数据点，其中偏离了正常样本点的分布区域(N_1，N_2)的点(O_1、O_2 和 O_3)即为异常点。

上下文异常则表现为该次观测值虽然在正常数据分布范围内，但联合周围数据一起分析就会表现出显著的异常。如图 6-1(b)所示，点 t_2 的温度值虽然依然在正常范围内，但联合前后两个月的数据就会发现该点属于异常数据。

集群异常又称模式异常，是由一系列观测结果聚合而成并且与正常数据存在差异的异常类型。该类异常中，可能单独看其中任意一点都不属于异常，但是当一系列点一起出现时就属于异常，如图 6-1(c)箭头所指区域内，单独看每个点的值都在正常范围内，但这些点聚合在一起就形成与正常信号模式完全不同的结构。

6.1.2 异常检测的定义

异常检测指的是通过数据挖掘手段识别数据中的“异常点”，常见应用场景如表 6-1 所示。

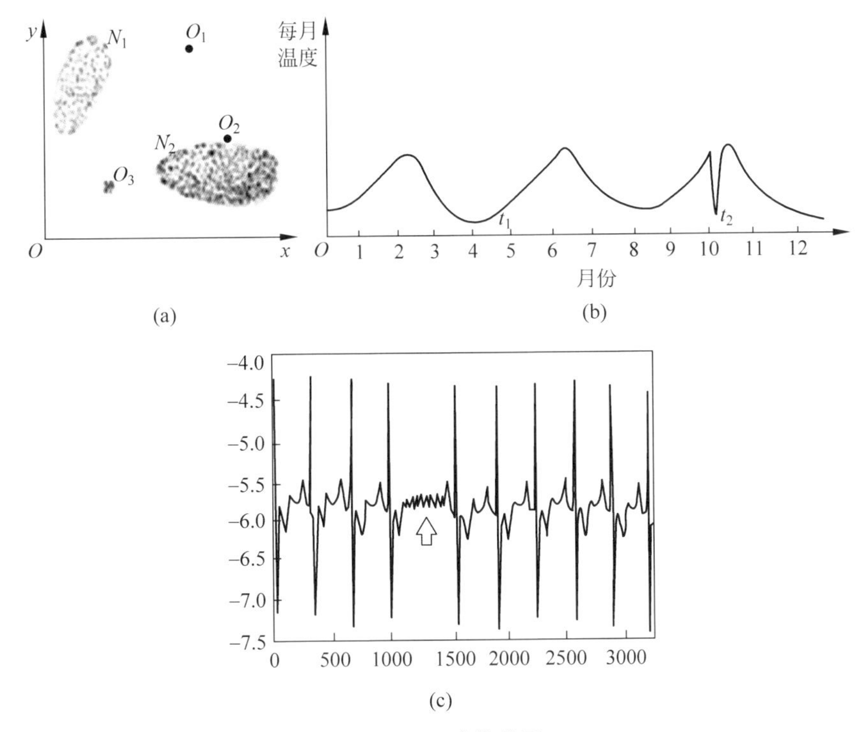

图 6-1 异常的类型

(a) 点异常；(b) 上下文异常；(c) 集群异常

表 6-1 异常检测的常见应用场景

应用领域	具体应用
金融	从金融数据中识别"欺诈案例"，如识别信用卡申请欺诈、虚假信贷等
网络安全	从流量数据中找出"入侵者"，并识别新的网络入侵模式
电子商务	从交易数据中识别"恶意买家"，如羊毛党、恶意刷屏团伙
生态灾难	基于对风速、降雨量、气温等指标的预测，判断未来可能出现的极端天气
工业缺陷检测	各种产品表面缺陷检测，如布匹、玻璃、钢板、水泥、印制电路板等
医学影像分析	在磁共振图像、虹膜图像、眼底视网膜图像等医学图像中检测可能的病变区域

6.1.3 异常检测的难点

异常检测包括以下五个难点。

(1) 异常的定义可能因场景的不同而不同。在不同的场景下，同一个事件可能被定义为异常，也可能被定义为正常。

(2) 异常事件的不可穷举性，异常往往存在多种情况，难以预见未来的模式。

(3) 真实的异常事件被误判为正常的概率很大。

(4) 异常数据量很小，很难从数据中提取良好的特征信息。

(5) 数据样本中包含各种各样的噪声信息。

6.2 基于传统方法的异常检测

基于传统方法的异常检测分为基于模型的方法、基于邻近度的方法、基于聚类的方法和基于分类的方法四大类。各类方法常用算法及其优缺点如表 6-2 所示。

表 6-2 各类方法常用算法及其优缺点

方法	分类	典型算法	优点	缺点
基于模型的方法	统计	参数：高斯模型、回归模型 非参数：直方图	基于数据分布快速有效	适用于单变量离群检测，确定模型概率分布较难，检测效率低，高维数据处理能力差
	深度	Convex Peeling、ISODEPTH、FDC、MVE	高维数据处理(≥3)	维度>4 时效果下降
	偏差	序列异常技术、OLAP 数据立方体技术	对数据类型无特殊要求	实用性不强
基于聚类的方法	划分聚类	PAM、CLARA、CLARAN、AGNES、K-means、K-medoid、K-modes、Y-means、FCM	无需类标签和先验知识，适用于无监督学习，数据类型要求不高	异常检测效果依赖聚类效果，消耗时间和复杂度随维数增加
	层次聚类	BIRCH、CURE、ROCK、Chamelcom、Ward、RCOSD		
	密度	DBSCAN、OPTICS、DENCLUE、CACTUS、MINDS		
	网格	STING、WaveCluster、CLIQUE		
基于邻近度的方法	距离	K-最近邻、基于像素	无需了解数据分布，无需有标签的训练集，数据类型要求不高	消耗时间和复杂度随维数增加，参数设置较难
	密度	LOF、MEDF、LOCI、LDOF、LoOP、COF、ODIN、LSC、NOF、PST、INFLO	通过离群强度概念量化异常程度	
基于分类的方法	贝叶斯网络		基于图形易于理解，学习推理能力强	条件独立性假设
	支持向量机	OCSVM、SVDD	训练时间短，泛化性能好，准确率高	模型选择，参数设置较难
	规则	RIPPER、决策树、C4.5、Apriori	算法简单	规则需要人工辅助

6.2.1　基于模型的方法

1. 基于统计的方法

基于统计的异常检测最早由Barnett[2]等提出，基于一个假设，即数据集服从某种分布（如正态分布、泊松分布及二项式分布等）或概率模型，通过判断某数据点是否符合该分布/模型（通过小概率事件的判别）实现异常检测。

基于统计的异常检测主要由训练步和测试步组成。根据训练数据中的标签估计正常数据的概率分布或模型，将概率密度低的区域视为异常离群值。根据概率模型可分为以下两种。

（1）参数方法，由已知分布的数据估计模型参数（如高斯模型）。其中，最简单的参数异常检测模型是假设样本服从一元正态分布，当数据点与均值差距大于两倍或三倍方法时，则认为该点为异常。

（2）非参数方法，在数据分布未知时，可绘制直方图，通过检测数据是否在训练集产生的直方图中进行异常检测，还可以利用数据的变异程度（如均差、标准差、变异系数、四分位数间距等）发现数据中的异常点数据。

基于统计的异常检测方法适用于单变量数据集，可基于数据分布快速有效地找出异常数据，还可表示数据包含的信息特征。但针对这类方法检测出的离群点的解释较为困难，并且数据分布、概率模型及参数难以确定，制约了该方法的应用。此外，随着数据维度和数据量的增加，该方法异常检测效率也随之变低。

2. 基于深度的方法

该方法将数据映射到k维空间的分层结构中，并假设异常值分布在外围，而正常数据点靠近分层结构的中心。常见的基于深度的异常检测方法如下。

（1）凸壳剥离法，对最外层数据构建凸壳后继续向内构建第二层凸壳，向内反复此过程，最终构建出一个类似洋葱的多层凸壳体多边形（图6-2）。

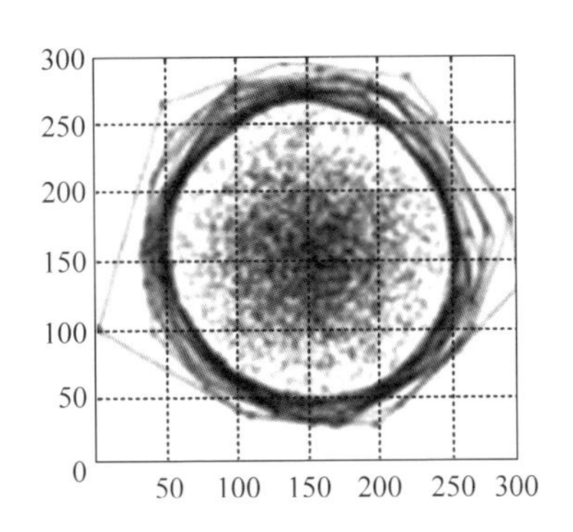

图6-2　k维空间中数据映射示例

（2）半空间深度法，又称深度等高线法。为各层凸壳上的测量数据赋予不同的权重,计算每个点的深度,并根据深度值判断异常数据点。如图 6-3 所示,假设数据集最外围的数据点深度为 1,向内一层数据点深度为 2,以此类推。

(3) FDC 法,基于半空间深度法的一种二维数据异常检测方法,通过设定阈值 k 筛选异常点。由于无需检测整个数据集,提高了异常检测的效率。

(4) 最小椭球体积估计法(MVE),根据大多数数据点(通常>50%)的概率分布模型拟合出一个如图 6-4 中实线椭圆形所示的最小椭圆形球体的边界,不在此边界范围内的数据点将被判定为异常点。虽然基于深度的识别算法理论上可以处理高维数据,但是在实际应用时,随着维度的增加,其时间复杂性呈指数增长。通常认为 $k \leqslant 3$ 时,基于深度的方法效率尚可。

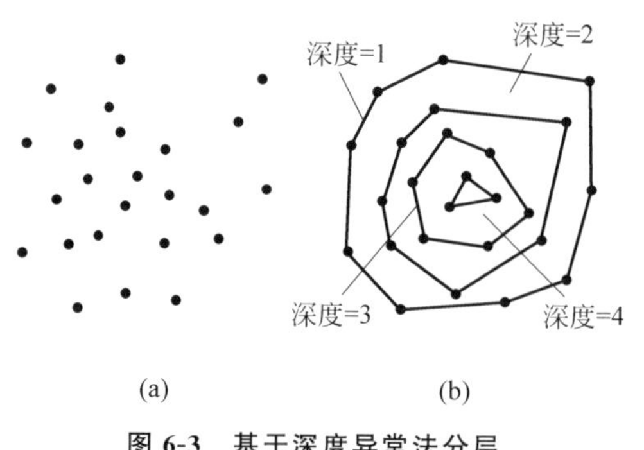

图 6-3 基于深度异常法分层

(a) 数据集;(b) 深度和多边形

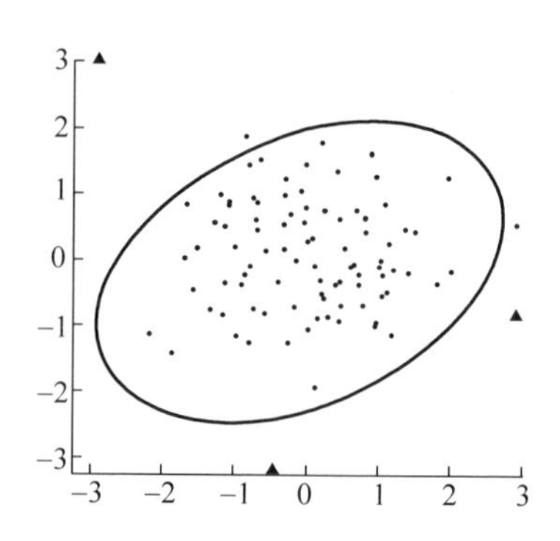

图 6-4 最小椭圆形球体积估计法示意图

3. 基于偏差的方法

当给定一个数据集时,可通过基于偏差的方法找出与整个数据集特征不符的点,并且数据集方差会随着异常点的移除而减小。该方法可分为逐个比较数据点的序列异常技术和 OLAP 数据立方体技术。目前,该方法的实际应用较少。该方法需要事先了解数据的主要特征,而在实际应用场景中,往往数据量大、数据属性多,数据点分散在稀疏矩阵中,异常检测结果依赖于其相似度的计算方法。

6.2.2 基于聚类的方法

聚类分析是指将紧密相关的数据归类到同一簇的过程。基于聚类的异常检测方法将数据归类到不同的簇中,异常则是那些不属于任何一簇或远离簇中心的数据。根据聚类算法的不同,可将基于聚类的异常检测分为划分聚类、层次聚类、基于距离聚类、基于密度聚类及基于网格聚类的异常检测[3]。

由于这些方法的首要任务是对数据聚类,因此其异常检测效果并不理想。这类方法的异常检测机理包括如下 3 种:①将正常簇中的数据移除,残余数据即为异常点,代表方法有 DBSCAN、ROCK、SNN 聚类,以及在 WaveCluster 算法基础上扩展的 FindOut 算法;②将数据聚类为簇,将距离簇中心较远的数据作为异常点，这类方法有 SOM、K-means、最大期望(EM)及基于语义异常因子算法等；③将聚类所得小簇数据作为异常点，Pires 等都开发了这种基于聚类的异常检测方法。

还有 CLAD、FindCBLOF 等专门用于异常点检测的方法。CLAD 先从数据集中随机抽取一组样本，计算近邻数据点之间的平均距离，并通过计算各簇的密度找出低于该阈值的异常点。基于 Squeezer 算法的 FindCBLOF 法通过计算 cluster-based local outlier factor 值衡量是否为异常点。

基于聚类的方法是一种无监督的方法，不需要类标签训练集和先验知识，适用于多种类型的数据，应用范围较广。但由于异常检测结果依赖聚类的效果，计算方法复杂度和时间复杂度随着维度的增大而提高。为了弥补上述缺陷，Chaudhary 等[4]提出一种利用 K-trees 的异常检测算法，以降低异常计算复杂度，提高异常检测效率。也可利用 CD-trees 索引技术将数据快速分布至网格，通过寻找稀疏网格检测异常点。

6.2.3 基于邻近度的方法

1. 基于距离的方法

基于距离的方法于 1998 年提出，通过计算比较数据与近邻数据集合的距离检测异常数据，是最常用的异常检测方法之一。其基本思想是正常数据点与其近邻数据相似，而异常数据有别于近邻数据。离群点通常被定义为 $DB(p, D)$，即某一数据点 O，当数据集 T 中至少有 $p\%$的数据与点 O 距离大于 D(图 6-5)。距离 D 的常见度量方法有欧几里得(Euclidean)距离、曼哈顿(Manhattan)距离、闵可夫斯基(Minkowski)距离和马哈拉诺比斯(Mahalanobis)距离 4 种。其中欧几里得距离是最常用的距离度量指标。传统的基于距离的方法可分为三种基本类型：①基于索引，通过使用空间索引结构计算距离范围查询异常点；②基于嵌套循环，对空间进行两等分的划分，通过比较两者检测离群数据；③基于网格，通过构建网格比较相邻网格中的数据。Ramasmamy 等提出 k-最近邻(KNN)异常检测方法，计算数据与之最近的第 k 个数据之间的距离，降序排序为前 m 的数据对象将被标记为异常点。KNN 法同样也可利用上述三种算法类型进行异常值评分。异常值评分法还包括线性化法、ORCA 法、RBRP 法等。基于距离的方法无需掌握数据分布，也不需要有标签的训练集，理论上适用于高维数据的异常检测。但由于其计算复杂度高，难以确定参数 p 和 D，因此应用受到一定限制。针对上述缺陷，Fan[6]等提出适用于工程学的基于像素(RB)的异常检测方法，无需确定参数 p 和 D，就可以对任意类型检测排序为前 n 的异常数据。

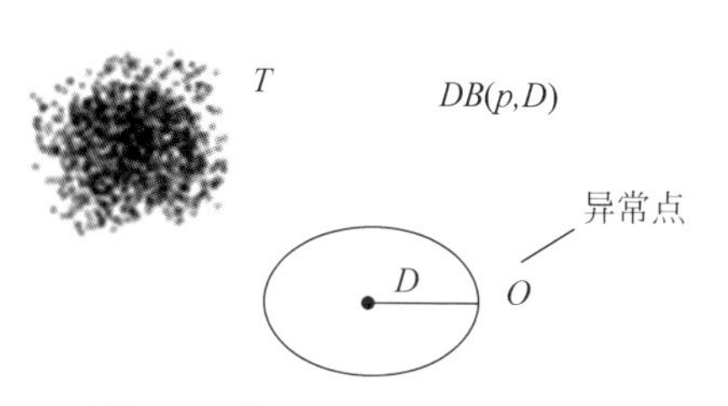

图 6-5 基于距离的方法示意图

2. 基于密度的方法

该方法通过计算数据集中各数据区域的密度,将密度较低区域作为离群区域。基于局部离群因子(LOF)是其中一种经典的方法,LOF 法与传统异常点非此即彼的定义不同,将该异常点定义为局部异常点,为每个数据赋值一个代表相对于其邻域的 LOF 值,LOF 值越大,说明其邻域密度较低,越可能是异常点。但在 LOF 中难以确定最小近邻域,且随着数据维度的升高,计算复杂度和时间复杂度增加。不同密度条件下的异常示意图如图 6-6 所示。

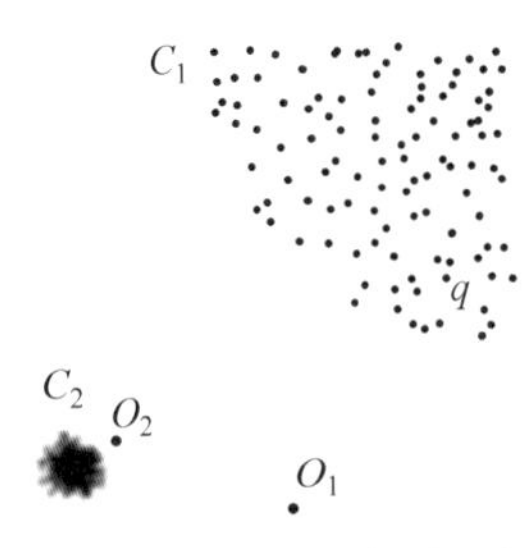

图 6-6 不同密度条件下的异常示意图

近年来学者通过对 LOF 进行扩展,提出了若干新颖的异常检测方法,包括局部相关积分(LOCI)法、局部距离因子(LDOF)法、局部异常概率(LoOP)法、基于连接的离群因子(COF)法等。Jin 等[6]先后提出可以检测出前 n 个 LOF 值数据点的方法和针对不同密度数据并未完全区分开情况下的 INFLO(influenced outlierness)法。此外,还提出基于入度的异常点(ODIN)、局部稀疏系数(LSC)、基于相邻关系的离群系数(NOF)、概率后缀树(PST)等度量指标的异常检测方法[7]。

6.2.4 基于分类的方法

分类技术是根据标签数据集(训练集)建立分类模型(分类器),确定对象属于哪个预定目标类的过程(测试),适用于预测二元分类数据集。基于分类的异常检测方法也由建立分类模型和根据模型进行异常检测两个步骤组成。根据类标号可将其分为多分类和单分类方法。

1. 基于贝叶斯网络的方法

贝叶斯网络(Bayesian network,BN)是一种基于概率统计的图形化网络,其网络示意图如图 6-7 所示,其中条件概率用一个节点表示。贝叶斯网络有一个重要的假设,认为父节点确定后,每个节点(A_n)条件都独立于其他节点,即图 6-7 中 A_i 之间没有任何连接,相互独立。BN 将先验信息与样本知识有机结合,再利用贝叶斯概率估计事件未来的发生概率,相较基于规则的系统计算复杂度低[8]。

BN 具有以下优点:①通过图形中节点与节点的关系描述数据之间的关系,易于理解;②学习和推理能力强,预测能力强,模型运行效率高。目前,基于 BN 的异常检测技术已应用于网络入侵检测、图像异常检测等领域。但由于其条件独立的假设,在实际应用中尤其是对发生概率较低的事件预测效果不佳。针对上述条件独立假设,Siaterlis、Janakiram、Das 等利用更复杂的

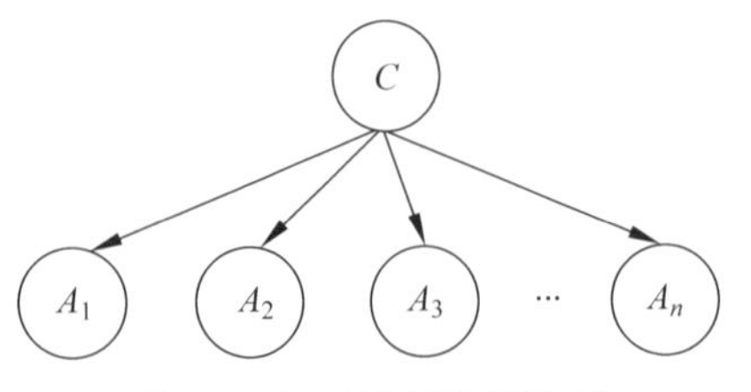

图 6-7 贝叶斯网络示意图

贝叶斯捕获不同属性之间的条件依赖关系。

2. 基于支持向量机的方法

支持向量机(SVM)是一种基于结构风险最小化原理的机器学习方法,主要根据数据的空间分布构造最优分类面,以实现两类数据的划分。SVM 通过学习一个超平面隔开不同类别的数据,使它们之间的间隔最大化。SVM 的性能主要受核函数和误差惩罚参数的影响。在 SVM 模型建立过程中,一旦确定核函数的形式和参数,其隐含的非线性映射及其对应的高维特征空间就被确定。SVM 中常用的核函数主要包括多项式核函数、径向基函数(RBF)和 Sigmoid 函数三类。经典的二次方程求解法包括积极集方法、对偶方法、内点算法等。

由于 SVM 具有训练时间短和泛化性能好等优点,可以很好地应用于高维数据,还可以较好地解决小样本、非线性及高维模式识别问题。目前 SVM 已经广泛用于异常检测。例如,使用 RBF 将原始数据映射到一个特征空间,在特征空间中分布十分稀疏的点即认为是异常点。Steinwart 等通过 SVM 学习用于区分高密度分布和低密度分布界限,将低密度分布区数据作为异常点集合。由于异常数据样本难获得,有研究者提出基于一类 SVM(OCSVM)和支持向量数据描述(SVDD)的方法,充分利用正常标签数据进行异常检测。之后,国内外学者对 OCSVM 和 SVDD 方法进行了多种改进和优化,提出了针对不同场景的异常检测方法[9]。

SVM 的缺点在于训练前需要进行模型选择,难以确定合适的参数衡量特征空间中正常数据区域边界的大小,核函数的计算通常需要耗费大量的计算资源。针对运算耗时的问题,Song 等在 SVM 的基础上引入新的松弛变量,用于衡量平均信息的影响,减少噪声,从而缩短运算时间,提高检测准确率。此外,SVM 通常只能用于数值类型数据,一般只能处理二分类问题。针对高维运算速度的提升,有学者提出块算法和分解算法,选择部分样本或分部分进行模型求解。

3. 基于规则的方法

基于规则的异常检测通过学习正常标签数据中的规则找出不符合这些规则的数据点。不同技术采用不同的方式产生规则,但通常由两个步骤组成:①通过 RIPPER、决策树、C4.5 等算法学习规则,每个规则都有相关的置信度;②通过步骤①学习所得的规则进行异常检测。其中最常用的方法是关联规则挖掘法。关联规则可用于单分类异常检测的非监督学习,通过支持度和置信度表示关联规则的强度。关联规则算法中的 Apriori 法最为常用,通过逐层迭代对支持度进行剪枝从而得到频繁项集。基于规则的异常检测法的优点是算法简单;缺点在于不能只依靠从数据集中学习的规律,还需要专家经验,且规则也会随着数据集的变化而变化。

6.2.5 图像异常检测

表 6-3 总结了基于传统方法的图像异常检测方法的设计思路和优缺点。其

中，基于模板匹配的方法十分适用于工业生产这类环境可控且目标高度一致的场景，可实现较高的检测精度，但不适用于采集环境多变或正常图像之间存在较大差异的场景；基于统计模型的方法虽然速度很快，但需要一定的训练样本来评估背景模型的参数；基于图像分解的方法则适用于训练样本稀缺的场合，可以直接在待测样本上检测异常区域，不过该方法速度较慢；而基于频域分析的方法虽兼顾检测速度和对训练样本的依赖性，但由于对背景图像有一定的限制，因此通用性较差，这也是前3类方法的一个通病。基于稀疏编码重构和分类面构建的方法则适用于各种类型的图像，具有更高的通用性，但稀疏编码重构方法在重构阶段非常耗时，而分类面构建的方法面临着参数选择困难和定位精度问题。

表 6-3　基于传统方法的图像异常检测方法的设计思路和优缺点

方　法	设计思路	优　点	缺　点
模板匹配	建立待测图像和模板图像之间的对应关系，通过比较得到异常区域	方法简单有效，对于采集环境高度可控的场景有很高的检测精度	不适用于多变的场景或目标
统计模型	通过统计学方法构建背景模型	具有翔实的理论基础和推导过程，检测速度很快	需要大量的训练样本，且只适用于一些简单背景下的异常检测
图像分解	将原始图像分解为代表背景的低秩矩阵和代表异常区域的稀疏矩阵	具有翔实的理论基础且无需训练过程	速度较慢，且不适合在结构复杂的图像中进行异常检测
频域分析	通过编辑图像的频谱信息消除图像中重复的背景纹理部分及凸显异常区域	无需训练过程，检测速度快	需更翔实的理论论证，仅适用于一些有重复性纹理的图像，通用性较差
稀疏编码重构	借助稀疏编码和字典学习等方式学习正常样本的表示方法，从重构误差和稀疏度等角度检测异常	适用于各种类型的图像，通用性强	检测时间长，且需要额外的空间保存完备的字典
分类面构建	建立分类面将现有的正常样本和潜在的异常样本进行区分	通用性较强，且速度较快	各项参数的选择过程较为复杂

6.3 基于深度学习的异常检测

当数据量大量增加时，传统方法很难从大量数据中直接得到离群值，而深度异常检测(deep anomaly detection，DAD)可以从数据中学习到有区别、有层次的特征。DAD方法中深度神经网络结构的选择主要取决于输入数据的性质，输入数据可以大致分为顺序数据(如声音、文本、音乐、时间序列、蛋白质序列)和非顺序数据

(如图像和其他数据)。按照使用的监督信息,DAD方法可以分为有监督方法、无监督方法、半监督方法、混合方法,具体比较如表6-4所示。此外,还有一些将深度学习技术和传统的非深度学习技术相结合的异常检测方法。

表6-4　DAD方法的分类及优缺点

方　法	特　点	优　点	缺　点
有监督方法	对所有类进行标注	实现简单、精度高;能提取更深层次的特征,受环境影响小	需要大量的正负样本并进行标注
半监督方法	只对一个类进行标注	数据收集简单,可以端到端的进行表示学习和分类器的学习	训练过程中需要尝试大量的参数,耗时较长
无监督方法	不进行任何标注	不需要注释数据来训练算法,成本低且高效	抗噪声干扰能力较差
混合方法	深度学习+传统方法	可以灵活组合不同的深度学习模型和非深度的异常检测算法	特征表示学习的过程与判定的过程割裂,判定的过程不能反作用于特征表示学习的过程

6.3.1　深度异常检测方法分类

与无监督异常检测技术相比,有监督异常检测技术的性能更优越,因为其使用标记样本。有监督异常检测从一组带注释的数据实例中学习分离边界(训练),然后使用学习到的模型(测试)将测试实例分类为正常类或异常类。通常基于监督深度学习的异常检测分类方案包括两个子网络,一个是特征提取网络,另一个是分类器网络。有监督深度模型需要大量的训练样本(以数千或数百万计)来学习特征表示,从而有效区分各种类实例。但由于大量数据难以获取且缺乏清晰的数据标签,有监督的深度异常检测技术不如半监督和无监督方法那么受欢迎。

正常实例的标签比异常实例的标签更容易获取,因此半监督DAD方法得到更广泛的应用,这些方法利用单个类(通常为阳性类)的现有标签分离异常值。在异常检测中使用深度自动编码器是一种常见方法,在没有异常的数据样本上以半监督方式训练它们。有了足够的训练样本,正常类别的自动编码器对于正常实例在不寻常事件中会产生较低的重构误差。实际中有时也能收集到少量的异常样本,为了尽可能充分利用这些异常样本提升异常检测方法的精度,使用半监督深度异常检测算法。

为了更好地应对实际应用中难以收集到足够数量异常样本的情况,无监督深度异常检测方法通过建模正常样本,间接地实现异常检测功能。无监督深度异常检测仅基于数据的内在属性检测异常值。由于有标记数据很难获得,因此将无监督DAD方法用于无标记数据样本的自动标注。各种变异的无监督DAD方法优于传统方法,如主成分分析,支持向量机和隔离森林技术,应用领域如医疗和网络安全。自动编码器是所有无监督 DAD 方法的核心。假设这些方法正常实例比异常实例的普适性高,异常样本将导致较高的假阳性率。此外,无监督学习方法还包括限制玻尔兹曼机、深度玻尔兹曼机、深度信任网络和广义去噪自编码器,用于检测异常值的长短期记忆网络等。

1. 自编码器

带有线性激活函数的单层自编码器几乎等同于主成分分析(PCA),PCA 被限制为线性降维,而自动编码器支持线性或非线性变换,自动编码器被称为 RNN (replicator neural networks)。自动编码器通过重构输入数据表示多个隐藏层中的数据,有效地学习身份函数。当只对正常数据实例(在异常检测任务中占大多数)进行训练时,自动编码器无法重构异常数据样本,因此,会产生很大的重构误差,产生高残差的数据样本被认为是异常值。图 6-8 所示为自编码器架构,在异常检测方面产生了很好的结果。自动编码器架构的选择取决于数据的性质,卷积网络是图像数据集的首选,而基于长短期记忆(LSTM)的模型往往对序列数据产生良好的结果。将卷积层与 LSTM 层结合,其中编码器是卷积神经网络(CNN),解码器是多层 LSTM 网络,以重建输入图像。结果表明,其在检测数据的异常情况方面是有效的。门控循环单元自动编码器(GRU-AE)、卷积神经网络自动编码器(CNN-AE)、LSTM 自动编码器(LSTM-AE)等组合模型的使用,可消除手工制作特征的需要,并在异常检测任务中以最小的预处理简化原始数据的使用。尽管自编码器是用于异常值检测的简单而有效的架构,但由于训练数据存在噪声,其性能会下降。

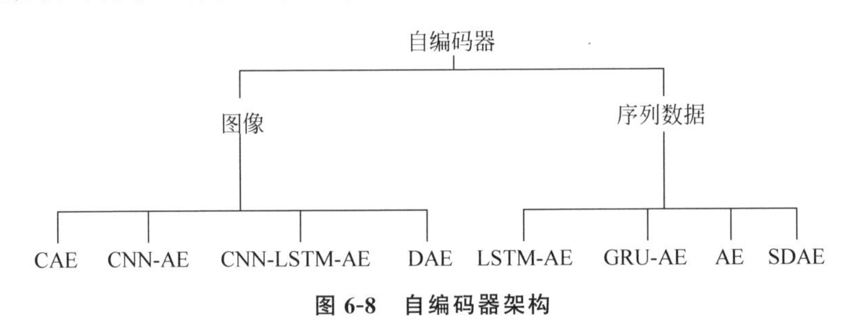

图 6-8 自编码器架构

2. 生成模型

生成模型的目的是了解准确的数据分布,从而生成带有一些变化的新数据点。两种最常见和最有效的生成方法是变分自动编码器(VAE)和生成对抗网络(GAN)。一种被称为对抗性自动编码器(AAE)的 GAN 结构变体,使用对抗性训练对在自动编码器的隐藏层中学习到的潜在代码施加任意先验,也表明可以有效地学习输入分布。利用这种学习输入分布的能力提出的几种基于生成式对抗网络的异常检测(GAN-AD)框架被证明可以有效地识别高维和复杂数据集上的异常。然而,与深度生成模型相比,K-最近邻(KNN)等传统方法在异常数量较少的场景中表现更好。

6.3.2 深度图像异常检测

表 6-5 总结了基于深度学习的图像异常检测方法的设计思路和优缺点，这些方法得益于神经网络强大的学习能力，适用于各种纹理和结构下图像的异常检测，因此在检测精度和通用性方面明显优于传统方法。不过这些方法更为复杂，需要设计各种策略保证网络的顺利训练。

表 6-5 基于深度学习的图像异常检测方法的设计思路和优缺点

方 法	设计思路	优 点	缺 点
距离度量	将正常图像映射到指定区域内，并减小正常特征之间距离，根据待测图像的特征到聚类中心的距离进行异常检测	模型结构简单，适用范围广	模型可能出现退化，需要设计额外的辅助任务，且无法准确定位异常区域
分类面构建	通过几何变换增广现有数据，直接训练分类模型并利用置信度检测异常	模型训练较为简单，语义信息提取能力强，异常检测精度很高	几何变换的操作在纹理图像等场景下并不适用
	寻找与正常样本近似的图像作为负样本来训练二分类网络，构建正常图像与潜在异常图像间的分类面	应用场景广泛，异常检测精度高	需要精心设计损失函数和生成的负样本，模型设计复杂
图像重构	利用自编码器等模型学习正常图像的表达方式，并根据待测图像的重构误差进行异常检测	训练阶段无需引入额外的样本，且应用场景广泛，速度较快	一般的方法重构结果较为模糊，且缺乏更为高效可靠的方法避免重构出异常区域
	利用 GAN 获得更清晰的图像重构效果	应用场景广泛，异常区域定位精度高	模型训练复杂，且缺乏理论保证
结合传统方法	利用预训练的网络或自编码器模型对图像进行特征提取，在决策阶段利用传统方法进行异常检测	相比传统方法精度更高、通用性更强，且速度较快	在检测精度上略有不足

1. 不同图像异常检测方法在 MVTec AD 上的对比

针对 IEEE 国际计算机视觉与模式识别会议（CVPR2019）提出的综合工业数据集 MVTec AD，已有许多方法进行实验。表中受试者工作特性曲线下面积（area under receiver operating characteristic curve，AUROC）和区域重叠分数（per-region-overlap score，PRO-score）是两个常用的衡量异常定位效果的指标[10]。AUROC 中的 ROC 是模型在不同分类阈值下真阳性率和假阳性率的变化曲线，而 AUROC 是一个整体的评价指标，数值越大说明模型分类效果越好。不过 AUROC 对于一些面积较大的缺陷比较宽容，因此提出了 PRO-score。PRO-score

同样也是在一系列阈值下构建性能曲线，并以曲线下面积作为综合评估指标。不同的是，PRO-score 统计的是不同阈值下的区域重叠率(PRO)，PRO 是将二值化后连通域与真值图之间的相对重叠率作为每个阈值下的模型分类性能。

从表 6-6 可以看到，许多方法采用图像重构或距离度量的方式进行异常区域的定位。虽然前者在速度上更有优势，但精度上往往不如距离度量类方法，这可能是源于图像重构对图像细节的丢失，也可能是自编码器容易残留异常区域的问题所致，基于距离度量类的方法则不存在上述问题。但从实际检测结果来看，该方法速度较慢，而且更倾向于提升召回率，在精准率方面的优势并不明显，特别是对于一些微小缺陷的检测，往往因为异常区域的响应值较低而导致较多的误检现象，这表明基于距离度量的方法对一些微弱异常的检测效果还有待提升。

表 6-6　各图像异常定位方法在 MVTec AD 上的性能

方　　法	思　　路	定位性能	
		AUROC	PRO-score
AE	利用自编码器进行图像重构	0.817	0.790
AnoGAN	利用 GAN 中的生成器进行图像重构	0.743	0.443
Iterative Projection	在图像重构基础上采用迭代优化寻找最优的正常图像	0.893	—
AESc	利用蒙特卡洛对重构网络进行 Dropout 并利用预测不确定性进行异常定位	0.860	—
P-Net	在图像重构过程中添加对纹理结构的约束	0.890	—
Uninformed Students	联合考虑待测图特征到目标特征之间的距离和方差进行异常定位	—	0.857
CAVGA	在图像重构的基础上采用注意力图定位异常区域	0.930	—
FCDD	利用全卷积网络提取特征并以偏置项作为特征映射中心	0.960	—
Patch SVDD	计算待检图像与最近似的正常图像之间的距离进行异常定位	0.957	—
PaDiM	用预训练的网络进行特征提取，利用多维高斯模型进行异常定位	0.975	0.921
SPADE	寻找待测样本的 K-最近邻正常图像作为参考，再通过距离度量进行异常检测	0.965	0.917

2. 典型算法介绍

1) Patch SVDD: Patch-level SVDD for anomaly Detection and Segmentation (ACCV 2020)[11]

Patch SVDD 出自首尔国立大学，作为 ACCV 的十大开源论文并且在 MVTec

AD 上性能有很大提升，是异常检测的必读论文。

其改进了 Deep SVDD，提高了异常检测能力与添加瑕疵定位能力，可输出异常位置的热力图。SVDD 和 DeppSVDD 都有一个缺点，那就是处理整个图像，在投影过程中将每个图像对应特征空间中的一个点。该方法只能判别这个图像是否为异常，不能定位异常区域。

Patch SVDD 将处理对象由整个图像变为多个较小的、非重叠的区域(patch)，每个 patch 对应特征空间上的一个点。由于不同 patch 的特征可能完全不同，即使是正常样本的 patch，在特征空间中的距离也可能非常远，所以只用一个中心点是不可行的。Patch SVDD 将 SVDD 的一个中心点，改为用聚类方式形成多个中心点。Patch SVDD 是端到端的单类异常检测方法，骨架是一个编码器，输入图像的 patch，输出 patch 的编码特征。Patch SVDD 的关键在于训练时如何设计监督信号，使 patch 的特征能够自动地聚类。

Patch SVDD 用到的骨架就是一个编码器，输入为 patch、输出为 patch 的编码特征。文章的精髓在于训练时如何设计监督，使 patch 的编码特征能够自动地聚类在多个中心周围。

在训练阶段，损失函数由两部分组成，分别是 patch 相似性损失和相对位置分类损失，如式(6-1)所示。

$$L_{\text{Patch SVDD}}=\lambda L_{\text{SVDD}'}+L_{\text{SSL}} \tag{6-1}$$

第一部分：Patch SVDD 没有明确定义中心并分配 patch。相反，作者让编码器自己收集语义相似的 patch。作者假设空间上 patch p 的 8-邻域 patch 是其语义相似的 patch。损失函数如式(6-2)所示，目的是使 patch p 与 8-邻域 patch 在特征空间中尽可能接近。

$$L_{\text{SVDD}'}=\sum_{i,i'} f_\theta(P_i)-f_\theta(P_{i'})_2 \tag{6-2}$$

第二部分：如果只使用 $L_{\text{SVDD}'}$，那么所有 patch 的编码结果都趋于相似，即映射到同一中心 c 附近，这是不合理的。所以，作者为了使不同的 patch 具有一定的区分度，也就是使编码器 f_θ 学到更有效的特征，引入自监督学习，训练一对编码器和分类器来预测两个 patch 的相对位置。损失函数如式(6-3)所示。其中，C_ϕ 是分类器，$y\in\{0,\cdots,7\}$。

$$L_{\text{SSL}}=\text{Cross}-\text{entro}py(y,C_\phi(f_\theta(P_1),f_\theta(P_2))) \tag{6-3}$$

除此之外，考虑到图像异常区域的大小不同，作者采用多个不同感受野的编码器，如图 6-9 所示，称为分层编码。首先将输入 patch 划分为 2×2 的网格，其次将每个 sub-patch 输入 small 编码器，将 4 个 sub-patch 的编码特征聚合，最后输入 big 编码器，输出最终的编码特征。

测试阶段，生成异常分数。

(1) 计算并存储所有正常 patch 的表征$\{f_\theta(p_{\text{normal}})|p_{\text{normal}}\}$。

(2) 给定一张测试图像 x，以步长 S 提取 patch p，根据下式查找最相似的正

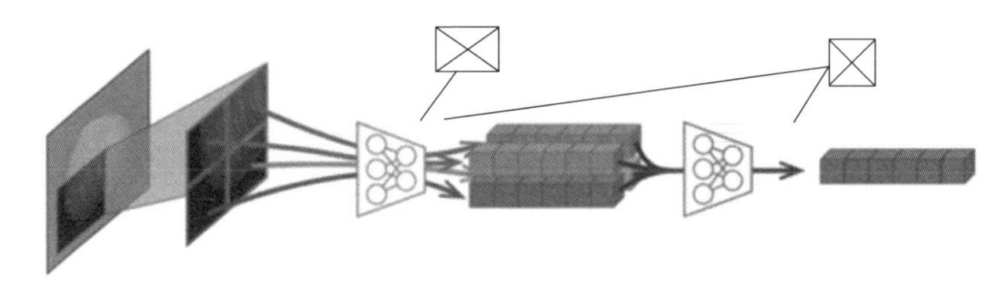

图 6-9 分层编码。输入图像被划分为子图的 2×2 网格，子图使用较小的编码器独立编码

注：输出特征聚合为单个特征。该图像来自 MVTec AD。

常 patch，并计算它们的距离 L_2，作为 patch p 的异常分数。

$$A_{\theta}^{\text{patch}}(P) \doteq \min_{P_{\text{normal}}} \| f_{\theta}(P) - f_{\theta}(P_{\text{normal}}) \|_2 \tag{6-4}$$

（3）patch p 的异常分数也作为 patch 内像素的异常分数，每个像素有多个 patch 的异常分数，计算它们的平均值，作为像素的最终异常分数。

（4）如果采用分层编码，则会得到多个异常分数图，作者用元素相乘的方法汇总多个异常分数图。

（5）将图像中最大的异常分数作为图像的异常分数，作为判断图像是否为异常图的依据。

该方法所用的数据集为 MVTec AD，共包括 15 个类别，可以分为物体大类和纹理大类。比如榛子、牙刷为物体，而皮革、瓷砖为纹理。在训练集中，每一小类包含 60～390 张正常图像。测试集合中包含 40～167 张正常与异常图像。如图 6-10 所示，训练集中只有正常图像，但该方法不仅能进行异常检测，还能分割出瑕疵位置，且检测准确率达到 92.1%，分割准确率达到 95.1%。

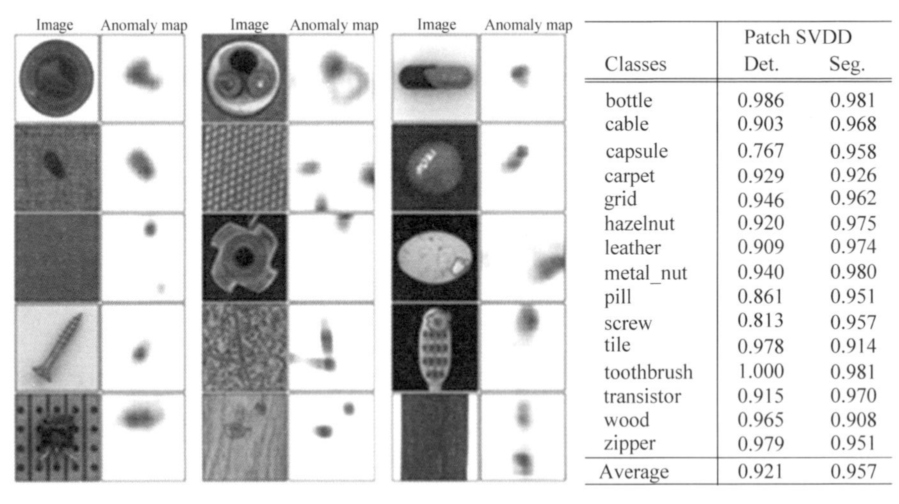

Classes	Patch SVDD Det.	Patch SVDD Seg.
bottle	0.986	0.981
cable	0.903	0.968
capsule	0.767	0.958
carpet	0.929	0.926
grid	0.946	0.962
hazelnut	0.920	0.975
leather	0.909	0.974
metal_nut	0.940	0.980
pill	0.861	0.951
screw	0.813	0.957
tile	0.978	0.914
toothbrush	1.000	0.981
transistor	0.915	0.970
wood	0.965	0.908
zipper	0.979	0.951
Average	0.921	0.957

图 6-10 Patch SVDD 实验结果

本书存在的问题是：对于纹理类或者物体会旋转的类别，判断 patch 的相对方位可能不合理；训练时使相邻的 patch 特征聚合在一起，对于物体比较复杂的类别，这个假设不一定合理。

2） Uninformed Students：Student-Teacher Anomaly Detection with Discriminative Latent Embeddings(CVPR 2020)[12]

该方法主要用师生框架做无监督的异常检测，这篇文章的作者也是 MVTec AD 的提出者，未公开代码。

该方法引入了一个强大的师生框架。学生网络被训练为回归描述教师网络的输出，该网络在一个大的自然图像的补丁数据集上进行预训练，无需先前的数据注释。当学生网络的输出与教师网络的输出不同时，会检测到异常情况。当他们不能在不规则训练数据的集合外推广时，就会发生这种情况。学生网络中的内在不确定性被用作表示异常的附加评分函数。

(1) 提出一种基于学生-教师学习的无监督异常检测框架。来自预先训练的教师网络的局部描述符作为学生集合的代理标签。该模型可以在大的未标记图像数据集上进行端到端的训练，并利用所有可用的训练数据。

(2) 引入基于学生预测方差和回归误差的评分函数，以获得密集异常图，用于自然图像中异常区域的分割。描述如何通过调整学生和教师的感受野，将方法扩展到多尺度的分段异常。

(3) 在三个真实计算机视觉数据集上展示先进性能，与一些直接适合教师特征分布的浅层机器学习分类器和深层生成模型进行比较，与基于深度学习的无监督异常分割方法进行比较。在 MVTec AD 上的定性结果如图 6-11 所示。

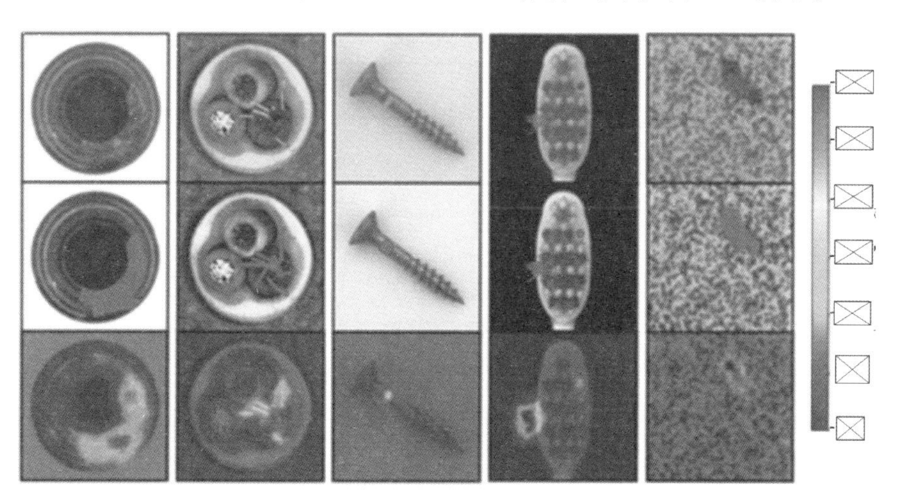

图 6-11　在 MVTec AD 上的定性结果。异常检测方法在 MVTec AD 上的输出结果。顶行：输入包含缺陷的图像。中间行：红色缺陷的地面实况区域。底行：算法预测的每个图像像素的异常分数(见文前彩图)

表 6-7 显示该方法在不同感受野大小 $p \in \{17, 33, 65\}$ 和组合多尺度时的性

能。对于一些物体,如瓶子和电缆,较大的感受野可产生更好的结果。对于另一些物体,如木头和牙刷,可能观察到相反的行为。组合多尺度可以提高许多数据集类别的性能。

表 6-7 在不同感受野大小 $p\in\{17,33,65\}$ 和组合多尺度时的性能

类别		$p=17$	$p=33$	$p=65$	多尺度
材质	Carpet	0.795	0.893	0.695	0.879
	Grid	0.920	0.949	0.819	0.952
	Leather	0.935	0.956	0.819	0.945
	Tile	0.936	0.950	0.912	0.946
	Wood	0.943	0.929	0.725	0.911
物体	Bottle	0.814	0.890	0.918	0.931
	Cable	0.671	0.764	0.865	0.818
	Capsule	0.935	0.963	0.916	0.968
	Hazelnut	0.971	0.965	0.937	0.965
	Metal nut	0.891	0.928	0.895	0.942
	Pill	0.931	0.959	0.935	0.961
	Screw	0.915	0.937	0.928	0.942
	Toothbrush	0.946	0.944	0.863	0.933
	Transistor	0.540	0.611	0.701	0.666
	Zipper	0.848	0.942	0.933	0.951
	Mean	0.866	0.900	0.857	0.914

3) Sub-Image Anomaly Detection with Deep Pyramid Correspondences(CVPR 2020)[13]

本书提出利用 KNN 和多尺度特征方法进行异常的缺陷检测与定位。

(1) 训练阶段。

- Step1:选择一个预训练网络,本书选择 wide_resnet50_2,然后将其中 layer1、layer2、layer3、avepool 层的结果设置 hook 钩子函数。
- Step2:在训练样本和测试样本上分别计算上述特征。
- Step3:利用训练样本和测试样本的 avepool 结果,计算训练样本和测试样本的距离矩阵。
- Step4:对距离矩阵进行 KNN 分析,得到距离测试样本最近的 K 个训练样本。

(2) 预测阶段。

- Step1:对于每个测试样本,依次计算其与训练样本在特征空间的距离,不同特征空间的分辨率不同,采用插值方法进行尺寸统一,并相加。

- Step2：对最后的 AnomalyMap 进行 Sigma＝4 的 Gauss 滤波操作，主要是减少噪声的影响，使结果更平滑。

对齐异常检测：目前的子图像异常检测方法大多采用学习自编码图像的大参数函数的方法，假设异常区域不能很好地重构。但该方法采取一种更简单方法，与图像对齐方法类似，不需要特征训练，可以在非常小的数据集上工作。这一策略的关键创新点在于，它不仅寻找目标图像与一系列正常图像（记为 knormal 图像）间的部分匹配，而非传统对齐方法中所追求的全图匹配，还寻找单一正常图像的完全对齐。值得注意的是，通过与图像对齐技术的深度融合，特别是结合 PatchMatch 方法，该策略能够显著加速局部 K-最近邻（KNN）搜索过程，从而实现效率上的大幅提升。

背景在异常检测中的作用：提取特征的质量对异常图像和检索到的正常图像的对齐质量有很大影响。与其他处理检测和分割的工作类似，背景非常重要。局部上下文需要实现分割地图与高像素分辨率。这种特征通常在深度神经网络的浅层中发现。如果不了解全局上下文（部分在对象中的位置），局部上下文通常不足以对齐。全局上下文通常存在于神经网络的最深层，其特征的分辨率较低。来自不同级别特性的组合允许全局上下文与局部分辨率间提供高质量的通信，这个想法与特征金字塔网络非常相似。

优化运行性能：该方法很大程度上依赖于 K-最近邻算法。KNN 的复杂性与用于搜索的数据集的大小呈线性关系，当数据集非常大或高维时，这可能是一个问题。该方法旨在降低复杂度。首先，该方法计算全局集合特征（2048 维向量）的初始图像级异常分类。对于中等大小的数据集，这样的 KNN 计算可以非常快地实现，而不同的加速技术（如 kd-tree）可用于大规模的数据集。异常分割阶段需要像素级 KNN 计算，计算速度明显比图像级 KNN 慢。然而，该方法仅搜索 K 个最近邻的异常图像，显著地限制计算时间。该方法假设绝大多数图像是正常的，因此只有小部分图像需要进行下一步的异常分割。此外，异常分割阶段对于解释并与人工操作建立信任是必需的，但在许多情况下，时间不是关键，因此对计算时间的要求比较宽松。因此，从复杂性和运行的角度来看，该方法非常适合于实际部署。

（1）该方法训练过程非常简单，耗时基本为 0，只要有样本就可以马上应用。

（2）在缺陷的定位和分割方面提出一套方法，在多篇论文中都有应用。

（3）该方法虽然是基于正样本的检测，但还是需要异常的样本。

（4）采用 KNN 方法注定对 K 有很强的依赖。

（5）该方法需要将所有训练样本和测试样本缓存起来，非常耗费内存或显存。

（6）该方法仅限于使用距离测试样本最近的 K 个训练样本的特征。

部分分割效果如图 6-12 所示。

如表 6-8 所示，该方法在 MVTec AD 上的图像级准确率为 85.5%，像素级准确率为 96%。

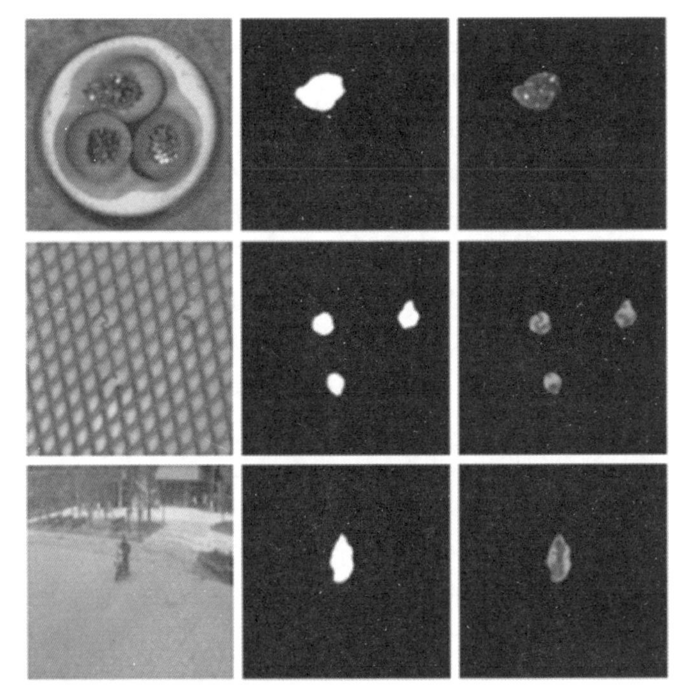

图 6-12 部分分割效果

表 6-8 该方法在 MVTec AD 上的实验效果

	Geom[1]	GANomaly[1]	AE_{L2}	ITAE[19]	SPADE
Average	67.2	76.2	75.4	83.9	85.5

AE_{SSIM} AE_{L2} AnoGAN CNN Dict TI VM CAVGA-R_u SPADE								
Garpet	87	59	54	72	88	—	—	97.5
Grid	94	90	58	59	72	—	—	93.7
Leather	78	75	64	87	97	—	—	97.6
Tile	59	51	50	93	41	—	—	87.4
Wood	73	73	62	91	78	—	—	88.5
Bottle	93	86	86	78	—	82	—	98.4
Cable	82	86	78	79	—	—	—	97.2
Capsule	94	88	84	84	—	76	—	99.0
Hazelnut	97	95	87	72	—	—	—	99.1
Metal nut	89	86	76	82	—	60	—	98.1
Pill	91	85	87	68	—	83	—	96.5
Screw	96	96	80	87	—	94	—	98.9
Toothbrush	92	93	90	77	—	68	—	97.9
Transistor	90	86	80	66	—	—	—	94.1
Zipper	88	77	78	76	—	—	—	96.5
Average	87	82	74	78	75	77	89	96.0

6.3.3　深度视频异常检测

视频异常事件检测问题是计算机视觉领域的重要研究课题之一，旨在基于模式识别和计算机视觉方法智能地从监控视频中自动检测出需要关注的异常事件或行为，在实际生活中有着潜在的需求和广泛的应用，是人工智能技术落地的重要方向之一。目前，一篇关于视频异常检测的综述介绍了基于深度学习技术的视频异常检测的新进展，该文引入了4种方法类别，如使用重建判别、预测模型、使用分类或异常评分，主要分为3部分：无意异常检测、故意异常检测和应用。对于无意和故意的异常检测，将使用不同类型的方法；将当前的深度异常检测方法总结为3个框架：深度学习的特征提取、正态性的学习表示和端到端的异常分数学习。该文还提出了一种层次分类方法，基于11种不同的建模视角对这些方法进行分类；文献[11]依据算法的发展阶段、算法的模型类型、算法的异常判别标准对算法进行三级分类；从有监督、半监督和无监督三方面对视频异常检测技术进行综述[14]。

1. 有监督方法

监督学习对标签内容的依赖度很高，需要用大量详细的标签训练神经网络，提取的特征更有区分度。通常将有监督的异常检测方法分为两类：二分类问题和多分类问题。二分类问题是指对正、异常行为进行分类[15]，多分类问题是在二分类的基础上进一步识别具体的异常行为。

一般把有监督的异常行为检测问题当作二分类问题处理，卷积神经网络应用在视频异常检测领域具有不错的检测速度和效率。时空卷积神经网络模型先对时空兴趣块进行时空卷积操作，然后提取图像中复杂的时空特征，有效地识别出视频帧中的全局和局部异常，对噪声具有很强的鲁棒性。基于级联分类器的异常检测方法利用级联分类器分步骤进行检测：第一个阶段通过级联自编码器，第二个阶段通过级联的卷积神经网络；每一阶段又分为4个子部分，每个子部分都会截住正常的数据块，把疑似异常的数据块输入下个子部分，从而实现异常检测。

多分类异常行为检测在识别出异常的基础上对异常进行分类。目前的主流方法都是通过深度学习识别异常行为模式，但忽视了一个很重要的问题，就是不清楚深度神经网络是学习异常的特征，还是只学习背景特征。基于这个出发点验证背景偏差现象的存在，作者提出了一个基于多分类损失和区域损失的三维卷积神经网络。多分类损失由二分类损失函数和元学习组成，元学习将二分类（异常/正常）问题转化为多分类问题，以提高模型的通用性。另外，区域损失使模型将更多注意力放在异常区域，学习更多的特征来识别异常。

采用异常分数判断的方式，作者提出了一个由管提取模块、视频编码器和回归网络组成的模型。管提取模块主要识别提取特定的动作、发现异常发生的精确位置，视频编码器采用三维卷积网络编码视频外观和运动信息，回归网络将输入数据映射到一个单一的异常分数。

2. 半监督方法

正常数据集相比异常数据集更易获得，因此半监督学习的方法被广泛应用。模型在大量正常的数据集训练基础之上，可以更好地区分正常数据、异常数据和新数据。半监督视频异常检测方法主要分为聚类判别、计算异常分数两种。通常基于单分类的方法只使用正常的训练样本建模，然而，一个训练集不可能收集所有正常样本。在这种方法下，正常视频可能出现虚假警报的情况。采用聚类判别异常行为，可以通过判断视频数据是否偏离训练的正常模型很有效。第二种方式是使用包含正常和异常视频的弱标记训练数据训练二分类器，通过计算异常分数判断视频片段或帧是否异常。在这种弱监督算法中，不需要时间注释和空间注释，大大减少了手动注释消耗的资源。

1）聚类判别

视频异常检测中的聚类算法是对所有的正常数据进行聚类，使用这个聚类模型可以将数据中远离质心的点找出，这些点就被判别为异常样本。目前比较流行的聚类算法有高斯混合模型(GMM)、隐马尔可夫模型(HMM)、混合动态纹理(MDT)。如先用正常的行为数据构建GMM模型，然后通过人群的流动信息估计模型的参数，并检测出人群中的异常行为[16]。解决异常种类难以预测的问题，通过提取人群光流信息，结合隐马尔可夫模型进行异常行为检测[17]。以上方法主要根据运动信息识别异常，但忽略了外观信息等纹理特征在人群检测中的重要作用。受到GMM建模思想的启发，用MDT模型代替高斯混合模型，通过分析视频数据中的时间异常和空间异常两种方式判断异常[18]。

先用姿态估计方法提取每帧中每个人的动作，结合时空图自动编码器(spatio-temporal graph autoencoder，ST-GCAE)[19]和聚类将每个动作映射到空间内不同的聚类中心，以各聚类中心为基底表示动作，然后用狄利克雷模型判断是不是正常动作。前面的大多数方法在模型构建阶段都要消耗昂贵的计算资源，很难在实际场景中应用。为克服这些问题，使用孪生卷积神经网络学习一对视频帧(视频的时空区域)之间距离的函数。学习到的函数用于判断测试视频块与正常训练视频块之间的相似程度，如果不相似就判断为异常。卷积自动编码器模型提取视频中的空间和时间信息，通过学习时空特征获得图像的运动信息和外观信息。另外，模型还融入聚类算法，使正常数据更接近聚类中心，异常数据离聚类中心更远。为解决数据相关性影响网络学习能力的问题，聚类辅助弱监督网络，网络由三部分组成：随机批处理选择器、正常抑制机制、聚类损失模块。随机批处理选择器根据视频的不同长度把视频分为不同的批次，在训练迭代中任意选择一批进行训练，消除批间的相关性。正常抑制机制通过分析训练批次的总体信息降低视频正常区域的异常分数。聚类损失模块通过生成的正常和异常集群来更好地区分异常行为。在UCF-Crime数据集上实现83.03%的帧级AUC性能。

2）计算异常分数

异常检测问题可以定义为一个回归问题，通过计算异常分数，判断视频片段或帧是否异常。目前,多实例学习方法被广泛应用于半监督的异常检测。深度多实例学习(MIL)排序模型先将给定的正包(包含某个异常)和负包(不包含异常)视频分为多个时间片段,每个时间段表示包中的一个实例,再用 C3D(convolutional 3D)网络提取视频片段特征,输入排序损失训练的神经网络得到预测异常得分。视频数据不仅包括外观信息,还包括运动信息,使用注意力块将时间上下文纳入 MIL 排序模型,学习到的注意权重可以更好地区分异常和正常的视频片段。

3)其他方式判别

与前面的方法不同,有学者将目标检测应用于异常检测任务,提出了边缘学习嵌入预测(MLEP)网络[20],该网络将二维卷积编码器与卷积长短期记忆网络(ConvLSTM)结合。用 ConvLSTM 更好地编码时空信息,然后用解码器预测给定视频的最后一帧是否异常。然而,MIL 排序模型要求每个视频在整个数据集中具有相同数量的片段,这很难在实际场景中应用。最近,在噪声标签下学习的方法应用于异常检测领域有不错的性能。标记为“异常”的视频可能包含相当多的正常片段,有学者从一个新的角度出发,设计一个基于特征相似性和时间一致性的图卷积网络来校正噪声标签[21]。该方法包含清理和分类两个阶段:在清理阶段,训练一个清理器来校正分类器得到的预测噪声;在分类阶段,动作分类器使用清理过的标签重新训练,产生更可靠的预测分类。

3. 无监督方法

传统机器学习算法大多是直接让机器去数据集中学习,然后通过参数方式表示。因为有些数据很难获取,异常检测问题常使用无监督技术检测是否为异常。可以将无监督异常行为检测方法分为两类:重构判别和预测判别。

1)重构判别

深度学习方法中的重构误差算法被广泛应用于视频异常检测领域,重构是指通过编码提取输入视频帧的特征,然后将特征解码为重构图像的操作。使用重构误差的基本假设是正常样本的重构误差比较低,但是异常样本的重建误差比较高。目前主流的重构误差判别算法有自动编码器(AE)、卷积自动编码器(CAE)、U-Net、生成对抗网络(GAN)。

在无监督的异常检测技术中,一种比较流行的解决方案是学习正常视频的规律特征。提出基于自动编码器的异常检测方法,只对正常的视频数据进行建模,用于解决标签数据有限的问题。采用 CAE 学习长时间视频中运动模式的规律特征,通过重构误差判断是否异常,规则的正常行为会产生较低的重构误差,而不规则的异常行为则会有较高的重构误差。有时自动编码器能很好地重构异常行为,导致异常的漏检。针对这个问题,给 AE 新增一个 Memory 模块,构建内存增强自编码器(MemAE)。MemAE 将编码结果作为索引检索 Memory 模块中最接近的一项进行重构,增强异常的重构误差,如以对象为中心的卷积自编码器的特征学习框架、编码运动和外观信息。另外还提出一种训练样本聚类的分类方法(对正常行为分类)，用一个异常事件分类器将每个正常聚类与其他分开。由卷积自动编码器和UNet组成的深度卷积神经网络，通过卷积自动编码器重构图像的外观信息，使用U-Net结构预测给定输入视频帧的运动，最后通过共享相同的编码器计算异常分数。

U-Net通过跳跃连接减少降维带来的信息损失，可以得到比AE更好的重构效果。基于未来帧预测方法的预测网络采用U-Net网络架构，通过比较预测的未来帧和真实未来帧的差异来判断异常。将U-Net的网络结构和鉴别器一起作为生成器从原始像素帧中提取外观信息和运动信息，然后重构这两个通道的数据，利用重构误差判断异常。多级异常检测(MLAD)先采用降噪自动编码器提取图像多层次的深度特征，然后利用条件生成对抗网络(CGAN)重构误差获得异常分数，最后结合多层次异常判断总体异常情况。

GAN网络可通过对抗训练提升生成器的生成效果。生成对抗网络(GAN)由生成器和鉴别器组成，通过二者的对抗训练，生成器产生的重构误差越来越小，使鉴别器的判断能力得到提高。使用GAN进行异常检测一般包括两种思路：①用生成器重构视频图像，鉴别器可以使生成器更好地重构视频图像。在判别异常时，将生成器重构后的图像与原图进行对比，不同的地方判别为异常。②总体思路与①类似，只是检测异常时不同，结合生成器和鉴别器的结果将其作为判别异常的依据。将训练分为两个阶段：第一阶段训练GAN，生成器负责重构图像，鉴别器负责区分图像为原图还是重构图像；第二阶段负责区分图像是高质量重构图像还是低质量重构图像，然后通过输出的异常分数判别是否为异常。从图像分割的结果出发，用图像分割模型和CGAN替代自动编码器重构图像，将故障检测和异常检测融入同一个网络框架，然后将重构后的图像与原图进行对比，重构误差大的判别为异常。

2）预测判别

异常视频不一定有较大的重建误差，因为深度神经网络具有很强的泛化能力，可将异常帧重建得很好。因此，使用未来帧预测异常。这些方法将连续帧作为输入，预测下一帧。与GAN类似，一元分类的端到端模型，网络框架由重构器和鉴别器两个模块组成，重构器负责重构目标类图像，鉴别器检测出不属于目标类的样本(异常)，这两个模块竞争学习，并彼此协作进行检测任务。一种时间相干稀疏编码(TSC)先用堆叠递归神经网络(sRNN)映射TSC，然后利用预测误差判别异常。为打破以前方法的局限性，一种少镜头场景自适应异常检测方法使用元学习框架学习相应场景的几帧，即可使模型快速适应新场景，通过预先训练预测模型来检测异常。

单向预测模型有一个很大的问题，就是不能充分利用时间信息。一个双向的预测框架由两个模型组成：未来预测和过去预测。未来预测是指模型先将视频分割为更小的视频片段，对这些视频片段进行未来预测。然后结合视频片段的未来预测得到在这个时间尺度上对输入视频的未来预测。过去预测是指模型先反转输入视频序列，再将其传递到过去的预测模型中，最后组合所有的预测得到用于检测异常事件的最终预测。

3）其他方式判别

利用2D人体骨骼轨迹判别异常的方法将骨骼的动态运动分解为两个子过程：一个描述全局的身体运动，另一个描述局部的身体姿势。全局模块跟踪整个身体在场景中的运动状态，局部姿态描述身体骨骼在标准坐标系中的情况。

将自训练有序回归应用于视频异常检测，支持端到端的视频异常检测方法，可以在没有标签数据的情况下实现联合表示学习和异常评分。另外，该文还引入了专家系统，专家可以容易地向模型提供异常检测的反馈，用于模型的更新，以快速返回更准确的检测结果。

使用传输学习和持续学习的在线异常检测方法可以降低训练的复杂性。算法利用深度神经网络的特征提取能力及统计方法的持续学习能力。采用预先训练好的光流模型 Flownet 提取视频帧的时空信息，检测视频帧中不同物体的运动。目标检测采用 YOLO 方法得到物体的位置信息，以及每个对象所属类的概率。

4. 检测方法对比

本节汇总所综述的异常检测方法在 CUHK Avenue、UCSD Pedl、UCSD Ped2 和 Shanghai-Tech 数据集上不同评估准则下的 AUC 值。通过表 6-9 的效果对比可以得到以下结论。目前没有一种算法使用所有的数据集，而且检测精度在不同数据集上的表现也不同。目前异常检测效果最好的算法主要是深度学习方法，深度检测模型能够通过学习有限的异常样本识别超出给定异常样本范围的异常，具有不错的通用性和检测精度。异常检测研究方向主要为无监督和半监督方法。目前越来越多的异常检测技术使用端到端模型，端到端模型将复杂的任务（多步骤和多模块）用单模型来建模解决，一方面降低构建模型的复杂度，另一方面减少特征的重复使用和计算量，提高异常检测性能，为异常检测提供一种新的解决方案和思路。使用时空信息建模的网络性能普遍比使用单一的空间信息建模的网络性能好，说明运动信息的提取对异常检测精度的提高尤为重要[10]。

表 6-9 视频异常检测算法效果对比

模型	监督方式	是否端到端	方法	AUC			
				C	P1	P2	S
DSTCNN	监督	否	深度时空卷积神经网络提取动作特征并输出正常与异常分类概率	—	99.7	99.9	—
LDA-Net		否	前景人体作为 3D CNN 的输入，提取行为的时空特征进而分类正常与异常行为	—	—	97.9	—

续表

模型	监督方式	是否端到端	方法	AUC			
				C	P1	P2	S
IBL	半监督	否	多实例学习定义一种 IBL 损失来约束弱监督问题的函数空间	—	—	—	82.5
GCN		是	图卷积网络校正噪声标签	—	—	93.2	84.4
AR-Net		否	采用异常回归网络的框架学习视频级弱监督下的区分特征	—	—	—	91.2
App+motion cues		否	使用 cut-bin 区分异常运动,使用 SVDD 外观检测	—	85.0	90.0	—
Conv-AE	无监督	是	使用全卷积自编码器学习运动特征	70.2	81.0	90.0	60.9
ConvLSTM-AE		是	采用 ConvLSTM-AE 框架检测外观和运动的变化	77.0	—	—	—
Sparse coding		是	将稀疏编码和循环神经网络结合	81.7	—	92.2	68.0
Future frame		是	采用 U-Net 预测下一帧	85.1	83.1	95.4	72.8
Memory augmented AE		是	使用内存增强自编码器查询检索与重构最相关的内存项	83.3	—	94.1	71.2
MNAD		是	存储模块记录正常数据的模式	88.5	—	—	70.5
MLEP		是	ConvLSTM 编码时空信息	92.8	—	—	76.8
Unmasking		否	对滑窗内部的前后两部分进行人为分类	80.6	—	—	—
Appearancec-GAN		是	两个子网络:Conv-AE 解决图像结构问题,U-Net 解决运动模式问题	86.9	—	96.2	—
Online-GNG		是	GNG 将不同样本映射到不同聚类,实现端到端的聚类	—	93.8	94.0	—
Prediction reconstruction		是	两个 U-Net:一个以帧预测的形式工作,另一个尝试重建前一个网络生成的帧	83.7	82.6	96.2	—
Compact features		否	将输入帧分为可变大小的单元结构,提取多重特征并输入多个判别模型进行检测	—	82.0	84.0	—
Plug and play CNN		是	将 FCN 网络作为预训练模型	—	95.7	88.4	—
Siamese distance learning		否	孪生卷积神经网络学习一对视频时空区域之间的距离函数	87.2	86.0	94.0	—

注:C 代表 CUHK Avenue,P1 代表 UCSD Pedl,P2 代表 UCSD Ped2,S 代表 Shanghai-Tech。

1) Graph Convolutional Label Noise Cleaner: Train a Plug-and-play Act (CVPR 2019)[22]

本书提出 GCN Noise Label Cleaner 的模块,主要是两层 FC+特征相似图 GCN+时序一致性图 GCN,两个 GCN 输出经过平均池化层进行混合,从而得到预测分值。

如图 6-13 所示,采用 GCN 清除视频中的噪声标签,只要清除噪声标签,就可以直接将完全监督的动作分类器应用于多监督的异常检测,最大限度地利用这些完善的分类器。噪声标签是指异常视频中正常片段的错误注释,因为标记“异常”的视频可能包含很多正常片段。作者提出的 GCN 就是用于清除这些噪声的,一旦清除噪声标签,就可以直接训练完全监督的动作分类器。在测试阶段,只需要从动作分类器中获取片段预测,无需做任何后处理。

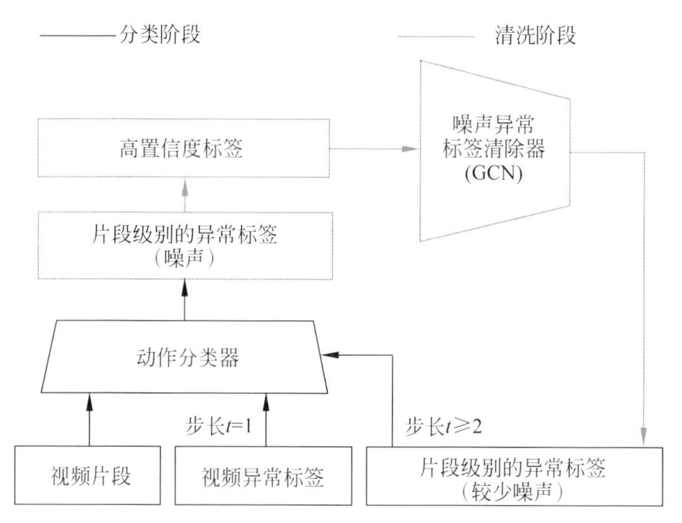

图 6-13　图卷积标签噪声清除器示意图

包含两个阶段:Cleaning 和 Classification,训练时这两个阶段不断执行直到收敛。在测试时,不再需要清理器,而是直接获取分类器效果。

(1) Cleaning 阶段,训练一个清理器纠正从分类器获得的噪声预测,提供精炼后的标签:通过高置信度预测检验低置信度预测。采用一个 GCN 建立高置信度和低置信度片段之间的关系。一共有两种图,一种利用特征相似性,另一种利用时间连续性,从这两个维度解决伪标签问题。在图中,片段被抽象为顶点,异常信息在边上传播。利用特征相似度和时间连续性来纠正标签。

(2) Classification 阶段:动作分类器用清洗后的标签重新训练动作分类器,生成更可靠的预测。

动作分类器从异常视频片段中提取时空特征,并输出嘈杂的片段级别标签。来自分类器的代码片段级特征被压缩并馈入两个图形模块,以对代码片段的特征相似度和时间一致性进行建模。在两个基于图形的模块中,较暗的节点表示该片段的异常置信度较高。将这两个模型的输出融合在一起,并利用它们预测具有较小噪声的代码段级标签。通过高可信度摘要更新损耗以校正预测噪声。

以三维卷积网络 C3D 为例，实验流程如下。

(1) 以 Sport 1M 预训练 C3D。

(2) 替代 C3D 的最后分类层为 1 的回归输出，以视频级别标签进行训练(直接损失)。

(3) 利用 10 Crop(中心、四角及其镜像)输入 C3D，获取其回归输出作为分数，FC7 输出作为特征。

(4) 以 10 Crops 的分数均值作为该片段的预测标记，以其方差作为置信度，给定的阈值获取高置信度的正常和异常，以这些高置信度的标记训练标签噪声清理器。

(5) 训练好的标签噪声清理器对于所有的特征都做一次预测，得到具有较小噪声的标签，再以此标签重新训练 C3D。

(6) 重复步骤(3)～(5)得到较好的分类器。

在 UCF-Crime 的数据集上，经过三次标签噪声清理后得到最好的表现结果，其中在 TSN-RGB 卷积网络上效果最好。此外，在 ShanghaiTech 及 USCD Peds2 数据集上也得到类似的结果。

2) Anomaly Detection in Video via Self-Supervised and Multi-Task Learning (CVPR 2021)[23]

目的：在对象级别通过自监督和多任务学习实现视频中的异常事件检测。

首先使用预训练的检测器检测对象；然后训练一个三维卷积神经网络，通过联合学习多个代理任务产生区分异常的特定信息：三个自监督任务和一个基于知识蒸馏的任务。

自监督任务包括：识别向前/向后移动的对象(时间箭头指的是跟随时间箭头方向，对象是向前还是向后移动)；识别连续/间歇帧中的对象(判断对象运动的不规则性)；重建特定于对象的外观信息(重建中间帧)。

知识蒸馏任务同时考虑分类和检测信息，当异常发生时，教师和学生模型之间产生较大的预测差异。

本书将视频中的异常事件检测作为多任务学习问题进行处理，将多个自监督和知识提取代理任务集成到一个架构中。本书的轻量级架构在三个基准上超越最先进的方法：Avenue、ShanghaiTech 和 UCSD Ped2。此外，本书进行了一项消融研究，证明了在多任务学习环境中集成自监督学习和归一化特定提取的重要性。

本书的主要贡献如下：引入学习时间箭头作为异常检测的代理任务；将运动不规则性预测作为异常检测的代理任务；将模型提取作为视频异常检测的代理任务；将视频中的异常检测作为一个多任务学习问题；实验表明，该方法在三个基准上取得了更好的结果。

本方法的动机在于，通过单个代理任务(如未来帧预测)对异常事件检测进行建模是次优的，因为代理任务与实际任务（异常检测）之间缺乏完美的对齐。为了减少模型与异常检测任务的不一致，本书建议在多个代理任务上联合优化以训练模型。

（1）训练：首先使用预训练的 YOLO-v3 检测每一帧中的对象，获得边界框列表。对于第 i 帧中检测到的每个对象，通过简单地从第 i 帧裁剪相应的边界框创建以对象为中心的时间序列 $\{i-t,\cdots,i-1,i,i+1,\cdots,i+t\}$（不执行任何对象跟踪），将每个裁剪图像的大小调整为 64 像素×64 像素。为了便于说明，在网络结构图中设置 $t=2$，由此产生的以对象为中心的序列是 3D CNN 的输入。

（2）测试：在推理过程中，通过每个任务的平均预测分数计算异常分数。对于时间流向和运动不规则性任务，采用时间序列向后移动的概率和时间序列间歇性的概率。对于中间帧预测任务，考虑真实值和重建对象之间的平均绝对差。异常分数的最后一个分量是 YOLO-v3 预测的类概率与本书的知识提取分支预测的相应类概率之间的差异。本书不包括推理时的 ResNet-50 预测，以保持框架的实时处理。

（3）网络结构：本书的网络架构由一个共享的 CNN 和 4 个独立的预测头组成，共享的 CNN 使用 3D 卷积来建模时间依赖关系，而单个分支仅使用 2D 卷积。当一次考虑一个代理任务时，使用由三个卷积层组成的相对浅而窄的神经架构观察到准确的结果。当转向在多个代理任务上联合优化模型时，观察到需要增加神经网络的宽度和深度，以适应多任务学习问题复杂度的增加。因此，考虑到浅和深（网络的层数）、窄和宽（通道数）结构的所有可能组合，采用一组 4 种神经结构：浅+窄、浅+宽、深+窄和深+宽。每个 3D CNN 架构的详细配置如表 6-10 所示。对于每个网络配置，RGB 输入的空间大小为 64 像素×64 像素。3D 卷积层使用 3×3×3 的滤波器。每个转换层后面都有一个批量归一化层（batch normalization layer）和一个激活函数层（ReLU activation）。

在中间对象预测头中，结合一个由上采样层和基于 3×3 滤波器的 2D 卷积层组成的解码器。上采样操作的数量始终等于 3D CNN 中最大池层的数量。类似地，解码器中 2D 卷积层的数量与 3D CNN 中 3D 卷积层的数量相匹配。每个上采样操作都基于最近邻插值，将空间支持度增加 2 倍。为了重建 RGB 输入，解码器中的最后一个卷积层只有 3 个滤波器。

其他 3 个预测头共享相同的配置，一个具有 32 个滤波器的 2D 卷积层和一个 2×2 的最大池层。最后一层是一个全连接层，有 2 个神经元预测对象沿时间箭头的移动方向和运动不规则性，或者 1080 个神经元（1000 个 ImageNet 类和 80 个 MS COCO 类）预测的教师网络输出的分类分数。

常用的 3 个基准数据集为 Avenue、ShanghaiTech 和 UCSD Ped2。每个数据集都有预定义的训练集和测试集，异常事件仅在测试时包含。

表 6-10 3D CNN 架构的详细配置

	宽度	
	3×3×3 conv 16 1×2×2 max-pooling 3×3×3 conv 32 1×2×2 max-pooling 3×3×3 conv 32 1×2×2 max-pooling	3×3×3 conv 32 1×2×2 max-pooling 3×3×3 conv 64 1×2×2 max-pooling 3×3×3 conv 64 1×2×2 max-pooling
深度	3×3×3 conv 16 3×3×3 conv 16 1×2×2 max-pooling 3×3×3 conv 32 3×3×3 conv 32 1×2×2 max-pooling 3×3×3 conv 32 1×2×2 max-pooling 3×3×3 conv 32 1×2×2 max-pooling	3×3×3 conv 32 3×3×3 conv 32 1×2×2 max-pooling 3×3×3 conv 64 3×3×3 conv 64 1×2×2 max-pooling 3×3×3 conv 64 1×2×2 max-pooling 3×3×3 conv 64 1×2×2 max-pooling

参考文献

[1] HAWKINS D M, BRADU D, KASS G V. Location of several outliers in multiple-regression data using elemental sets[J]. Technometrics, 1984, 26(3): 197-208.

[2] 丁世飞，齐丙娟，谭红艳. 支持向量机理论与算法研究综述[J]. 电子科技大学学报，2011，40(1)：2-10.

[3] 卢坚，陈毅松，孙正兴，等. 基于隐马尔可夫模型的音频自动分类[J]. 软件学报，2002，13(8)：1593-1597.

[4] KOIZUMI Y, SAITO S, UEMATSU H, et al. Unsupervised detection of anomalous sound based on deep learning and the neyman-pearson lemma[J]. IEEE/ACM Transactions on Audio, Speech, and Language Processing, 2018, 27(1): 212-224.

[5] MCDONNELL M D, GAO W. Acoustic scene classification using deep residual networks with late fusion of separated high and low frequency paths[C]//ICASSP 2020-2020 IEEE International Conference on Acoustics, Speech and Signal Processing (ICASSP). IEEE, 2020: 141-145.

[6] KOIZUMI Y, YASUDA M, MURATA S, et al. Spidernet: Attention networks for one-shot anomaly detection in sounds[C]//ICASSP 2020-2020 IEEE International Conference on Acoustics, Speech and Signal Processing (ICASSP). IEEE, 2020: 281-285.

[7] BERGMANN P, LÖWE S, FAUSER M, et al. Improving unsupervised defect segmentation by applying structural similarity to autoencoders [J]. arXiv preprint arXiv: 1807.02011, 2018.

[8] SCHLEGL T, SEEBÖCK P, WALDSTEIN S M, et al. Unsupervised anomaly detection with generative adversarial networks to guide marker discovery [C]//International conference on information processing in medical imaging. Cham: Springer International Publishing, 2017: 146-157.

[9] CHALAPATHY R, MENON A K, CHAWLA S. Anomaly detection using one-class neural networks[J]. arXiv preprint arXiv: 1802.06360, 2018.

[10] STOWELL D, GIANNOULIS D, BENETOS E, et al. Detection and Classfication of acoustic scenes and events [J]. IEEE Transacti ons on Multimedia, 2015, 17 (10): 1733-1746.

[11] MESAROS A, HEITTOLA T, BENETOS E, et al. Detection and classification of acoustic scenes and events: Outcome of the DCASE 2016 challenge[J]. IEEE/ACM Transactions on Audio, Speech, and Langlage Processing, 2017, 26(2): 379-393.

[12] MESAROS A, DIMENT A, ELIZALDE B, et al. Sound event detection in the DCASE 2017 challenge[J]. IEE/ACM Transactions on Audio, Speech, and Language Processing, 2019, 27(6): 992-1006.

[13] KOIZUMI Y, KAWAGUCHI Y, IMOTO K, et al. Description and discussion on DCASE2020 challenge task2: Unsupervised anomalous sound detection for machine condition monitoring[J]. aXiv preprint aXiv: 2006.05822, 2020.

[14] KAWAGUCHI Y, IMOTO K, KOIZUMI Y, et al. Description and discussion on DCASE 2021 challenge task 2: Unsupervised anomalous sound detection for machine condition monitoring under dam ain shifted canditions[J]. arXiv pr eprint arXiv. 2106.04492, 2021.

[15] LU C, SHI J, JIA J. Abnormal event detection at 150 FPS in MATLAB[C]//Proc of the IEEE Int Conf on Computer Vision. Piscataway, NJ: IEEE, 2013: 2720-2727.

[16] BERMEJO N E, DENIZ S O, BUENO G G, et al. Violence detection in video using computer vision techniques [C]//Computer Analysis of Images and Patterns: 14th International Conference, CAIP 2011, Seville, Spain, August 29-31, 2011, Proceedings, Part Ⅱ 14. Springer Berlin Heidelberg, 2011: 332-339.

[17] LEYVA R, SANCHEZ V, LI C T. The LV dataset: A realistic surveillance video dataset for abnormal event detection [C]//2017 5th international workshop on biometrics and forensics (IWBF). IEEE, 2017: 1-6.

[18] CHANDOLA V, BANERJEE A, KUMAR V. Anomaly detection: A survey. AGM Computing Surveys, 2009, 41(3): 15.

[19] COOK A A, MSRL G, FAN Z. Anomaly detection for IoT time-series data: A survey[J]. IEEE Internet of Things Journal, 2019, 7(7): 6481-6494.

[20] RAMACHANDRA B, JONES M. Street scene: A new dataset and evaluation protocol for video anomaly detection[J]. arXiv preprint, arXiv: 1902.05872, 2019.

[21] 贾迪，朱宁丹，杨宁华，等. 图像匹配方法研究综述[J]. 中国图象图形学报，2019，24(5)：677-699.

[22] LOOG M, LAUZE F. The improbability of Harris interest points[J]. IEEE Transactions on Pattern Analysis and Machine Intelligence, 2010, 32(6): 1141-1147.

[23] LOWE D G. Distinctive image features from scale-invariant keypoints. International Journal of Computer Vision, 2004, 60(2): 91-110.

第7章

人 脸 识 别

7.1 人脸识别概述

7.1.1 人脸识别的应用需求

人脸作为人的一种生物特征的内在属性，具有很强的自身稳定性和个体差异性。与指纹识别、笔迹识别等其他生物识别技术相比，人脸识别技术具有非强制性、非接触性和并行性等优点，因而成为了自动身份验证的理想途径。当前的人脸识别技术在以下几方面有着广泛的应用：公安部门在获取嫌疑犯的照片或面部特征描述后，与预先存储在档案系统中的特定人脸照片进行比对，可极大提高刑侦破案的准确率和效率；在海关、机场等公共场所，人脸识别技术可以实现快速、高效及自动化的通关服务，提高通行效率和服务质量；在银行、公司和公共场所设立24小时的智能视频监控，当有特定关注名单上的人员进入时，可以进行实时检测、跟踪、识别和报警。

在人脸识别长期的研究发展过程中，受光照、人脸姿态、表情和年龄等因素的影响，开放环境下非配合的人脸识别性能远远落后于人们对自动身份识别的需求。直到近十年，随着深度学习的快速发展，人脸识别技术才取得巨大突破，并超越人眼的识别率，使开放环境下的人脸识别应用成为可能。

7.1.2 人脸识别的研究概要

20世纪60年代，美国德克萨斯大学的Bledsoe就提出了第一个有人工参与的半自动人脸识别方法。该方法依据人脸的几何特征，先人工标记出人脸特征点（如眼角、嘴角和鼻尖等）的位置，以人脸特征点的间距、比率等参数为特征，然后采用最近邻方法识别人脸。该方法非常直观，识别速度快，对光照变化不敏感，但是非常易受各种类内变化的影响，特别是姿态和表情，因此该方法鲁棒性很差，难以区分不同人之间的本质差异。

20世纪90年代开始,子空间分析法在人脸识别领域逐渐受到重视[1]。1990年Turk和Pentlend提出了最著名的本征脸算法[2],即主成分分析算法(PCA)。该算法从统计学角度寻找模式变化最大的方向,通过保留方差最大的一些分量(主成分分量)进行逼近,降低原始空间维度,缓解维数危机并抑制噪声。具体而言,利用PCA变换抽取人脸的主要成分,构成特征脸空间。一幅图像在各个特征脸上的投影组成了该图像的权值向量,再通过比较不同人脸图像之间的权值向量,实现人脸识别。与基于几何特征的人脸识别方法不同,这种方法描述人脸样本空间的统计变化,从信息论的角度出发,提取最相关、最重要的信息。但是PCA等子空间方法不能提取物体局部的细节特征,因此受光照、人脸姿态和表情的影响比较大。

人工神经网络在人脸识别领域的应用已有很长的历史,其中最有影响力的方法是动态链接结构(DLA)[3]。DLA试图解决一些概念性的问题,以实现人工神经网络中语法信息的关联表示。Lin和Kung将基于概率决策神经网络的方法应用于人脸识别[4],其主要原理是通过采集虚拟样本进行强化与反强化的学习,得到较理想的概率估计结果[5]。基于人工神经网络的方法较其他人脸识别方法有着独特的优势,通过对人工神经网络的训练可以获得其他方法难以实现的关于人脸图像规则和特征的隐性表示,避免了复杂的特征抽取工作。人工神经网络的缺点在于对初始化比较敏感,需要大量的训练数据,训练过程容易出现梯度发散和过拟合。

此外,还有基于弹性图匹配的人脸识别[6]、基于3D的人脸识别[7]等,但是这些传统的人脸识别方法都无法很好地解决非约束开放环境下的人脸识别问题。随着大数据时代的到来及计算机计算能力的不断提高,深度学习实现了快速发展,基于深度学习的人脸识别技术随之出现,极大地提高了识别的准确率,并成为人脸识别的主要研究方向。

7.2 基于深度学习的人脸识别

深度学习作为一种新的机器学习技术,其目的在于建立、模拟人脑进行分析学习。深度学习是相对于简单的浅层学习而言的,浅层模型通常只包含1层或2层的非线性特征转换层。典型的浅层模型有支持向量机、高斯混合模型、逻辑回归、条件随机域、最大熵模型、隐马尔可夫模型和多层感知器等。浅层模型对复杂函数的表示能力有限,难以解决一些复杂的自然信号处理问题,如语音识别、文字识别、图像识别和场景理解等。而深度学习可通过学习一种深层非线性网络结构,实现对复杂函数的拟合与逼近[8],展现出强大的从样本集中学习数据集本质特征的能力。

7.2.1 深度卷积神经网络

2006 年,加拿大多伦多大学教授 Geoffrey Hinton 在世界顶级学术期刊《科学》上发表论文[9],该论文提出:多层人工神经网络模型有很强的特征学习能力,学习得到的特征数据对原始数据有更本质的代表性,这将极大地方便分类和可视化;对于深度神经网络很难训练达到最优的问题,可以将上层训练好的结果作为下层训练过程中的初始化参数,采用逐层训练的方法解决。[10]

Hinton 针对深度学习模型训练提出的改进方法打破了 BP 神经网络发展的瓶颈,重新点燃了人工智能领域对神经网络的热情,掀起了深度学习的热潮。紧接着,2010 年,基于深度学习的语音识别方法[11]代替了传统的混合高斯模型,将识别错误率降低超过 20%;2012 年,深度学习首次出现在 ImageNet 图像分类比赛中[12],将准确率提高到 84%,比第二名的 74%高了 10 个百分点;2014 年,基于深度学习的人脸识别算法[13]在开放环境中的标记人脸库(LFW)[14]上的准确率达到 99%,超越了人眼的识别率。此外,深度学习在通用物体检测、图像分割、光学字符识别等领域也取得了突破性进展。

深度学习在计算机视觉领域应用最广泛的模型是卷积神经网络(CNN)。如图 7-1 所示,卷积神经网络是一个多层前馈神经网络,其中卷积层与池化层配合,组成多个卷积组;逐层提取图像特征,最终通过若干全连接层完成分类。综合来说,卷积神经网络通过模板卷积局部感知进行模拟特征提取,并通过卷积的权值共享及池化,降低网络参数的数量级。

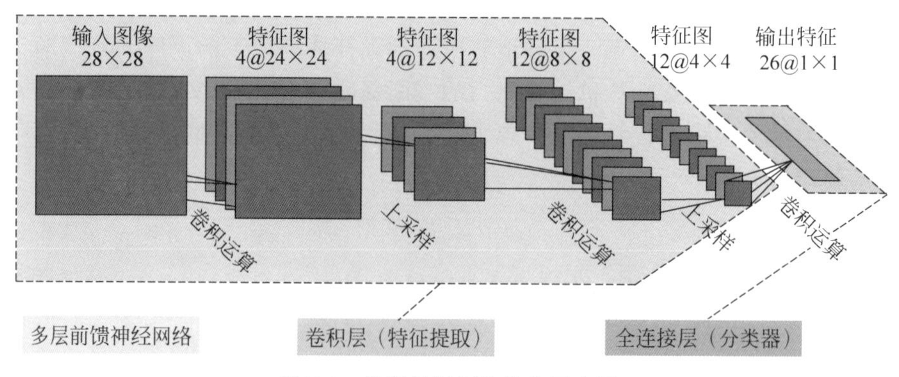

图 7-1 卷积神经网络结构示意图

7.2.2 基于深度学习实现人脸识别

2012 年,Learned-Miler 的研究小组率先将卷积深信度网络(CBDN)应用于人脸识别,在 LFW 数据集上取得了 86.9%的识别准确率[15]。随后,更多的基于深度学习的人脸识别思路和方法被提出,极大地提高了识别的准确率(表 7-1),奠定了深度学习在人脸识别领域中不可替代的地位。

表 7-1　基于深度学习的人脸识别算法在 LFW 数据集上的识别准确率

基于 CNN 的人脸识别算法	准　确　率
DeepFace[16]	0.9735±0.0025
DeepID[17]	0.9745±0.0026
DeepID2[13]	0.9915±0.0013
DeepID3[18]	0.9953±0.0010
FaceNet[19]	0.9963±0.0009
Baidu[20]	0.9977±0.0006
Face++[21]	0.9950±0.0036
THUCV-AI Lab[22]	0.9973±0.0008

具体而言，基于深度学习的人脸识别的主要优化思路包括大数据与卷积神经网络、浅层信息与深层信息融合、人脸查询与人脸验证信息结合、增加网络层数、训练数据选取等。

1. 大数据与卷积神经网络

2014 年，Facebook 团队提出 DeepFace[16]，如图 7-2 所示，该方法利用卷积神经网络提取人脸的特征，将 LFW 数据库的人脸识别准确率提高到了 97.35%。

在 DeepFace 的网络架构中，输入的是一幅 RGB 三通道的彩色图像。网络的第一层(C1)使用了 32 个 11×11 的滤波器分别对每个通道的图像进行卷积；紧接着使用最大池化(M2)，降低特征维数，提高网络的鲁棒性；随后使用 16 个 9×9 的滤波器对最大池化后的数据再次进行卷积(C3)。经过这三层的处理，图像的边缘信息及纹理信息等低级特征已被提取出来。紧接着使用了 3 层局部连接(L4、L5 和 L6)和一个全连接(F7)对低级特征进行筛选融合，最终得到一幅人脸图像的 4096 维高层特征表示。最后一层(F8)采用 Softmax 回归模型，实现人脸识别。

DeepFace 网络的参数超过 1.2 亿个，训练过程中采用了 4000 人约 4400000 张对齐后的人脸图像作为训练样本。将训练好的网络作用于归一化后的人脸图像，用 F7 层的输出作为输入人脸图像的高层特征表示。将特征归一化后，利用加权的卡方距离计算两幅图像之间的距离，并利用支持向量机(SVM)用于最终的判别分类。

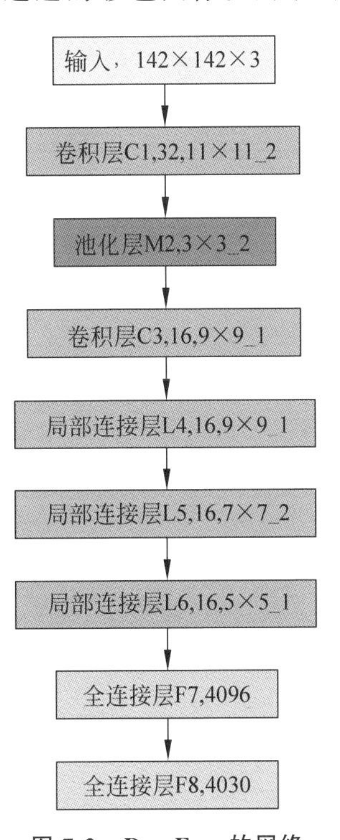

图 7-2　DeepFace 的网络架构[16]

2. 浅层信息与深层信息融合

在 DeepFace 提出的同时，来自香港中文大学的团队利用自主设计的 DeepID[17] 在 LFW 数据库上取得

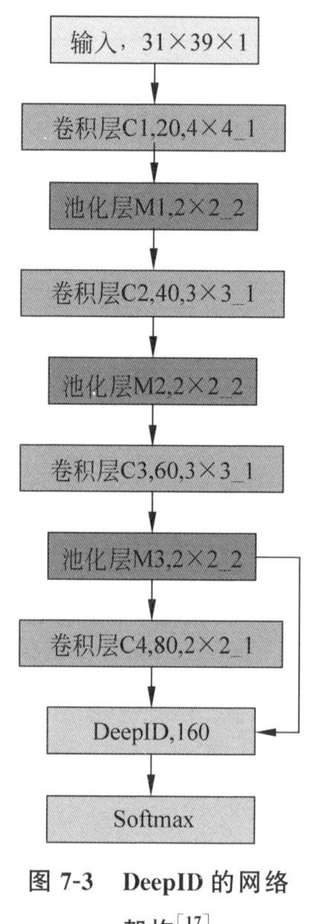

图 7-3 DeepID 的网络架构[17]

了 97.20%的识别准确率。如图 7-3 所示，DeepID 的最大特点是，倒数第二层（DeepID 层）与 M3 和 C4 层都相连，从而达到将网络的浅层信息和深层信息相融合的目的。

DeepID 使用的训练数据集为 CelebFaces+，共有 10177 人的 202599 幅人脸图像。其中 8700 人用于训练网络，1477 人用于训练联合贝叶斯分类器。DeepID 使用了 100 个 patch，每个 patch 使用 5 种不同的尺度，这样每幅图像最后的特征向量长度为 32000，使用 PCA 算法将其降维到 150 维，并采用联合贝叶斯分类器进行分类。

3. 人脸查询与人脸验证信息相结合

DeepID2[13]的出现使机器在 LFW 数据库上的人脸识别准确率首次超过了人眼识别。DeepID2 采用与 DeepID 类似的网络结构，不同之处在于，DeepID2 的训练过程采用了两种监督信号。其中一种与 DeepID 相同，将人脸辨识信息作为验证信号，如式(7-1)所示：

$$\mathrm{Ident}(f,t,\theta_{id})=-\sum_{i=1}^{n}-p_i\log p_i=-\log p_t \tag{7-1}$$

其中，f 为 DeepID2 人脸特征向量，t 是目标人脸类别，θ_{id} 是 Softmax 监督层的参数信息。p_i 是目标概率分布，只有在 $i=t$ 的情况下 $p_t=1$，其他情况下 $p_i=0$。

第二种是人脸验证信号，如式(7-2)所示：

$$\mathrm{Verif}(f_i,f_j,y_{ij},\theta_{ve})=\begin{cases}\dfrac{1}{2}\|f_i-f_j\|_2^2, & y_{ij}=1\\[2ex] \dfrac{1}{2}\max(0,m-\|f_i-f_j\|_2)^2, & y_{ij}=-1\end{cases} \tag{7-2}$$

其中，f_i 和 f_j 是网络提取的人脸特征，$y_{ij}=1$ 表示输入的两幅人脸图像属于同一个人，$y_{ij}=-1$ 表示输入的两幅人脸图像属于不同的人。θ_{ve} 是需要学习的参数。

由于验证信号的计算需要两个样本，所以整个卷积神经网络的训练过程也发生了变化。每次迭代随机抽取两个样本，分别计算两幅图像的人脸查询误差及两幅图像之间的比对误差，并用加权相加的方式将两种误差组合起来。

DeepID2 使用的外部数据库是 CelebFaces+。先将 CelebFaces+ 切分为 CelebFaces+A(8192 人)和 CelebFaces+B(1985 人)，训练时先使用 CelebFaces+A 作为训练集，CelebFaces+B 作为验证集；然后将 CelebFaces+B 切分为 1485 人和 500 人两个部分，进行特征选择，选取 25 个 patch；最后在整个 CelebFaces+B 数据集上训练联合贝叶斯模型，并在 LFW 上进行测试。经过特征融合，DeepID2

在 LFW 数据库上的人脸识别准确率最高达 99.15%。

4. 更深层的网络

在 ILSVRC 2014 比赛(ImageNet large scale visual recognition competition 2014)中,GoogLeNet[23] 和 VGGNet[24] 分别获得了冠军和亚军,这两类模型结构有一个共同特点:层数更多、网络更深。其中 GoogLeNet 包含 22 层,VGGNet 包含 16 层以上。受此启发,DeepID3[18] 加深了网络层数,达到 10～15 层。通过增加网络层数 DeepID3 最终在 LFW 上的识别准确率达到 99.50%。

5. 训练数据对识别准确率的影响

更多的网络层数、更巧妙的网络结构设计是深度学习人脸识别的发展方向。与此同时,Face++团队通过实验证明,高质量的数据对于深度学习算法同样非常重要[21]。Face++团队建立了一个 10 层的卷积神经网络,利用旷视人脸分类数据集(MFC)进行训练,使用训练好的网络模型提取人脸特征,并通过多 patch 融合,采用欧氏距离作为最终的距离度量方法,在 LFW 数据库上取得了 99.50%的识别准确率。

MFC 数据库[21] 包含 20000 个人的大概 5000000 幅图像,该数据库有一个明显的长尾现象,即每人的样本数量分布不均,一部分个体拥有很多图像,而大部分个体拥有的图像数量相对较少,如图 7-4 所示。

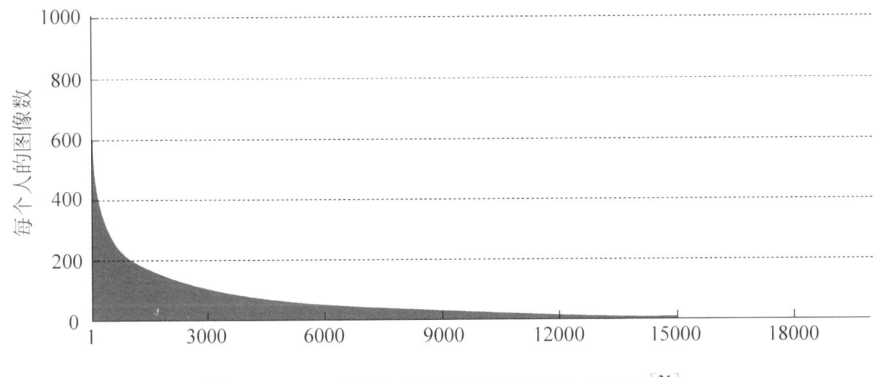

图 7-4　MFC 数据库每人图像数量分布情况[21]

从 20000 多个个体中随机抽选一部分人脸图像用于训练,随着训练个体数量的增加,识别准确率也有相应增加的趋势,如图 7-5 所示。同时,如果按个体图像数量对 20000 多个训练个体进行降序排序,并按照排序后的顺序不断地增加训练网络采用的个体数量,可以发现:初始阶段,随着训练个体数量的增加,识别的准确率不断上升;但是当达到某个值后,增加训练个体的数量,识别的准确率反而下降,如图 7-6 所示。这说明针对人脸识别任务,好的训练数据集不仅要包含足够多的个体,还要为每个个体提供足够多的样本。

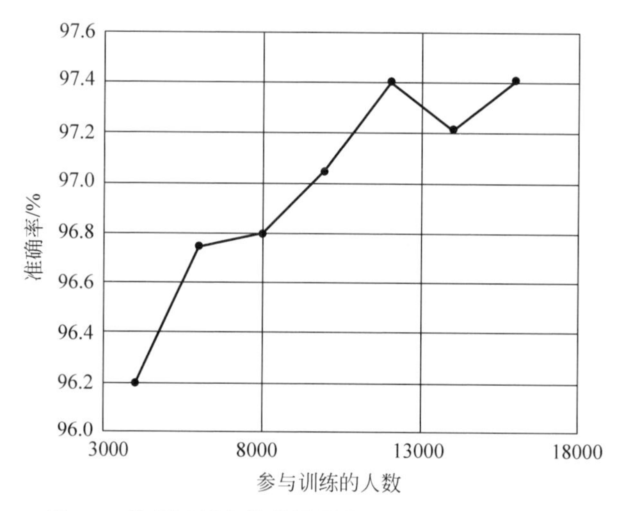

图 7-5 使用不同个体数量训练网络对准确率的影响

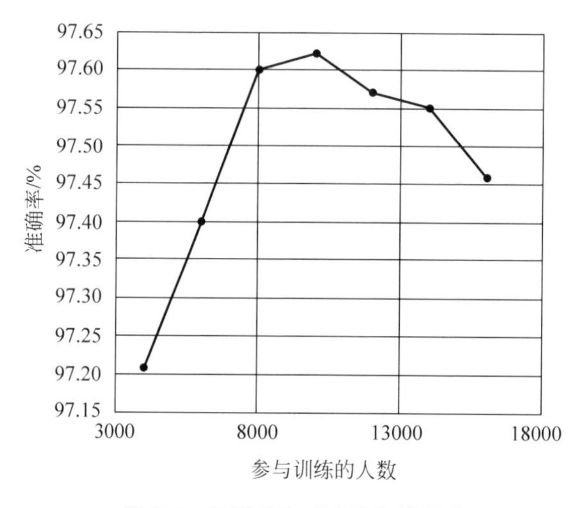

图 7-6 长尾效应对准确率的影响

7.3 人脸识别算法架构

人脸识别系统主要包括以下模块：人脸检测、关键点定位、人脸归一化、人脸特征提取和分类器识别。图 7-7 所示为人脸识别系统的框架。输入一幅原始图像，人脸检测模块先对图像进行处理，得到人脸所在的位置；将人脸框的位置信息输入关键点定位模块，再通过回归得到人脸关键点所在位置，并提交给人脸归一化模块；人脸归一化模块通过相似变换，将人脸关键点对齐到标准人脸关键点位置，得到关键点对齐且尺度归一的人脸图像，输入特征提取模块；特征提取模块对输入的归一化人脸图像进行特征提取；最终由分类器模块给出识别结果。

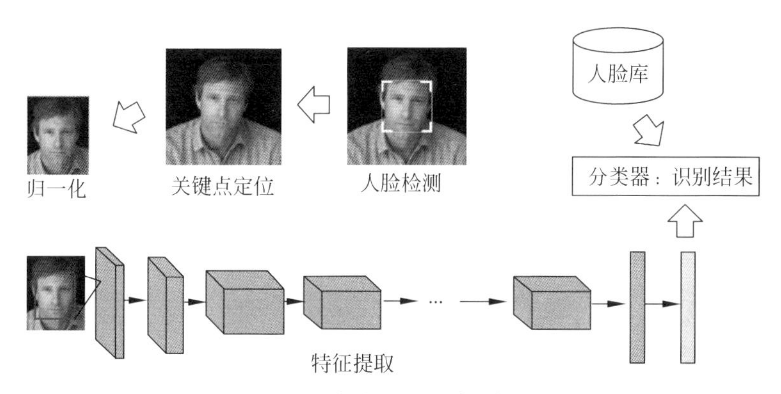

图 7-7 人脸识别系统的框架

7.3.1 人脸检测

人脸检测是指判断一幅输入图像中是否包含人脸，若包含人脸，则给出人脸所在的位置。

人的眼睛对一幅图像的认知一般会经历一个从整体到局部的过程，即先理解图像描述的场景，找到可能存在人的区域，然后根据结构关系，找到人脸所在的位置。而机器无法处理如此复杂的逻辑关系，由于图像中的任意位置都可能存在人脸，因此采取滑窗的方式，对每个区域的图像进行判断。

具体来说，人脸检测一般要经过以下步骤。首先对原始图像进行滑窗；其次对窗口中的图像提取特征；再次将提取的特征输入提前训练好的分类器，判断该窗口区域是不是人脸；最后利用非极大值抑制等手段对所有的人脸窗口进行融合，给出最终的检测结果。一般情况下，为检测不同尺度下的人脸，还要对输入图像构建图形金字塔。

虽然深度学习在人脸识别任务方面取得了巨大的成功，但是由于其计算复杂度比传统的模式识别算法高，因此在人脸检测方面的应用受到了限制。Cascade CNN[25]是对经典 Viola-Jones 人脸检测方法[26]深度卷积网络的实现，开启了深度学习在人脸检测领域应用的新篇章。该方法不仅具有 Viola-Jones 检测器速度快的优点，而且查全率和准确率更高。Cascade CNN 人脸检测流程图如图 7-8 所示。

Cascade CNN 的系统流程包括训练流程和测试流程。训练流程又可分为人脸与非人脸二分类网络的训练和人脸框校准网络的训练。人脸与非人脸的网络训练必须按照 12-net、24-net 和 48-net 的顺序依次进行。其中 24-net 的负样本应该是 12-net 的虚警样本；同样 48-net 的训练样本是图像经过 12-net 和 24-net 之后的虚警样本。

校准网络的训练流程为：将标注的每个人脸框进行 45 种变换，所有人脸图像的相同变换具有相同的标签，训练一个 45 分类的分类器，预测当前人脸框可能是 45 种人脸框中每一种的概率。

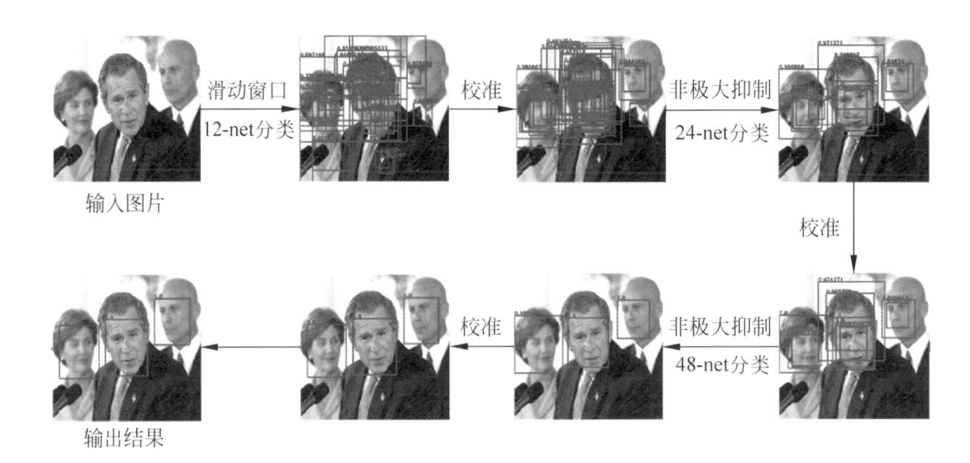

图 7-8 Cascade CNN 人脸检测流程图[25]

测试流程为：给定一幅输入图像，用 12-net 对整幅图像进行扫描，拒绝 90%以上的非人脸窗口；剩余的窗口输入 12-calibration-net 校准网络，调整窗口的大小和位置；调整后的窗口首先经过非极大值抑制，去掉重合度过高的人脸框，然后将剩余的人脸框输入 24-net，去掉非人脸的窗口；24-net 的输出窗口输入 24-calibration-net 校准网络，调整窗口的大小和位置；再依次经过非极大值抑制、48-net 和 48-calibration-net 校准网络，得到最终的人脸检测结果。

7.3.2 人脸关键点定位

人脸关键点定位是指获取人脸眼角、鼻尖和嘴角等关键点的位置，然后利用这些关键点的位置，通过相似变换对齐标准人脸关键点，达到对人脸归一化的目的。

人脸关键点定位是一个回归问题，在网络训练过程中，采用的损失函数是 Smooth L1 loss，如式(7-3)、式(7-4)所示。

$$\text{Smooth}_{L_1}(x)=\begin{cases}0.5x^2, & |x|<1\\ |x|-0.5, & \text{其他}\end{cases} \tag{7-3}$$

$$\frac{\partial \text{Smooth}_{L_1}(x)}{\partial x}=\begin{cases}x, & |x|<1\\ -1, & |x|\geqslant 1, x<0\\ 1, & |x|\geqslant 1, x>0\end{cases} \tag{7-4}$$

如图 7-9 所示，本方法的人脸关键点定位网络架构由 7 个卷积层、3 个池化层和 1 个全连接层组成。其中 7 个卷积层保证了网络的深度和模型的拟合能力，同时针对回归的特点，池化层使用平均池化代替最常用的最大池化，激活函数使用参数修正线性单元(PReLU)[27]代替修正线性单元(ReLU)。图 7-10 所示为人脸关键点定位结果展示。

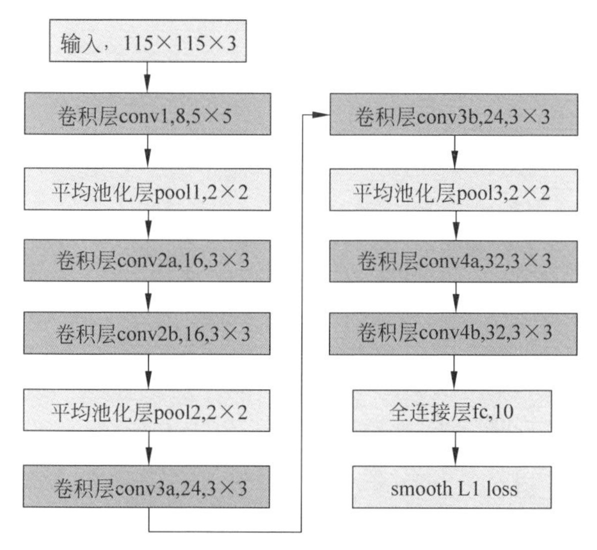

图 7-9　人脸关键点定位网络架构

图 7-10　人脸关键点定位结果展示

7.3.3　人脸跟踪

在视频人脸识别中，由于视频是连续图像序列，不仅需要进行人脸检测和关键点定位，还需要进行人脸跟踪处理，以实现连续识别。人脸跟踪属于目标跟踪范畴，有很多跟踪方法。

核相关滤波器(KCF)[28]是视觉跟踪领域应用最广泛的跟踪算法。其核心思想是：由于每帧中被良好检测的目标都提供了描述该目标的信息，因此完全可以通过已经跟踪的若干帧中目标的位置提取出我们关心的特征，训练一个滤波器模板；对于新一帧图像中可能存在目标的区域，提取出该区域的特征，与滤波器模板做相关性计算，根据相关结果得到新一帧图像中目标所在的位置；并以该位置为中心提取新的特征，反过来进一步训练滤波器模板；重复上述步骤，实现模型的在线训练和目标跟踪。人脸跟踪整体框架如图 7-11 所示。

如图 7-12 所示，基于 KCF 给出的人脸框的预测结果，可以对人脸进行关键点

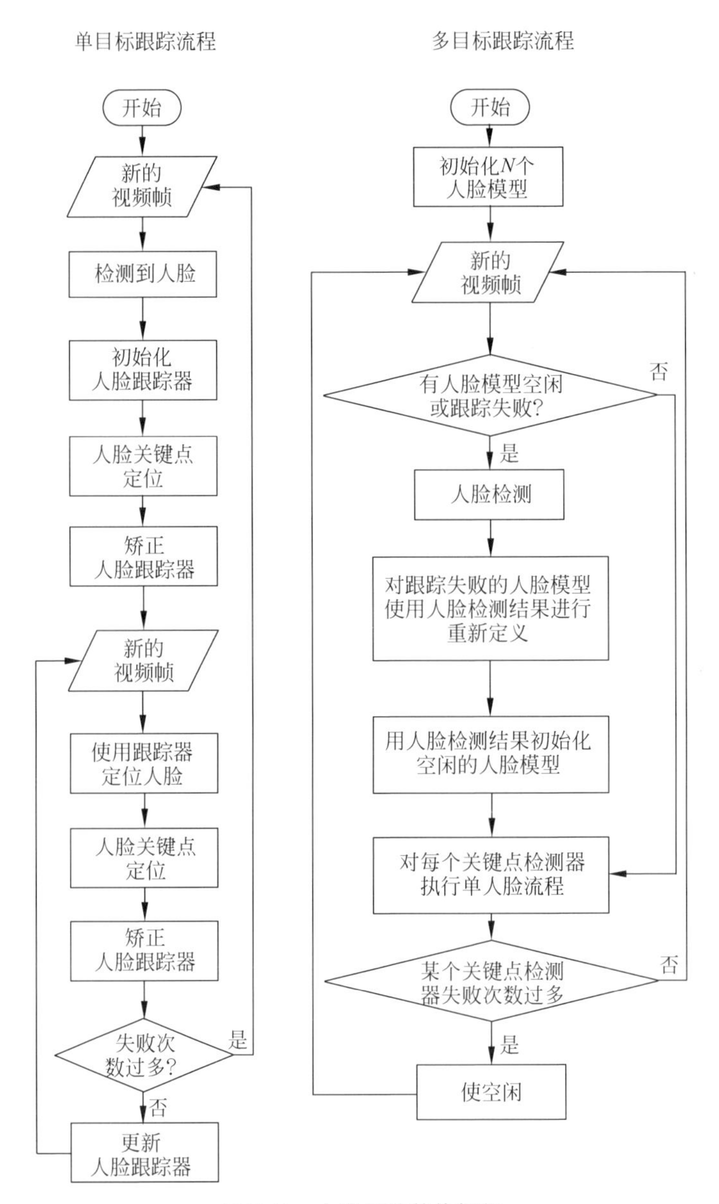

图 7-11　人脸跟踪整体框架

定位,然后根据关键点定位的结果,计算出人脸框的真值,用于更新 KCF 的滤波器模板。基于人脸的关键点定位信息,可以通过以鼻尖为中心,以关键点两两之间的最大距离乘以一个常数为检测框的宽度,得到更精确的人脸框。

7.3.4　人脸归一化与特征提取

人脸归一化是指通过旋转、平移和缩放,将人脸的关键点对齐到标准脸模板。图 7-13 所示为人脸归一化示意图。

图 7-12 人脸关键点定位用于 KCF 窗口校准

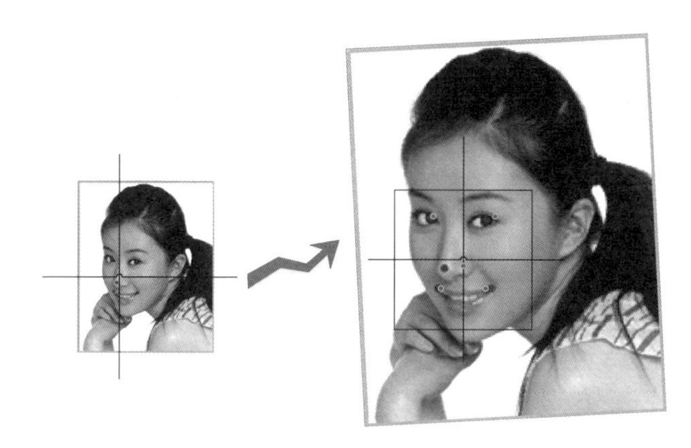

图 7-13 人脸归一化示意图

假设人脸某一关键点为(x,y)，相似变换矩阵为式(7-5)：

$$\begin{bmatrix} a & -b & t_x \\ b & a & t_y \end{bmatrix} \tag{7-5}$$

则经过变换，在新的坐标系下该点的位置为式(7-6)：

$$\begin{bmatrix} x' \\ y' \end{bmatrix} = \begin{bmatrix} a & -b & t_x \\ b & a & t_y \end{bmatrix} \begin{bmatrix} x \\ y \end{bmatrix} \tag{7-6}$$

因此求解相似变换矩阵，就是求解 a,b,t_x,t_y，使式(7-7)最小。

$$\text{Loss} = \sum_{i=1}^{N} [(x-x')^2 + (y-y')^2]^2 \tag{7-7}$$

式(7-7)是一个最小二乘下的最优化问题，可以使用数学计算库进行求解。

人脸特征提取是利用训练好的卷积神经网络，对归一化后的人脸图像进行特征提取，作为一幅人脸图像的特征向量表示。通过大量样本的训练，卷积神经网络能学习到刻画人脸更本质的高层语义特征，更有利于分类。

如图 7-14 所示，有 3 幅人脸图像，其中第一幅和第二幅都属于 Bush，记为

Bush1 和 Bush2，第三幅人脸图像属于 Aaron。Bush 的两幅图像在光照、人脸姿态和表情上具有较大的差异，而 Aaron 的人脸图像与 Bush1 在人脸角度、光照和表情上具有一定的相似性。下面是对三幅人脸图像提取的高维特征向量，黑、红和蓝分别对应 Bush1、Bush2 和 Aaron。从特征向量上看，Bush1 和 Bush2 无论是在所在的维度，还是响应强度方面，都非常相似，相关性很强；且都与 Aaron 的特征相关性差别很大。

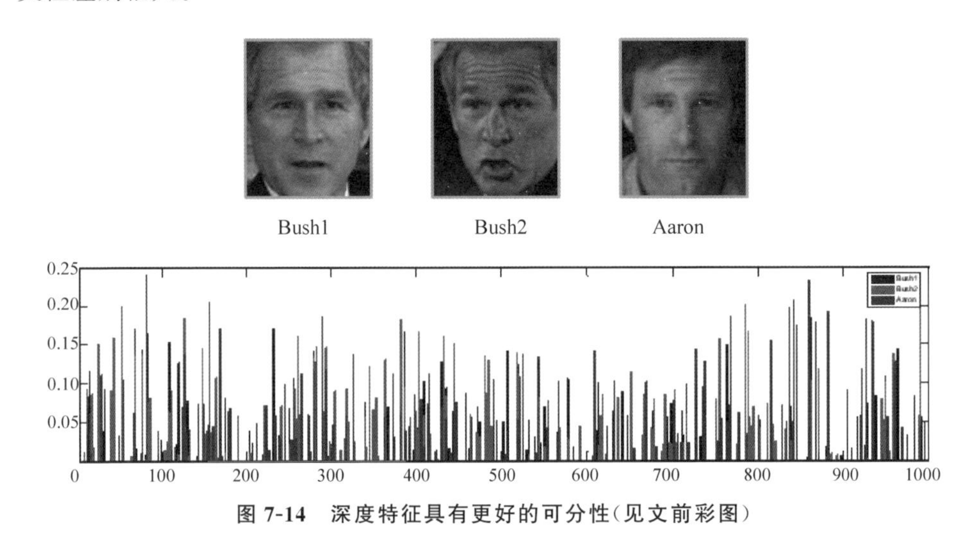

图 7-14　深度特征具有更好的可分性(见文前彩图)

由此可以看出，卷积神经网络提取的人脸特征能够减少人脸姿态变化、光照和表情对人脸识别的影响，表现出强大的特征提取能力。

综上所述，人脸识别系统包括人脸检测模块、人脸关键点定位模块、人脸归一化模块、人脸特征提取模块、人脸跟踪模块和人脸分类模块。需要解决的问题主要包括降低全卷积神经网络算法的复杂度，提升人脸检测的速度；针对人脸关键点定位模块的实现，提高关键点定位的精确度；并需要增加卷积神经网络提取的人脸特征对光照、人脸姿态和表情的鲁棒性；在跟踪模块中，通过人脸关键点定位获取精确的人脸框并通过人脸识别进行重找回。

7.4　基于级联卷积神经网络的人脸识别

以上介绍了人脸识别的框架和原理。在人脸识别的应用中，不仅要提高识别的准确率，还要保证识别的时间效率。但是，深度网络的复杂度较高，算法的计算复杂度和时间消耗较大，如果不进行良好的网络结构设计，则无法满足实时性需求。而多数情况下，两幅人脸图像用简单的网络就可以区分。因此可以通过级联的方式融合计算复杂度不同的多个深度网络，在保证准确率的前提下，提升人脸比对的速度，满足实时性需求。

7.4.1 网络架构

级联结构是目标检测领域中的一个经典结构。它通过制定一定的准则，在级联的不同位置上实现由粗到精的检测方式。这种方式可以在检测初期滤除大量并不复杂的候选区域，因此可以提高目标检测的效率。

如图 7-15 所示，第一级采用轻量级网络 MFM-FaceNet，输入大小为 128×128

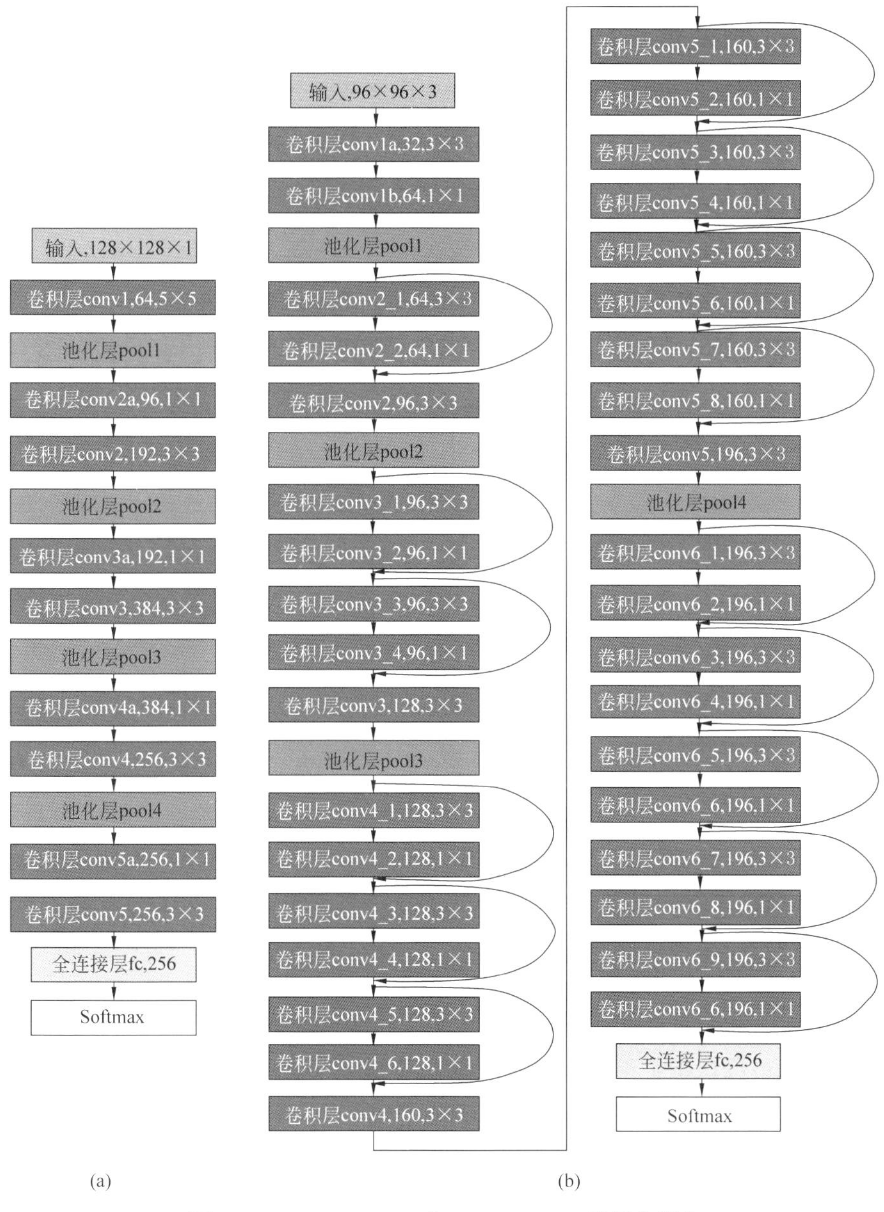

图 7-15 MFM-FaceNet 和 RES-FaceNet 的网络架构

(a) MFM-FaceNet；(b) RES-FaceNet

的灰度图像，网络由9个卷积层和1个256维的全连接层组成。该网络具有非常快的人脸特征提取速度，在i7 4790上单核速度大约为5ms，在LFW上的测试准确率为97.28%。第二级采用残差网络RES-FaceNet，该网络由36个卷积层和1个256维的全连接层构成，最大特点是在某些卷积层之间进行跨层连接，降低了网络的计算复杂度，并且该残差结构有助于提升特征的鉴别力。RES-FaceNet在LFW数据集上的识别准确率最高为99.32%。

7.4.2 阈值选择

在级联卷积神经网络系统框架中，判定结果置信度低的样本对将被送入下一级分类器，继续进行处理。这里的置信度由输入样本之间的"距离"相对于分界面的远近决定。

如图7-16所示，选定一个置信度阈值 $thr1$：

$$\begin{cases} \mathrm{ML}(fea1, fea2) > thr1, & \text{判定为不同人} \\ \mathrm{ML}(fea1, fea2) < -thr1, & \text{判定为同一人} \\ \text{其他}, & \text{需要进一步判定} \end{cases} \tag{7-8}$$

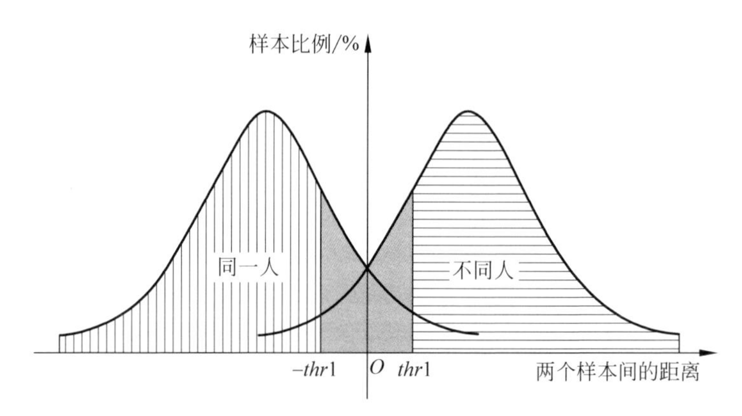

图7-16 阈值 *thr*1 对判断结果的影响

可以看出，不同阈值的选择会影响整个系统的准确率和平均耗时。当阈值较小时，前级分类器将处理更多的样本对，使系统的平均耗时减少，但系统的准确率降低；当阈值较大时，会使更多的样本流入下级分类器，提升系统的准确率，但是系统耗时会大幅增加。合适的阈值 $thr1$ 和 $thr2$ 需要通过实验确定。

由图7-17可以看出，当 $thr1$ 选择0.15时，大约75%的样本由第一级分类器处理，并且对最终识别结果没有影响；当 $thr2$ 选择0.1时，可以处理93%的比对样本，并且对最终的识别准确率没有影响。确定 $thr1$ 和 $thr2$ 后，可以确定系统的整体时间消耗为20.3ms。

表7-2显示了级联结构人脸识别方法在LFW数据集上的识别准确率比较结果。基于级联卷积神经网络的人脸识别方法，通过将不同复杂度的多个网络级联

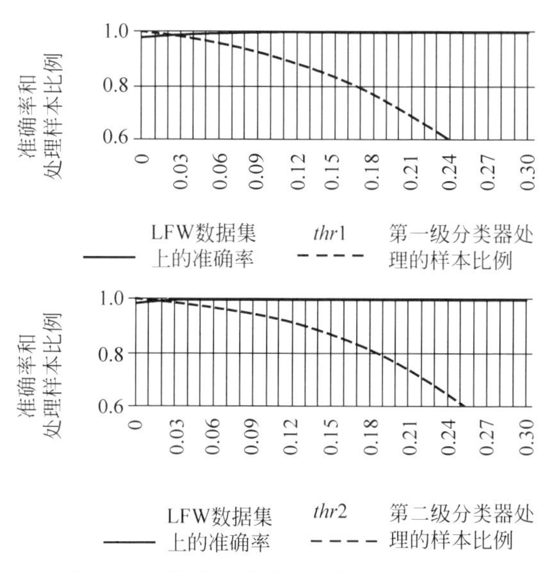

图 7-17　通过实验确定阈值 *thr*1 和 *thr*2

起来，并融合从简单到复杂的多个网络架构，实现由粗到精的人脸识别，在保证识别准确率的同时，降低了系统的平均时间消耗，提升了系统的实时性，因此具有广阔的应用前景。

表 7-2　级联结构人脸识别方法在 LFW 数据集上的识别准确率比较结果

方　　法	patch 数量	识别准确率(%)	时间消耗(ms)
DeepFace[16]	7	97.35	—
DeepID2+[29]	25	98.97	—
FaceNet[19]	1	99.63	49
Face++[21]	—	99.50	—
WebFace[30]	1	97.73	29
VGGFace[31]	1	97.27	414
级联结构	9	99.73	20.3

数十年来人脸识别一直受到广泛的关注和研究。随着深度学习的发展，一般人脸识别(GFR)的表现已经取得了很大突破，甚至超过了人类的能力表现。然而，目前还有部分难度较大的课题尚未很好解决，包括低光照低质量[32-33]、大面积遮挡[34]、跨年龄[35]的人脸识别，以及高仿人脸鉴伪[36]等瓶颈问题。其中，跨年龄人脸识别(AIFR)[35]在众多应用场景中都具有较高的价值，例如数十年后找回走失儿童、鉴别追捕的逃犯、匹配不同年龄的人脸图像等。

参考文献

[1] 裴佳佳.基于子空间的人脸识别技术研究[D].杭州：浙江工业大学，2009.

[2] TURK M,PENTLAND A. Face recognition using eigenfaces[C]//IEEE Computer Society Conference on Computer Vision and Pattern Recognition. Maui,Hawaii,USA：IEEE,1991：586-591.

[3] LADES M，WORBRUGGEN J C，BUHMANN J，et al. Distortion invariant object recognition in the dynamic link architecture[J]. IEEE Transactions on Computers,1993,42(3)：300-311.

[4] LIN S H,KUNG S Y,LIN L J. Face recognition/detection by probabilistic decision-based neural network[J]. IEEE Transactions on Neural Networks,1997,8(1)：114-132.

[5] 李武军，王崇骏，张炜，等.人脸识别研究综述[J].模式识别与人工智能，2006，19(1)：58-66.

[6] WISKOTT L,FELLOUS J M,KUIGER N,et al. Face recognition by elastic bunch graph matching[J]. IEEE Transactions on Pattern Analysis and Machine Intelligence，1997，19(7)：775-779.

[7] MOGHADDAM B,NASTAR C,PENTLAND A. Bayesian face recognition using deformable intensity surfaces[C]//IEEE Computer Society Conference on Computer Vision and Pattern Recognition. San Francisco,CA,USA：IEEE,1996：638-645.

[8] 孙志军，薛磊，许阳明，等.深度学习研究综述[J].计算机应用研究，2012，29(8)：2806-2810.

[9] HINTON G E,SALAKHTDINOV R R. Reducing the dimensionality of data with neural networks[J]. Science,2006,313(5786)：504-507.

[10] 陈先昌.基于卷积神经网络的深度学习算法与应用研究[D].杭州：浙江工商大学，2014.

[11] MIKOLOV T，KARAFIAT M，BURGET L，et al. Recurrent neural network based language model[C]//Conference of the International Speech Communication Association. Makuhari,Chiba,Japan,2010.

[12] KRIZHEVSKY A，SUTSKEVER I，Hinton G E. ImageNet classification with deep convolutional neural networks[J]. Communications of the ACM,2017,60(6)：84-90.

[13] SUN Y,CHEN Y，WANG X,et al. Deep learning face representation by joint identification-verification [C]//International Conference on Neural Information Processing Systems. Cambridge,MA,USA：MIT Press,2014：1988-1996.

[14] HUANG G B,MATTEAR M,BERG T,et al. Labeled faces in the wild：a database for studying face recognition in unconstrained environments[C]//Workshop on Faces in Real-Life Images,European Conference on Computer Vision. Marseille,France：Springer,2008.

[15] HUANG G B,LEE H,LEARNED-MILLER E. Learning hierarchical representations for face verification with convolutional deep belief networks[C]//IEEE Computer Society Conference on Computer Vision and Pattern Recognition. Providence，RI，USA：IEEE，2012：2518-2525.

[16] TAIGMAN Y,YANG M,RANZATA M A,et al. Deepface：closing the gap to human-level performance in face verification [C]//IEEE Computer Society Conference on

Computer Vision and Pattern Recognition. Columbus,OH,USA: IEEE,2014: 1701-1708.

[17] SUN Y,WANG X,TANG X. Deep learning face representation from predicting 10,000 classes[C]//IEEE Computer Society Conference on Computer Vision and Pattern Recognition. Columbus,OH,USA: IEEE,2014: 1891-1898.

[18] SUN Y,LIANG D,WANG X,et al. DeepID3: face recognition with very deep neural networks[DB/OL]. (2015-02-03)[2024-03-23]. https://arxiv. org/abs/1502. 00873.

[19] SCHROFF F,KALENICHENKO D,PHILBIN J. FaceNet: a unified embedding for face recognition and clustering[C]//IEEE Computer Society Conference on Computer Vision and Pattern Recognition. Boston,MA,USA: IEEE,2015: 815-823.

[20] LIU J,DENG Y,HUANG C. Targeting ultimate accuracy: face recognition via deep embedding[DB/OL]. (2015-07-23)[2024-03-25]. https://arxiv. org/abs/1506. 07310v4.

[21] ZHOU E,CAO Z,YIN Q. Naive-deep face recognition: touching the limit of LFW benchmark or not? [DB/OL]. (2015-01-20)[2024-03-23]. https://arxiv. org/abs/1501. 04690.

[22] CHEN D,WANG S J. Metric learning based multi-patch ensemble for high precision face verification[C]//International Conference on Computer Engineering and Information Systems. Shanghai,China: Atlantis Press,2016: 164-168.

[23] SZEGEDY C,LIU W,JIA Y,et al. Going deeper with convolutions[C]//IEEE Computer Society Conference on Computer Vision and Pattern Recognition. Boston,MA,USA: IEEE,2015: 1-9.

[24] SIMONYAN K,ZISSERMAN A. Very deep convolutional networks for large-scale image recognition[DB/OL]. (2015-04-10)[2024-03-23]. https://arxiv. org/abs/1409. 1556.

[25] LI H,LIN Z,SHEN X,et al. A convolutional neural network cascade for face detection [C]//IEEE Computer Society Conference on Computer Vision and Pattern Recognition. Boston,MA,USA: IEEE,2015: 5325-5334.

[26] VIOLA P,JONES M J. Robust real-time face detection[J]. International Journal of Computer Vision,2004,57(2): 137-154.

[27] HE K,ZHANG X,REN S,et al. Delving deep into rectifiers: surpassing human-level performance on imagenet classification[C]//IEEE Computer Society Conference on Computer Vision and Pattern Recognition. Boston,MA,USA: IEEE,2015: 1026-1034.

[28] HENRIQUES J F,RUI C,MARTINS P,et al. High-speed tracking with kernelized correlation filters[J]. IEEE Transactions on Pattern Analysis and Machine Intelligence,2014,37(3): 583-596.

[29] SUN Y,WANG X,TANG X. Deeply learned face representations are sparse,selective,and robust[DB/OL]. (2014-12-03)[2024-03-25]. https://arxiv. org/abs/1412. 1265v1.

[30] YI D,LEI Z,LIAO S,et al. Learning face representation from scratch[DB/OL]. (2014-11-28)[2024-03-25]. https://arxiv. org/abs/1411. 7923.

[31] PARKHI O M,VEDALDI A,ZISSERMAN A. Deep face recognition[C]//British Machine Vision Conference. Swansea,UK: British Machine Vision Association,2015: 1-12.

[32] WANG W,YANG W,LIU J. HLA-Face: joint high-low adaptation for low light face detection[C]//IEEE Computer Society Conference on Computer Vision and Pattern

Recognition. Nashville, TN, USA: IEEE, 2021: 16190-16199.

[33] KIM M, JAIN A K, LIU X. AdaFace: quality adaptive margin for face recognition[C]//IEEE Computer Society Conference on Computer Vision and Pattern Recognition. New Orleans, LA, USA: IEEE, 2022: 18729-18738.

[34] GE S, LI J, YE Q, et al. Detecting masked faces in the wild with LLE-CNNs[C]//IEEE Computer Society Conference on Computer Vision and Pattern Recognition. Honolulu, HI, USA: IEEE, 2017: 426-434.

[35] WANG Y, GONG D, ZHOU Z, et al. Orthogonal deep features decomposition for age-invariant face recognition[C]//European Conference on Computer Vision. Munich, Germany: Springer, 2018: 738-753.

[36] RAO S, HUANG Y, CUI K, et al. Anti-spoofing face recognition using a metasurface-based snapshot hyperspectral image sensor[J]. Optica. 2022, 9(11): 1253-1259.

第8章

行人再识别

8.1 行人再识别概述

行人再识别(person re-identification, Person ReID)是指利用计算机视觉技术,对一个摄像头视频图像中出现的某个确定行人,辨识其在其他时间、不同位置的摄像头中是否再次出现的过程。

行人再识别研究具有重要的实际应用需求,也具有显著的理论研究价值。在实际应用方面,行人再识别最大的应用需求来自公共安全和智能视频安防领域,该项技术将使由背影追溯人脸进而确定身份成为可能,极大地解决了智能视频安防中的应用痛点问题。过去人脸识别为公共安防领域确定人物身份提供了有力的技术手段,然而传统的人脸识别存在无法克服的障碍:要求被采集对象以要求的角度、距离配合相机成像,即采取所谓的配合方式或正好面对了摄像头。随着技术的发展,半配合条件下的人脸识别也逐渐具备了技术可行性。尽管如此,在实际智能视频安防业务中,仍然存在大量的非配合场景:被测试对象不配合相机成像,他们无需察觉自己处于被识别状态,这时面部可能未能朝向摄像头甚至背对摄像头,因而无法识别人脸。此外,在商业实体零售领域,行人再识别技术也具有良好的应用前景。商业实体零售大数据中,需要分析客户的浏览路径、对某些商品的关注程度,以获取客户对不同商品之间的兴趣关联。行人再识别能够通过成像及识别分析,在较大地理空间范围和较长时间跨度上将客户对不同商品的关注行为联系起来,具有很高的商业应用价值。

尽管有强烈的应用需求驱动,但行人再识别技术的发展并不顺利。据了解,最早明确提出行人再识别概念的研究可以追溯到 Zajdel W 等 2006 年的研究 *Keeping tracking of humans: Have I see this person before?*[1]。2006—2015 年,尽管较为相近的人脸图像识别技术已应用于各场景,行人再识别却一直因技术不成熟而在产业界鲜有问津。直到 2015 年之后,才开始有企业试图涉足行人再识别技术的应用。而这其中的缘由正是行人再识别面临着非常大的技术挑战,存在诸多关键技术问题亟待解决。

8.1.1 行人再识别难点

行人再识别的主要难点是行人成像存在显著的姿态、视角、光照、成像质量等变化,还经常面临大范围遮挡等意外困难。这些问题通常是难以在成像环节进行控制或避免的,其中最主要的原因是行人再识别应用系统主要工作在非合作场景。行人再识别与人脸识别问题相比,在空间错位、视角变化、复杂光照等方面有如下不同点。

(1) 空间错位。人脸作为识别目标,五官位置大致对齐,且得益于人脸关键点检测的进展,表情变化等因素造成的局部细节不对齐情况能够被进一步抑制。相比之下,非配合场景下的行人可被看作一个多关节的非刚体目标。行人步行过程中,由于关节运动导致的姿态变化非常大,不同姿态的行人图像之间存在不可避免的严重空间错位。

(2) 成像视角变化。人脸识别也存在一定的视角变化问题,但由于其采用配合或半配合成像方式,成像视角在一定程度内仍然是可控的。相比之下,由于摄像头安装位置与行人位置的严重不确定性,行人再识别的成像视角变化极大。俯仰方向上,不同场景下监视相机的安装高度相差较大,造成了差异化的俯仰成像角度,即使是同一相机,行人位置远近不同,也会对应较大的俯仰视角差异;水平方向上,视角变化更为剧烈,行人相对相机具有360°的视角自由度,极端情况下,甚至需要在行人的正面和背影之间进行识别,这显然是极其困难的。

(3) 其他。与人脸识别相比,行人再识别同样面临着光照条件变化、成像质量不稳定、局部遮挡等挑战。特别值得强调的是,在深度学习主导的研究现状下,人脸识别受益于海量的训练样本,这些海量训练样本能够对人脸识别深度模型进行很好的数据驱动;而行人再识别由于在多摄像头下采集同一个行人的数据并不容易,因此还面临着数据不足即训练样本较少的挑战。

考虑到行人再识别任务的应用价值和理论挑战,在充分了解和分析的基础上可以发现,目前面向行人再识别任务普遍采用的深度学习方法中,最重要的是要解决行人特征的学习问题,即行人深度特征学习。

8.1.2 行人再识别研究目标

在对行人再识别任务的应用价值和难点问题进行了解和分析的基础上,进一步说明行人再识别任务的研究目标,以及如何采用深度学习方法解决行人特征学习问题,即行人深度特征学习问题。

1. 特征学习是行人再识别最关键的环节之一

行人再识别的完整流程如图8-1所示,给定原始图像或视频,先进行行人检测,再将所有的检测结果以矩形框的形式汇聚在一起,形成图像库。再识别时,给定查询图像，在图像库中检索与其身份相同的行人。

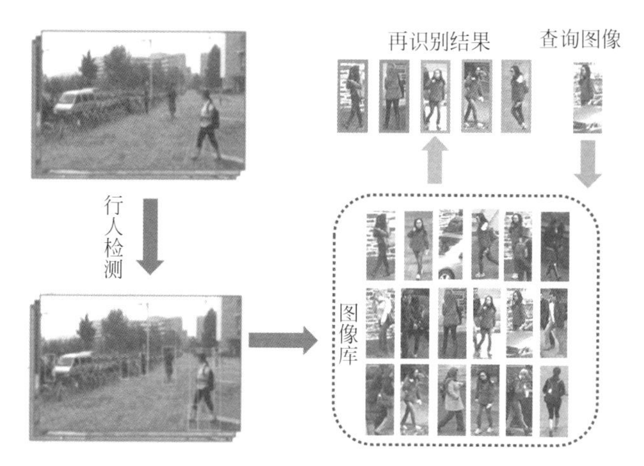

图 8-1 行人再识别的完整流程图

通常将行人检测作为一项独立任务进行研究，而行人再识别通常更多地强调给定查询图像、提取特征、返回正确查询结果的过程。因此，特征是否具有足够强的表达、鉴别能力，是决定查询结果好坏最关键的因素。正如罗斯·吉尔希克(Ross Girshick)在他的一项代表性研究 *Rich feature hierarchies for accurate object detection and semantic segmentation*(CVPR 2015 Oral)一文[2]中所说："特征非常重要，过去十多年在各种视觉识别任务上的进展，都与 SIFT(尺度不变特征转换)和 HOG(方向梯度直方图)特征的使用有着相当强的关联。"所以，在行人再识别研究领域，特征学习同样十分重要。

2. 深度学习提供了有效的研究途径

通常认为，深度学习的起源最早可追溯到 1943 年心理学家麦卡洛克(W. S. McCulloch)和数理逻辑学家皮兹(W. Pitts)在《数学生物物理学公告》上发表的一篇论文《神经活动中内在思想的逻辑演算》(*a logical calculus of the ideas immanent in nervous activity*)中提出的神经元数学模型及随后的多层感知机理论。在随后长达半世纪的发展中，深度学习虽然取得了一些进展，但受限于当时有限的数据、有限的计算能力等资源瓶颈，并未像今天这样在各视觉、非视觉(如自然语言处理)任务中大规模应用。2012 年，著名的计算理论科学家杰弗里·辛顿(Geoffrey Hinton)带领团队采用深度卷积神经网络[3]，在 ImageNet(一个用于视觉对象识别软件研究的大型可视化数据库)大规模图像分类竞赛中以超过第二名 10%的绝对优势获得了第一名。自此以后，在越来越多的计算机任务中，深度学习方法开始超越传统手工设计方法，并逐渐主导多个细分领域。例如，在图像分类[3-7]、物体检测[2,8-11]、图像分割[12-14]等重要的计算机视觉任务方面，深度学习方法目前已经在国际上占据领先地位。

在行人再识别任务方面，目前深度学习方法相对手工设计方法也取得了显著优势[15]。根据 Liang Zheng 等截至 2016 年的统计[15]，在当时（或略早的）常用的数据集——VIPeR[16]、CUHK01[17]、iLIDS[18]、PRID 450S[19]、CUHK03[20]和 Market-1501[21]上，深度学习方法的性能水平已全面超越了手工设计方法。尽管如此，郑良（Liang Zheng）等发现，深度学习方法取得的性能仍存在很大的提高空间。例如在 Market-1501[39]上，2016 年 ECCV（European Conference on Computer Vision，欧洲计算机视觉大会）论文中行人再识别相关研究的最高水平由瓦里奥尔（R. Varior）等[22]取得，其一选准确率也仅为 65.9%左右。

8.1.3 行人再识别研究方法

行人再识别的完整流程是：给定原始图像或视频，先进行行人检测，并将所有的检测结果以矩形框的形式汇聚在一起，形成图像库。再识别时，给定查询图像，在图像库中检索与其相同身份的行人。具体过程是：先分别提取查询图像和库图像的特征，再逐一比较查询图像特征与库图像特征的相似性（如以欧氏距离为相似性度量），最后按照相似性由大至小排序返回查询结果。返回结果形式与图像检索相似，故行人再识别通常也称行人检索。在上述流程中，通常将行人检测作为一项独立任务进行研究。而行人再识别通常更多地强调给定查询图像、提取特征、返回正确查询结果的过程。实际上可以认为，绝大部分视觉任务都与特征表达能力有极强的关联。在行人再识别这一计算机视觉新兴的细分领域，特征学习也自然而然地成为一个至关重要的环节。

行人再识别领域一些较为重要的研究取得了良好的进展，包括手工设计与深度学习两类。尽管当前深度学习方法主导了行人再识别研究，并在绝大部分数据集上保持了国际领先水平，但是手工设计方法在研究思路，尤其是如何学习行人部件特征这一具体问题上，仍给予了我们很多的研究启发。

1. 手工设计方法

手工设计方法自然而然地借鉴了计算机视觉领域，尤其是相近的人脸识别、行人检测等任务中的方法。主要思路是从颜色、纹理、轮廓等信息中学习具有鉴别力的表观特征。其中一种主流做法是采用颜色直方图对人体进行建模，如 RGB（红绿蓝）颜色直方图[16,23]、HSV（色相饱和度亮度）颜色直方图[24]和 LAB（颜色-对立空间）颜色直方图[16,23,24]等。在其基础上，Kai 等[25]采用 SIFT（尺度不变特征转换）特征捕捉局部纹理信息，以提高特征鉴别能力。Bak 等[26]则选用 Haar 特征捕捉行人图像边缘等信息。Truong Cong 等[27-29]提出对行人图像进行水平分割，并在每个横条纹区域内提取图像颜色位置直方图，这种做法对我们研究中的广义部件特征学习具有启发意义。此外，他们还采用了一种基于谱分析的特征降维方法[30]。Kheir-Eddine 等[31]的研究在探索语义部件特征学习方面做了较早的探索尝试，他们将行人图像按照“头部”“躯干”“四肢”等语义部件进行分割，并分别学习部件特征。在深度学习主导行人再识别方法后,这种思路仍然很快流行起来。Farenzena 等[32]提出利用人体对称线索提取特征,利用对称准则确定人体对称轴线,并根据各区域到轴线的距离加权局部特征,具体使用的特征包括颜色直方图、最大稳定颜色区域(MSCR)和高频复杂结构块(RHSP)。

总的来说,这些方法在小规模、少遮挡的简单数据集上曾取得较好的性能。然而,对这些方法开展评估时采用的数据集与实际应用场景有着显著差异,例如,行人数量较少、视角变化较小、忽略行人检测过程中可能存在的检测误差并采用手工标注行人矩形框方式。因此,当这些方法面对实际情况时,可能表现出明显的能力不足。例如,2015 年 CVPR 中刷新国际领先水平的手工设计方法 LOMO(局部最大出现)[33]在 PRID 数据集上的一选准确率为 46.4%、二十选准确率为 95%。然而,在 2015 年发布的大规模数据集 Market-1501 上,使用 LOMO 取得的这两项指标则急剧下降至 30.7%和 60.9%。

值得指出的是,尽管手工设计方法存在诸多不足,但在提取行人图像部件特征思路上,手工设计方法进行了很多尝试,积累了不少有价值的经验。例如,Gray 等[16]提出了将行人图像划分为水平横条来提取颜色和纹理特征,这一做法利用了行人图像在高度方向上相对稳定的先验知识。另一些研究采用了更复杂的分割策略。Gheissari 等[34]将行人图像分割为若干个三角形,并在每个三角形中提取局部特征。Cheng 等[35]利用图结构化的方法对行人进行语义分割。

2. 深度学习方法

在行人再识别任务的深度学习方法中,深度度量学习是关键技术之一。深度度量学习模式采用非常直接的学习目标——判断两幅图像是否属于同一行人,这个学习目标与行人再识别的初衷是完全一致的。具体而言,度量学习将图像以样本对的形式输入深度网络,当样本对中的两幅图像来自同一行人时,被标识为正样本对;反之,如果两幅图像来自不同的行人,则被标识为负样本对。训练时,网络通过学习鉴别正负样本对,获得对行人的鉴别能力。值得指出的是,尽管度量学习有时被认为与特征学习属于不同的研究范畴,但实际上,度量学习也提供了一种有效的特征学习方式——通过深度度量学习,可以获得一个具有鉴别力的深度特征空间,在这个空间中,来自同一身份的所有行人样本(图像特征)彼此相似,而来自不同身份的行人样本彼此相远。因此,这种方式也被考虑到深度特征学习中。

深度度量学习这种方法运用相对较早。这是因为,早期行人再识别训练样本较少,而这种"组队"产生样本的训练方式,能够获取相对较多的直接训练样本。然而,这种方式也有明显的缺点[15],它将 ID (identity,身份)级别的行人身份标注信息退化为二值化的样本对标签,因此无法利用 ID 级标注这种更强的监督信息。在 Market-1501[21]等大规模数据集出现后,越来越多的研究发现采用深度分类学习通常能够获得更好的效果。采用孪生神经(siamese network)网络结构的方法主要有使用基于图的方法重识别人员[22]、使用精炼部件会聚识别人员[32]、使用可见性感知的部件特征识别人员[33]和使用对齐特征识别人员[34]。其中，门控孪生网络(gated siamese network)[22]联合长短注意力机制(long short-term memory，长短期记忆)来学习不同分割部件之间的关联，在2016年取得了多个数据集上的最高水平。例如，它在Market-1501上的一选准确率达到了65.9%。

此外，深度分类学习采用图像分类的方式训练深度模型，即训练深度模型鉴别训练集上每幅图像所属的行人ID。当一个模型能够在训练集上很好地识别行人身份时，这个模型往往嵌入了具有鉴别能力的特征空间。因此，这种模型通常被称为IDE模式(identity discrminative embedding，身份判别嵌入)。相比于深度度量学习，这种方式充分利用了标签中所含有的强监督信息。采用这种方法的工作有[39-42]。在大规模数据集上，这种方式通常取得比深度度量学习更好的鉴别能力。然而，两种方式本身是相互相容的，与在相近的人脸识别任务上所取得的经验一致，将两种方式联合起来能够互相强化，取得更好的特征学习效果。

8.2 行人再识别评价指标与数据集

目前，行人再识别广泛采用两种衡量指标，分别是CMC(累计匹配特征曲线)和mAP(平均准确率)。

CMC是图像检索中常用的一个衡量指标。行人再识别采用排序方式返回查询结果，也可以看作一个检索排序问题。因此，CMC被自然而然地运用于行人再识别性能评价。CMC关注的是，“给定查询图像，在排序结果的最相似的前 N 个结果中，存在正确匹配”这一事件的发生概率，简称前 N 选正确率(Rank-N 正确率)，或缩写为R-N 正确率(如R-1正确率、R-5正确率)等。对于同一种方法，CMC将返回一个随 N 单调递增的概率值。

一般来讲，mAP指标关注召回率与准确率二者的兼顾能力。考虑mAP是因为，给定一个查询图像，当图像库中存在一幅以上的正确匹配时，CMC指标不足以完全反映方法在召回率方面的性能。例如，假设某个查询图像能够在一选中就得到一个正确的匹配结果，但剩余的若干正确匹配结果却难以召回，这会导致CMC指标很高，却不能反映方法的综合性能。更详细来说，mAP指标综合考虑了准确率和召回率，是在准确率-召回率(PR)曲线基础上计算得到，它是PR曲线下的面积值。

为推进行人再识别问题的研究，研究者先后构建了若干行人再识别数据集。常用的数据集有VIPeR[16]、CUHK03[20]、Market-1501[21]、DukeMTMC-reID[35]等。

VIPeR数据集含有632个行人，1264幅图像。每个行人有两幅图像，分别采集自两个不同的摄像头。视频图像中行人框的标注完全依靠手工完成。该数据集的测试方法是随机对632对行人图像进行分组，一半用于训练，一半用于测试，重复10次，得到平均结果。

CUHK03 中的数据图像采集于香港中文大学。数据集由 6 个摄像头采集得到，数据集中共有 13164 幅图像，包含 1360 个行人，其数据量远大于此前公开的行人再识别数据集，是第一个足以进行深度学习的大规模行人再识别数据集。除数据规模外，该数据集还有以下特点。

（1）除人工标注行人框外，还提供了由行人检测器可变形部件模型（DPM）获得的行人框。这使得到的图像数据更接近真实场景。由于行人检测器不准确，导致得到的行人图像存在偏移、遮挡、身体部位缺失等问题。

（2）数据采集自多个摄像头。这意味着，同一行人出现在多个不同的摄像头下，采集的图像有更丰富的角度变换，使识别难度增大。

（3）图像采集时间持续数月。由于天气变化引起的光照等因素变化更加丰富。该数据集的测试方法有两种。一种为随机选出 100 个行人作为测试集、1160 个行人作为训练集、100 个行人作为验证集，重复 20 次。另一种类似 Market-1501 的测试方法，将数据集分为包含 767 个行人的训练集和 700 个行人的测试集，测试时随机选择一幅作为查询图像，剩下的作为图像库。

Market-1501 数据集是清华大学行人再识别团队在清华大学校园中采集的视频图像。采集图像时，同样架设了 6 个摄像头，其中包括 5 个高清摄像头和 1 个低清摄像头。该数据集的规模大于 CUHK03，共拍摄到 1501 个行人，得到 32668 个行人矩形框。每个行人至少被 2 个摄像头捕捉到，并且同一摄像头下可能采集多幅同一行人的图像。训练集中共有 751 人，包含 12936 幅图像，平均每人有 17.2 幅图片；测试集中有 750 个行人，包含 19732 幅图片，平均每人有 26.3 幅图像。数据集中包括查询图像 3368 幅，其检测矩形框是人工标注完成的，而查询库中的行人矩形框则是由行人检测器检测得到的，这里使用的行人检测器也是 DPM。

DukeMTMC-reid 是行人跟踪数据集 DukeMTMC 的一个子集。DukeMTMC 是行人跟踪数据集，其用 8 台摄像机获取高清视频数据，录制了 7000 多个行人轨迹，包含 2700 多个行人。DukeMTMC-reID 中包含 1404 个出现在多摄像头下的行人和 408 个只出现在一个摄像头下的行人，数据集共提供了 36411 个行人框。最终，数据集中 702 个行人的 16522 幅图像用于训练，另外 702 人的 2228 幅图像作为测试时的查询图像，17661 幅图像作为图像库。

MSMT17 是一个涵盖多场景、多时段更接近真实场景的大型行人再识别数据集。为了构建数据集，研究者使用了 15 个摄像头在校园内采集图片，包括 12 个室外摄像头和 3 个室内摄像头。监控视频选择一个月内不同天气的 4 天，每天采集 3 个小时，包含早上、中午、下午 3 个时段。该数据集采用更先进的行人检测器 Faster RCNN[9]，最终得到 4101 个行人的 126441 个行人框。与先前的数据集相比，该数据集有以下优势：包含更多的行人 ID、行人检测框和摄像头；更复杂的场景和背景内容，包含室内室外场景；多时段拍摄，光照变化剧烈；使用了更可靠的行人检测器。

纵观行人再识别数据集的发展可以看到，早期的数据集规模相对较小，随着深度学习方法的出现，对数据集规模的要求越来越高，于是出现了 CUHK03、Market-1501、DukeMTMC-reid 等规模更大、能够满足深度学习模型训练要求的数据集。另外，数据集的采集使用更多的摄像头，并且覆盖更丰富的场景，因此更接近实际应用场景。

8.3 基于深度网络特征空间正交优化的行人再识别

8.3.1 权向量间相关性及其影响

利用深度卷积神经网络进行行人再识别的研究已经取得了很多成果，识别性能在近几年得到了较大提升。从已有的行人再识别方法看，整体框架与人脸识别类似，均为提取行人图像输入网络进行训练，获得具有鉴别特征的网络模型。该框架大家已熟知，这里不再赘述。由于行人再识别中行人目标的非刚体性和应用场景的复杂性，研究者一直在深度特征学习领域开展研究。为此这里介绍一种新的鉴别特征研究方法——基于深度网络特征空间正交优化的行人再识别方法。

目前在物体的识别研究和应用中，通用的做法是采用基于深度网络的深度模型特征作为物体特征描述。通过在理论上深入研究发现，虽然广泛采用的深度特征的鉴别性能有了较大提升，但是深度特征仍然存在冗余。而根据模式识别理论可知，存在的冗余会影响特征的鉴别力。针对这个问题，通过在理论上开展深入研究，提出了一种基于深度网络的特征空间正交优化理论及深度特征学习方法 SVDNet[36]。通过对特征空间对应的权矩阵施加正交约束，可在深度特征学习中进一步降低特征冗余，提高特征鉴别力。在其他模式识别问题上也取得了良好的效果，具有一般性科学意义。实验结果表明，所提出的方法有效降低了投影向量之间的相关性，生成了更具鉴别性的全连接层描述子，显著提高了行人再识别的准确性。该研究成果发表于计算机视觉领域顶级会议 ICCV2017，并被选为焦点论文发表。

图 8-2 说明了特征空间正交优化的深度特征学习方法 SVDNet 解决的问题点。深度卷积神经网络模型经过学习获得了权向量。这些权向量位于卷积神经网络的最后全连接层，如 CaffeNet（convolutional architecture for fast feature embedding net）的 FC8 层（第 8 个全连接层）或者 ResNet-50（包含 50 个卷积层和全连接层的残差网络）的 FC 层（全连接层）。我们使用了 DukeMTMC-reID 数据集中的 3 个训练样本 ID 进行示例表示，分别为红色、粉色和蓝色着装的女性行人。图中，绿色和黑色带箭头虚线所示的向量分别为两个不同 ID 的测试图像在最终全连接层之前的特征向量。在一个基准卷积神经网络模型中，红色与粉色的权向量高度相关，通过示例可以看出，由于权向量高度相关，其特征表达中引入了有害的冗余。

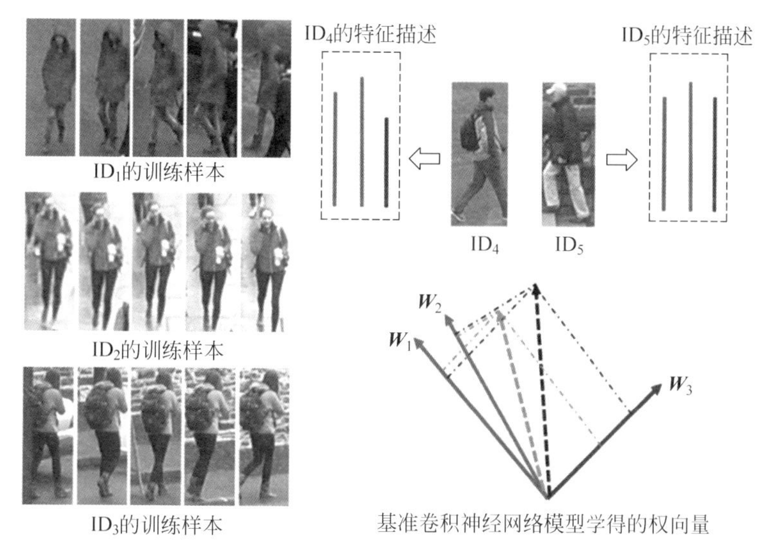

图 8-2 权向量间相关性及其负面影响的示例说明图(见文前彩图)

8.3.2 SVDNet 网络模型

图 8-3 所示为我团队设计的 SVDNet 网络模型示意图。在最终 FC 层之前，SVDNet 使用一个权向量互相正交的本征层作为特征表达层。在测试阶段，本征层的输入或输出都可用于特征表达。给定两幅待比较的图像 x_i 和 x_j，用 $\boldsymbol{h}_i$ 和 $\boldsymbol{h}_j$ 表示它们在本征层之前的特征，用 $\boldsymbol{f}_i$ 和 $\boldsymbol{f}_j$ 表示经本征层投影后的特征。通过欧式距离比较这两幅图像的特征：

$$\begin{aligned} D_{ij} &= \| \boldsymbol{f}_i - \boldsymbol{f}_j \|_2 = \sqrt{(\boldsymbol{f}_i - \boldsymbol{f}_j)^{\mathrm{T}}(\boldsymbol{f}_i - \boldsymbol{f}_j)} \\ &= \sqrt{(\boldsymbol{h}_i - \boldsymbol{h}_j)^{\mathrm{T}}\boldsymbol{W}\boldsymbol{W}^{\mathrm{T}}(\boldsymbol{h}_i - \boldsymbol{h}_j)} \\ &= \sqrt{(\boldsymbol{h}_i - \boldsymbol{h}_j)^{\mathrm{T}}\boldsymbol{U}\boldsymbol{S}\boldsymbol{V}^{\mathrm{T}}\boldsymbol{V}\boldsymbol{S}^{\mathrm{T}}\boldsymbol{U}^{\mathrm{T}}(\boldsymbol{h}_i - \boldsymbol{h}_j)} \end{aligned} \tag{8-1}$$

其中，$\boldsymbol{U}$、$\boldsymbol{S}$ 和 $\boldsymbol{V}$ 的定义由式 $\boldsymbol{W}=\boldsymbol{U}\boldsymbol{S}\boldsymbol{V}^{\mathrm{T}}$ 给出。由于 $\boldsymbol{V}$ 是一个单位正交阵，式(8-1)进一步等效为

$$D_{ij} = \sqrt{(\boldsymbol{h}_i - \boldsymbol{h}_j)^{\mathrm{T}}\boldsymbol{U}\boldsymbol{S}\boldsymbol{S}^{\mathrm{T}}\boldsymbol{U}^{\mathrm{T}}(\boldsymbol{h}_i - \boldsymbol{h}_j)} \tag{8-2}$$

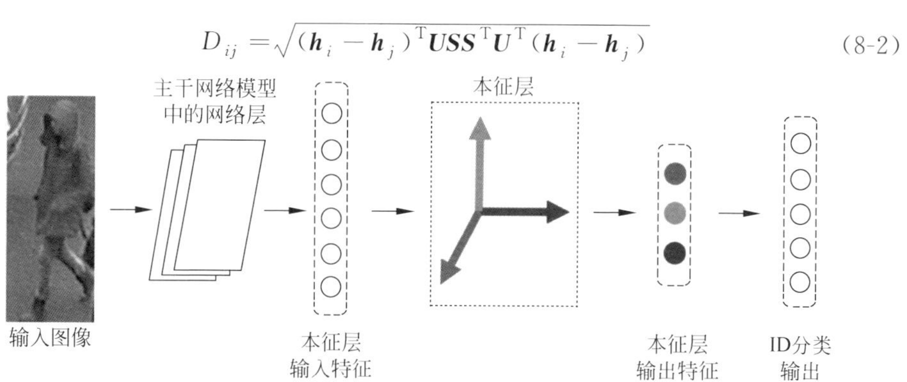

图 8-3 SVDNet 网络模型示意图

式(8-2)说明,使用 $\boldsymbol{W}=\boldsymbol{USV}^{\mathrm{T}}$ 时,任意两幅图像特征之间的距离 D_{ij} 保持不变。因此,在张弛迭代的步骤中,模型的鉴别力是100%保留的。

深度学习中的网络模型庞大、参数冗余,在行人再识别任务中,由于训练集规模相对较小,容易出现过拟合风险。聚焦特征表达层,发现这种参数冗余不仅不必要,还会严重降低特征鉴别力。因此,我们提出特征表达层的权矩阵正交优化方法,将特征表达层权矩阵解读为特征空间一组模板,通过奇异值分解(SVD)将模板正交化,降低特征之间的相关性;同时设计了一种特殊的训练方法——张弛迭代法,通过循环迭代"SVD分解""保持正交微调"和"放弃正交微调"不断提高特征鉴别能力,取得了显著的性能提升。表8-1表示了SVDNet方法与最高性能(state-of-the-art)(截至2017年5月)结果的对比。图8-4为模板可视化结果图。将 $\boldsymbol{W}$ 视为输入特征空间的模板,可以看到,在第一、二行的基准模型中,隐含了一些不相关的模板,但也隐含了大量相似的模板;而第三行的SVDNet结果显示,减少了冗余、丰富了模板,优化了特征表达。同时,我们还证明该方法在图像分类任务中也具有一定的提升效果。

表8-1 SVDNet方法与最高性能(截至2017年5月)结果的对比

方法	数据集			
	DukeMTMC-reID		CUHK03-NP	
	rank-1	mAP	rank-1	mAP
BoW+kissme	25.1	12.2	6.4	6.4
LOMO+XQDA	30.8	17.0	12.8	11.5
Baseline(R)	65.2	45.0	30.5	29.0
GAN(R)	67.7	47.1	—	—
PAN(R)	71.6	51.5	36.3	34.0
SVDNet(C)	67.6	45.8	27.7	24.9
SVDNet(R)	**76.7**	**56.8**	**41.5**	**37.3**

同时,我们将传统半监督学习中常用的相似性平滑准则首次引入全监督场景下的深度特征学习。当采用度量损失函数学习深度特征时,模型通常专注于样本对本身的相似性,忽略样本对之间相似度的平滑性质。我们以正则损失函数的形式,将相似性平滑约束嵌入深度特征学习,并实验证明了相似性平滑准则能够改善全监督场景下的深度特征空间。该方法在包括行人再识别在内的多个细粒度图像检索任务中都取得了稳定提升。

本研究提出的基于SVDNet的行人再识别方法,缓解了由全连接层描述子间的相关性导致基于欧氏距离的检索性能降低的问题。实验结果表明,该方法有效降低了投影向量之间的相关性,生成了更具鉴别性的全连接层描述子,显著提高了行人再识别的准确性。基于CaffeNet模型在Market-1501数据集上的一选准确率

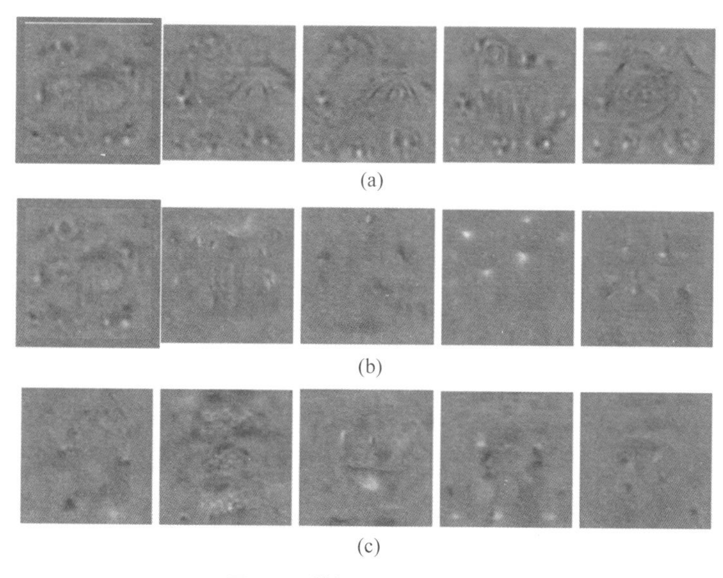

图 8-4 模板可视化结果图

(a) 实例 A 和 4 个高度相关的实例；(b) 实例 A 和 4 个不相关的实例；(c) 我团队的方法生成的实例

从 55.3%提高到 80.5%，ResNet-50 的准确率从 73.8%提高到 82.3%。相关论文 *SVDNet for pedestrian retrieval* 发表在国际计算机视觉领域顶级会议 ICCV2017 上。

8.4 基于特征配准的行人再识别

在行人再识别研究中，我们发现非刚体行人的特征配准对识别性产生较大影响，因此行人再识别中的特征配准和对齐是一个亟须解决的问题。为解决该关键问题，我团队提出了一种基于广义部件的行人部件特征学习方法，包括 PCB(部件特征学习结构)和 RPP(部件提纯)方法，有效解决了行人再识别中准确定位、对齐各部件的问题，减小了部件检测误差，提高了部件特征鉴别力。PCB 方法被多个学术研究机构和公司采用为基准。

我团队提出的使用部件级特征作为细粒度信息用于行人图像描述的方法，是一种自约束的方法，该方法不使用姿态估计这样的外部资源，而是考虑每个部件内部内容的一致性，实现精确的部件定位。实验证明，该方法可以使基线性能获得新一轮的提升。在 Marcket-1501 数据集上，我们实现了一选(77.4+4.2)%和(92.3+1.5)% mAP 的精度，大幅超越了当时的先进性能水平[37]。

8.4.1 行人语义部件特征学习

为挖掘行人身体结构信息、提高特征鉴别力，一种较为直观的做法是针对各语义部件提取特征。然而这种做法对语义部件误差非常敏感，为此我团队提出了一种利用非局部相似性(SNS)学习提高语义部件特征学习的方法,图 8-5 为我团队设计的基于语义部件的行人部件特征学习模型示意图。具体创新点如下。

(1) 舍弃了直接利用噪声较大的姿态估计或行人分解结果作为语义部件的方式,提出了利用语义部件的中心点作为相对可靠的线索,搜寻更鲁棒的语义部件。

(2) 以每个语义部件的中心点为锚点,通过非局部相似性吸收其周围特征并最终形成部件特征。

(3) 在非局部相似性学习过程中,施加不同部件锚点互斥约束,使学到的部件特征在全局感受和局部感受中取得较好的平衡,进一步提高了特征鉴别力。在 4 种常见语义部件检测方法的基础上,均提高了行人再识别的准确度,取得了有竞争力的识别性能。表 8-2 是利用 4 种不同精度方法检测语义部件的结果对照表,SNS(非局部相似性)均能稳定提高重识别的准确率,且对检测噪声更为鲁棒。

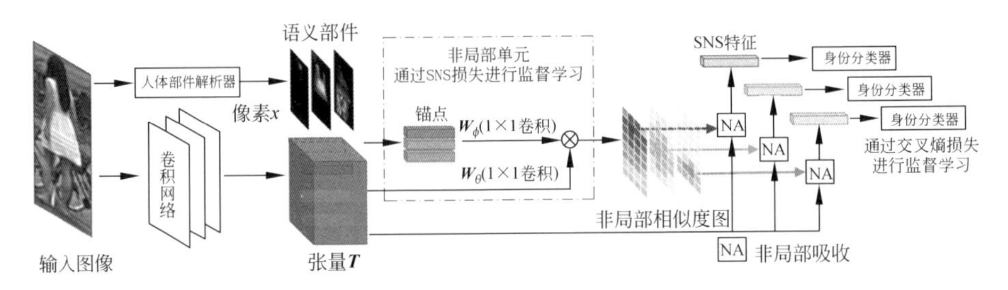

图 8-5 基于语义部件的行人部件特征学习模型示意图

表 8-2 利用 4 种不同精度方法检测语义部件的结果对照表

模型	Market-1501				DukeMTMC-reID			
	R-1	R-5	R-10	mAP	R-1	R-5	R-10	mAP
IDE	87.3	94.6	96.9	70.1	74.4	85.1	89.3	55.4
P-baseline(Open Pose)	86.9	94.4	96.4	66.7	74.6	85.3	89.4	55.8
H-baseline(EDANet)	88.2	95.1	96.9	73.1	76.6	87.3	90.5	61.4
H-baseline(DeepLab V2)	89.5	95.7	97.3	75.1	79.0	87.9	91.1	64.9
H-baseline(DeepLab V3+)	90.5	96.3	97.5	76.9	80.2	88.5	91.7	66.2
SNS(Open Pose)	89.6	96.3	97.5	73.8	78.1	87.3	90.2	60.5
SNS(EDANet)	90.7	96.5	97.7	77.8	81.1	88.4	91.2	66.5
SNS(DeepLab V2)	91.3	96.8	97.8	78.2	81.8	88.8	91.7	67.9
SNS(DeepLab V3+)	91.5	97.1	98.0	78.6	82.4	89.3	92.1	68.7

8.4.2 行人广义部件特征学习

接着我们舍弃语义部件这一直观做法，以更高视角考虑学习部件特征的重要前提——若同一部件在不同图像中总是能很好地对齐，就可以成为很好的部件，而不需要依赖人对“部件”的直观理解。基于这样的认知，我团队研究了一种行人广义部件特征学习方法，并做出了以下两方面贡献。

(1) 提出了一种用于广义部件特征学习的卷积神经网络模型 PCB(部件特征学习结构)。PCB 具有良好的通用性，能够使用各种部件提取策略学习广义部件特征，并最终显著提高行人再识别准确率。尤其是采用均匀分割时，模型结构简洁，且准确率相比其他分割策略更高，刷新了国际领先水平。除此之外，PCB 结构简单，在跨数据集场景下具有良好的泛化能力，且能够与多种损失函数相容，这些优点保证了 PCB 可用作一种很好的行人部件特征学习基线方法。

(2) 提出了一种弱监督的部件提纯池化 RPP(部件提纯池化)方法，通过提纯初始部件进一步提高 PCB 性能。提纯之后，卷积特征上相似的列向量被归纳至同一个部件，使每个部件内部更加一致。给定各种不同的部件提取策略，RPP 都能有效提纯初始部件并提高部件特征的鉴别能力。在 PCB 基础之上，RPP 在识别性能方面进一步提高了国际领先水平。

图 8-6 是我团队设计的新型广义 PCB 模型示意图。输入图像经过主干网络的卷积层叠转换为一个 3D 的张量 $\boldsymbol{T}$。PCB 在 $\boldsymbol{T}$ 上提取若干部件并对各部件中的列向量取平均，产生相应个数的列向量 $\boldsymbol{g}$。随后，一个尺寸为 1×1 的卷积层将 p 个 $\boldsymbol{g}$ 降维为 p 个 $\boldsymbol{h}$。最后，每个列向量 $\boldsymbol{h}$ 被输入一个 ID 分类器。每个 ID 分类器由一个全连接层(FC)及一个串联其后的 Softmax 函数构成。在测试阶段，我们将 p 个 $\boldsymbol{g}$ 或 $\boldsymbol{h}$ 串联形成输入图像的最终描述子。图 8-7 给出了 PCB 和 RPP 的部分图像结果示例。表 8-3 给出了 PCB 和 RPP 在 3 个公开数据集上的实验结果，PCB 和 RPP 显著提高了基准(+7.0%R-1@Market-1501)，刷新了当时最先进水平(+4.0%R-1@DukeMTMC-reID)。PCB 能够与各种部件提取特征合作，其均匀分割高效且准确；RPP 能够提纯各种粗部件并提高重识别准确率。该方法简单有效，易被实际应用，并被后续多个学术研究机构采用为基准。在 3 个大规模行人再识别数据集上刷新了当时(2018 年上半年)最先进水平[37]。

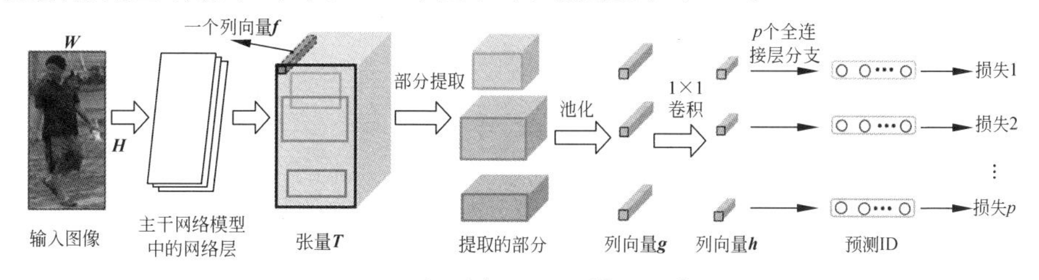

图 8-6 新型广义 PCB 模型示意图

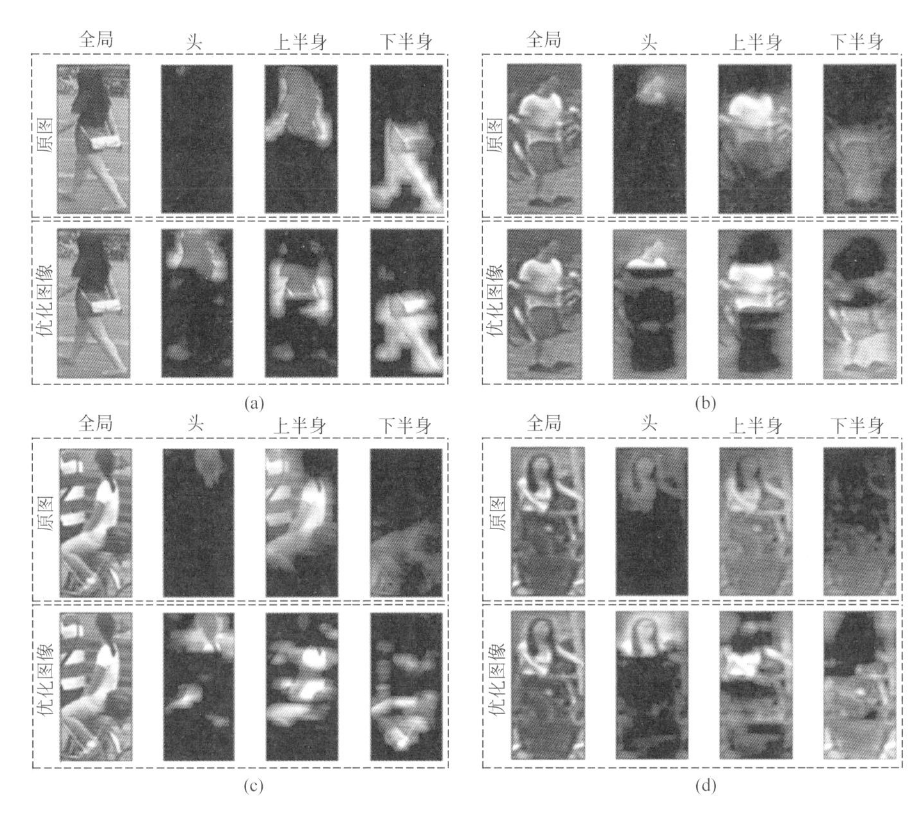

图 8-7 PCB 和 RPP 的部分图像结果示例

表 8-3 PCB 和 RPP 在 3 个公开数据集上的实验结果

模型	特征	维度	Market-1501				DukeMTMC-reID				CUHK03			
			R-1	R-5	R-10	mAP	R-1	R-5	R-10	mAP	R-1	R-5	R-10	mAP
IDE	pool5	2048	85.3	94.0	96.3	68.5	73.2	84.0	87.6	52.8	43.8	62.7	71.2	38.9
IDE	FC	256	83.8	93.1	95.8	67.7	72.4	83.0	87.1	51.6	43.3	62.5	71.0	38.3
Variant1	$\mathcal{G}$	12288	86.7	95.2	96.5	69.4	73.9	84.6	88.1	53.2	43.6	62.9	71.3	38.8
Variant 1	$\mathcal{H}$	1536	85.6	94.3	96.3	68.3	72.8	83.3	87.2	52.5	44.1	63.0	71.5	39.1
Variant 2	$\mathcal{G}$	12288	91.2	96.6	97.7	75.0	80.2	88.8	91.3	62.8	52.6	72.4	80.9	45.8
Variant 2	$\mathcal{H}$	1536	91.0	96.6	97.6	75.3	80.0	88.1	90.4	62.6	54.0	73.7	81.4	47.2
PCB-U	$\mathcal{G}$	12288	92.3	97.2	98.2	77.4	82.6	90.5	92.2	68.8	59.7	77.7	85.2	53.2
PCB-U	$\mathcal{H}$	1536	92.4	97.0	97.9	77.3	82.8	90.3	92.0	67.9	61.3	78.6	85.6	54.2
PCB-U+RPP	$\mathcal{G}$	12288	93.8	97.5	98.5	81.6	84.5	92.2	94.4	71.5	62.8	79.8	86.8	56.7
PCB-U+RPP	$\mathcal{H}$	1536	93.1	97.4	98.3	81.0	84.3	92.0	93.9	70.7	63.7	80.6	86.9	57.5

8.4.3 遮挡等信息不完全条件下的行人部件学习

针对实际行人再识别系统中存在行人被遮挡或截断导致部分成像(部分图像

缺失)的问题,我们提出了一种感知区域可见性的部件特征学习方法。把这种思路对应的方法称为感知可见性的部件特征模型(VPM)。该方法的创新及特色主要包括以下三点。

第一,将部件特征学习引入部分成像行人再识别问题,使该问题也受益于细粒度特征。

第二,提出感知区域可见性的部件特征学习,在提取部件特征的同时预测部件可见性,从而能够在比较两幅图像相似度时聚焦它们共同的可见区域。

第三,区域可见性能力的学习采用自监督,特征学习过程也受到自监督辅助。该方法不仅刷新了部分成像条件下行人再识别的国际领先水平,还具有计算高效的特点。在多个 Partial-reID 数据集上刷新了当前最先进水平。该研究成果在 CVPR2019 发表[38]。

图 8-8 是我团队设计的新型 VPM 网络模型示意图。首先在完整行人图像上定义 $p=m\times n$(图中以 $p=3\times 1$ 为示例)紧密排列的矩形分割区域。训练时,VPM 将一个部分行人图像缩放到固定尺寸,并将其输入层叠的卷积层,使其转换为一个 3D 张量 $\boldsymbol{T}$。在 $\boldsymbol{T}$ 上面,VPM 附加一个区域定位器,它通过像素级别的区域分类定位各区域。具体来说,区域定位器预测每个像素 g 属于各区域的概率,从而产生 p 个概率分布图。得到概率分布图后,VPM 在张量 $\boldsymbol{T}$ 上使用带权平均操作(WP),为每个区域提取区域特征,并将各个概率分布图通过求和操作 $\left(\sum\right)$ 产生相应的区域可见性得分。测试时,VPM 作为一个整体,输出 p 个区域特征及同等数量的可见性得分。表 8-4 所示为 VPM 方法刷新最高性能指标对照表。

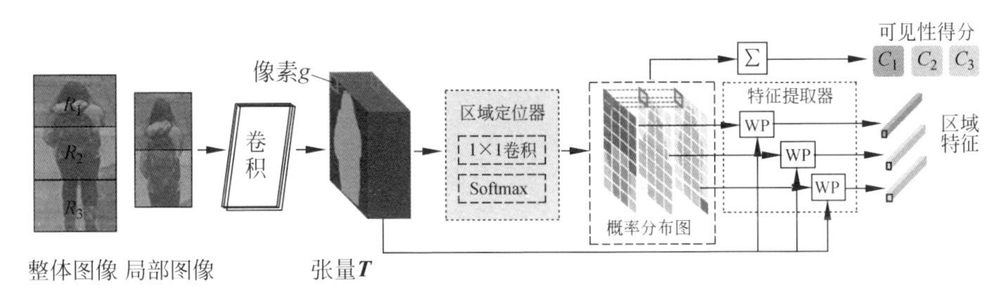

图 8-8 新型 VPM 网络模型示意图

表 8-4 VPM 方法刷新最高性能指标对照表(+10.8%@Partial-REID)

方 法	Partial-reID		Partial-iLIDS	
	R-1	R-3	R-1	R-3
MTRC	23.7	27.3	17.7	26.1
AMC+SWM	37.3	46.0	21.0	32.8
DSR	50.7	70.0	58.8	67.2
SFR	56.9	78.5	63.9	74.8
VPM(Bottom)	53.2	73.2	53.6	62.3

续表

方　法	Partial-reID		Partial-iLIDS	
	R-1	R-3	R-1	R-3
VPM(Top)	64.3	83.6	67.2	76.5
VPM(Bilateral)	67.7	81.9	65.5	74.8

8.4.4 基于特征校正层的深度特征表征方法

经过更进一步的研究，针对深度神经网络提取特征的主流框架，我们提出了一种基于特征校正层的深度特征表征方法[39]，在特征图层实现对齐和配准(FAL)，进一步解决了行人再识别中的特征配准问题。

该研究主要工作是针对行人再识别中存在的两个问题进行方法上的创新和改进：一是输入图像中不可避免地存在背景噪声，影响行人特征的提取；二是由于行人检测器检测不准确，导致图像中行人的位置存在偏移，无法位于图像正中。针对这两个问题，该研究主要提出了3种方法，分别是结合分割的行人再识别方法、基于特征校正层的行人再识别方法和基于自监督特征校正层的行人再识别方法。其中第一种方法很直接地引入了额外的分割信息作为辅助，后两种方法是基于注意力机制的方法，使网络关注图像中更有鉴别力的区域，取得性能上的提升。图8-9显示了基于特征校正层深度表征方法在特征图层实现对齐框架示意图。图8-10给出了基于特征校正层的深度特征表征方法实验结果图。

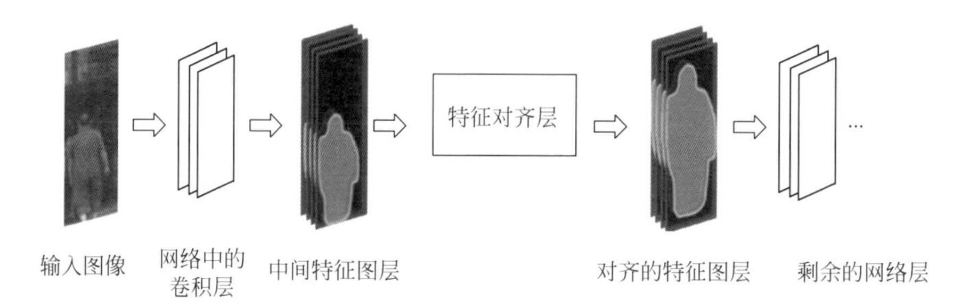

图8-9　基于特征校正层深度表征方法在特征图层实现对齐框架示意图

结合分割的行人再识别方法主要针对消除背景噪声问题而提出。我们设计了一个两路神经网络结构用于提取行人特征。网络的两路分别用于提取原图特征和分割得到的图中前景(行人)部分特征，最后将两路特征进行融合，作为最终的行人特征表征。这样得到的特征中既包含整幅图的特征，又包含专门针对前景部分的特征。整幅图的特征能弥补由于分割丢失的部分细节信息，前景特征能够抑制背景引入的噪声。另外，为了得到分割结果，我们在自行构建的行人分割数据集上训练了一个行人分割网络。实验证明，结合分割的行人再识别方法能有效提高行人再识别准确率。不过，该方法依赖额外的分割结果，并且两路网络使训练和测试的

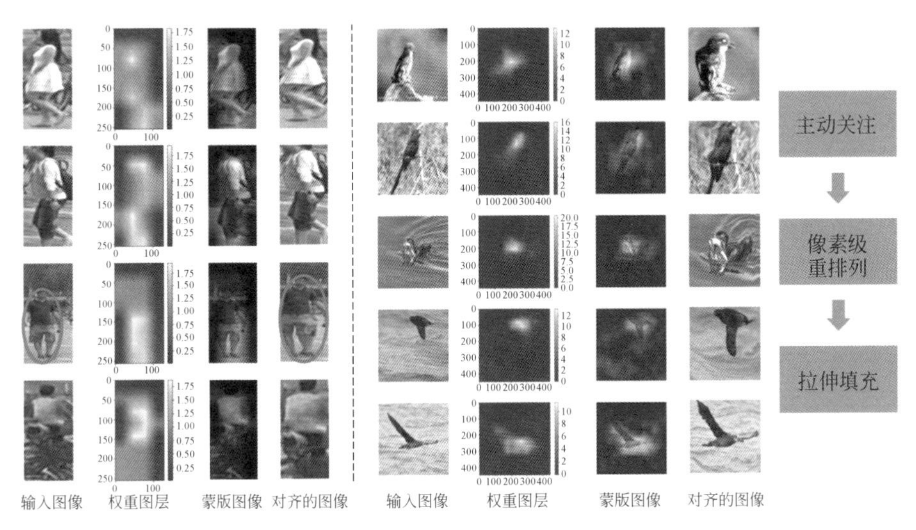

图 8-10 基于特征校正层的深度特征表征方法实验结果图

计算代价增大。

基于特征校正层的行人再识别方法能够同时解决背景噪声和行人位置偏移的问题。该方法是一种基于注意力机制的方法。所提出的特征校正层能主动关注特征图中的感兴趣区域，并且通过对特征图进行像素级重排列将感兴趣区域校正到特征图中心，同时对感兴趣区域进行拉伸，使其尽可能充满整个特征图，抑制背景部分特征。特征校正层能插入已有的卷积神经网络，且网络依然能完成端到端训练。实验证明，与结合分割的方法相比，基于特征校正层方法的识别效果更优，且不会引入太多的额外计算开销。另外，与已有的其他行人再识别方法进行比较，我们的方法可以达到与其他最好方法相当的识别准确率。

基于自监督特征校正层的行人再识别方法是在特征校正层基础上做的进一步改进。特征校正层是基于注意力机制的方法，与以往其他基于注意力机制的方法一样，完全依赖网络自主学习和关注图中重要的区域。自监督特征校正层则通过自监督的方式指导网络学习过程，使网络能更好地关注特征图中有鉴别力的区域。具体做法是：从原始图片中随机裁剪出若干幅图像作为网络输入图，根据这些输入图在原图中的位置信息和特征校正层输出的目标位置图得到注意力损失函数，从而监督和指导特征校正层的训练。最终实验结果表明，引入自监督机制后，特征校正层能更准确地关注感兴趣区域，从而进一步提升识别准确率。

本书提出的特征对齐层方法，能同时解决目标的不对齐和背景噪声造成的性能影响问题。在实验中，该方法在 Market-1501、DukeMTMC-reID 和 CUHK03 三个行人再识别数据集上，与最先进的方法相比，产生了具有竞争力的结果。我们还证明该方法提高了 CUB-200-2011 上具有竞争力的细粒度识别基线。该研究论文发表在 2018 年国际模式识别学会 ICPR2018 上，被评为国际模式识别学会

ICPR2018 最佳学术论文[39]。

8.5 面向域泛化行人再识别

由于目前的行人再识别模型大多是在一定的数据集上训练获得的，因此同样存在当前模式识别和机器学习存在的普遍问题，即域泛化能力不足。对于域泛化行人再识别任务，常见的做法是在小规模有标注数据上学习域不变的行人表征。然而，这种方法受限于训练数据的规模，域信息匮乏，难以学到泛化性强的行人表征。为此，我们提出一个新的解决思路(图 8-11)，利用视频的时空连续性，从大规模的无标注互联网真实行人视频中学习域泛化能力强的行人表征。基于该思路，我们提出了基于身份导向的自监督表征学习方法，获得了显著的效果，论文被ICCV2023 接收为口头发表[40]。该方法的可行性来自两方面：一是从互联网获取无标注的行人视频代价极低；二是大规模的互联网视频数据包含丰富的域信息，能学习到泛化性强的行人表征。

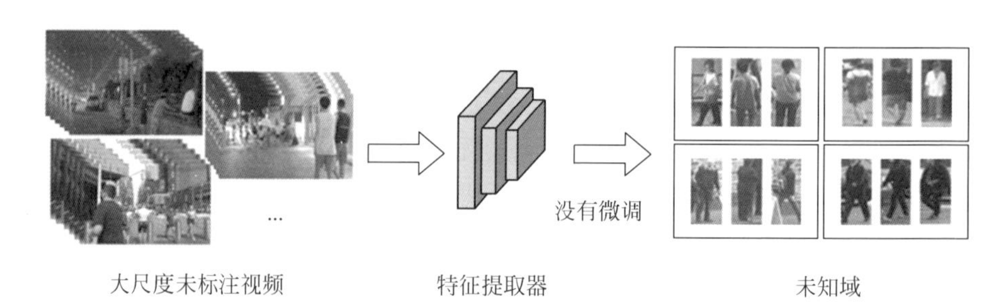

图 8-11 从大规模无标注视频中学习域泛化行人表征示意图

为实现该方法，我们从互联网上获取了 7.4 万个视频片段，裁剪出 4780 万幅行人图像作为训练数据。

对于大规模的无标注数据，通常采用的经典无监督对比学习方法如 MoCo(动量对比)、SimCLR(简单的对比学习表示)、BYOL(引导自身潜力)等。然而经过分析，我们发现这些无监督对比学习方法并不适用于行人再识别任务。行人再识别要求属于同一行人的不同图像具有相似的表征，而 MoCo 等为每幅图像学习唯一的表征，与行人再识别的目标不符。

为驱动大规模的无标注数据学习行人再识别的域泛化表征，我们提出了一个身份导向的自监督表征学习框架(ISR)，如图 8-12 所示，该框架的特征如下。

(1) ISR 基于最大权二分图匹配，从视频的邻近帧中构建跨帧正样本对。

(2) ISR 提出了可靠性引导的对比学习损失，抑制噪声正样本对在学习过程中的影响。ISR 要求邻近帧中属于同一行人的图像具有相似的表征，与行人再识别的要求一致，因此适用于该任务。

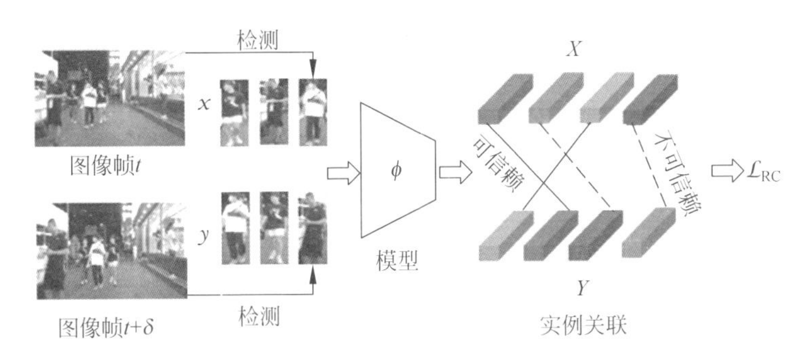

图 8-12 身份导向的自监督表征学习框架示意图

广泛的实验结果表明，ISR 学习的表征表现出很强的域泛化能力和域迁移能力。在域泛化设定中，如表 8-5 所示，在 7 个行人数据集上，ISR 的性能大幅超越了所对比的方法。如在 Market-1501 上，ISR 超越了 RaMoE5.0%的 Rank-1。在域适应设定中，如表 8-6 所示，ISR 学习的表征能够更快速、更有效地适应新场景，有很大的实际部署潜力和价值。图 8-13 的可视化结果表明，即使训练数据没有任何行人身份标签和前景标签，ISR 仍然能够学习到行人的身份鉴别性，并关注图像的行人部分，有效抵抗背景的干扰。

行人再识别是计算机视觉研究领域当前公认的挑战性前沿课题，具有重要的理论研究和应用价值。行人再识别利用计算机视觉和机器学习特别是深度学习技术，对于在摄像头的视频图像中出现的某个确定行人，辨识其在其他时间、不同位置摄像头中的再次出现，或者利用计算机视觉技术在图像或视频库中检索特定的行人。行人再识别已经经历了近 10 年的热点研究，期间学术界和产业界都投入了巨大的人力和资源研究该问题并取得了一定的进展，部分已开始实际应用。行人再识别技术的突破初步解决了跨视域摄像机行人目标跟踪的瓶颈问题，推动了智能视频安防技术的应用与发展。

尽管行人再识别取得了很大进展，行人成像还存在复杂的姿态、视角、光照、成像质量等变化并有一定范围的遮挡等难点，因此行人再识别仍然面临着非常大的技术挑战。同时，当前行人再识别研究主要还是侧重于服装表观的特征，缺乏对行人表观显示的多视角观测和描述，这与人类观测的机理不尽相符。为进一步推进行人再识别研究的进展，我们在前期行人再识别研究的基础上提出了人像态势计算的概念（ReID2.0），以像态、神态、形态和意态这 4 态对人像的静态属性和似动状态进行多视角观测和描述。同时，构建了一个新的基准数据集 Portrait250K，包含 25 万幅人像和对应 8 个子任务的手动标记的 8 种标签。此外，我们还为这项新任务提出了一项评价指标，作为未来新任务研究的基础，并为后行人再识别时代进一步推进该研究提供参考[41-42]。

表 8-5 域泛化行人再识别性能对照表

模型	监督学习	实验协议-1						实验协议-2							
		Market-1501		MSMT17		CUHK03		PRID		GRID		VIPeR		iLIDs	
		R1	mAP	R1	mAP	R1	mAP	R1	MAP	R1	mAP	R1	mAP	R1	mAP
CrossGrad*	√	—	—	—	—	—	—	18.8	28.2	9.0	16.0	20.9	30.4	49.7	61.3
MLDG*	√	—	—	—	—	—	—	24.0	35.4	15.8	23.6	23.5	33.5	53.8	65.2
PPA*	√	—	—	—	—	—	—	31.9	45.3	26.9	38.0	45.1	54.5	64.5	72.7
DIMN*	√	—	—	—	—	—	—	39.2	52.0	29.3	41.1	51.2	60.1	70.2	78.4
SNR	√	—	—	—	—	—	—	52.1	66.5	40.2	47.7	52.9	61.3	84.1	89.9
ACL	√	—	—	—	—	—	—	63.0	73.4	55.2	65.7	66.4	75.1	81.8	86.5
MetaBIN	√	—	—	—	—	—	—	74.2	81.0	48.4	57.9	59.9	68.6	81.3	87.0
MDA	√	—	—	—	—	—	—	—	—	61.2	62.9	63.5	71.7	80.4	84.4
DDAN	√	—	—	—	—	—	—	62.9	67.5	46.2	50.9	56.5	60.8	78.0	81.2
DTIN	√	—	—	—	—	—	—	71.0	79.7	51.8	60.6	62.9	70.7	81.8	87.2
META	√	—	—	—	—	—	—	61.9	71.7	51.0	56.6	53.9	60.4	79.3	83.9
M^3L	√	75.9	50.2	36.9	14.7	33.1	32.1	—	—	—	—	—	—	—	—
DML	√	75.4	49.9	24.5	9.9	32.9	32.6	47.3	60.4	39.4	49.0	49.2	58.0	77.3	84.0
RaMoE	√	82.0	56.5	34.1	13.5	36.6	35.5	57.7	67.3	46.8	54.2	56.6	64.6	85.0	90.2
TrackContrast	×	72.7	36.2	—	—	—	—	—	—	—	—	—	—	—	—
LUP†	×	3.3	1.0	0.3	0.1	0.1	0.5	1.5	3.7	1.2	4.0	1.4	5.0	36.7	43.0
MoCo(R50)	×	10.5	2.6	0.5	0.2	0.3	0.7	6.5	10.9	2.8	6.9	4.0	7.5	38.8	46.4
LUPnl†	×	13.8	3.8	0.6	0.2	0.4	0.8	8.1	12.2	3.1	7.4	4.6	9.2	43.3	49.8
CycAs(R50)	×	80.3	57.5	43.9	20.2	25.8	26.5	58.8	67.7	52.5	62.3	57.3	66.0	85.2	90.4
Ours(R50)	×	85.1	65.1	45.7	21.2	26.1	27.4	59.7	70.8	55.8	65.2	58.0	66.6	87.6	91.7
CycAs(Swin)	×	82.2	60.4	49.0	24.1	36.3	37.1	71.5	79.2	55.8	66.4	60.2	68.8	87.4	91.3
Ours(Swin)	×	87.0	70.5	56.4	30.3	36.6	37.8	74.5	83.0	62.7	72.0	68.4	75.5	87.5	91.5

表 8-6 域适应行人再识别性能对照表

数据集	预训练	小尺度					少量标注				
		10%	30%	50%	70%	90%	10%	30%	50%	70%	90%
Market	IN sup.	76. 9/53. 1	90. 8/75. 2	93. 5/81. 5	94. 5/84. 8	95. 2/86. 9	41. 8/21. 1	87. 6/68. 1	92. 8/80. 2	94. 0/84. 2	94. 6/86. 7
	IN unsup.	81. 7/58. 4	91. 9/76. 6	94. 1/82. 0	94. 5/85. 4	95. 5/87. 4	36. 1/18. 6	87. 8/69. 3	90. 9/78. 3	94. 1/84. 4	95. 2/87. 1
	MoCo	81. 8/58. 8	92. 3/77. 7	94. 3/84. 0	95. 4/87. 3	95. 9/89. 2	41. 5/22. 0	87. 7/69. 8	93. 9/83. 1	94. 8/86. 8	96. 0/89. 3
	LUP	85. 5/64. 6	93. 7/81. 9	94. 9/85. 8	95. 9/88. 8	96. 4/90. 5	47. 5/26. 4	92. 1/78. 3	93. 9/84. 2	95. 5/88. 4	96. 3/90. 4
	LUPnl	88. 8/72. 4	94. 2/85. 2	95. 5/88. 3	96. 2/90. 1	96. 4/91. 3	61. 6/42. 0	94. 0/83. 7	95. 2/88. 1	96. 3/90. 5	96. 4/91. 6
	Ours	90. 5/75. 3	94. 8/86. 2	96. 2/89. 3	96. 6/90. 9	96. 7/91. 8	75. 9/54. 3	94. 1/84. 9	96. 0/89. 4	96. 4/91. 3	96. 8/92. 1
MSMT17	IN sup.	50. 2/23. 2	70. 8/41. 9	76. 9/50. 3	81. 2/56. 9	84. 2/61. 9	34. 1/14. 7	71. 1/44. 5	79. 5/56. 2	82. 8/60. 9	84. 5/63. 4
	IN unsup.	48. 8/22. 6	68. 7/40. 4	75. 0/49. 0	79. 9/55. 7	83. 0/60. 9	29. 2/13. 2	67. 1/41. 4	77. 6/53. 3	81. 5/59. 1	83. 8/62. 4
	MoCo	46. 8/21. 5	69. 4/41. 7	76. 7/50. 8	81. 3/58. 3	84. 7/63. 9	23. 4/9. 9	65. 9/40. 7	77. 4/54. 2	82. 7/61. 5	85. 0/65. 3
	LUP	51. 1/25. 5	71. 4/44. 6	77. 7/53. 0	81. 8/59. 5	85. 0/63. 7	36. 0/17. 0	73. 6/49. 0	80. 5/57. 4	83. 5/62. 9	85. 1/65. 0
	LUPnl	51. 1/28. 2	71. 2/47. 7	77. 2/55. 5	81. 8/61. 6	84. 8/66. 1	42. 7/24. 5	74. 4/53. 2	81. 0/62. 2	83. 8/65. 8	85. 3/67. 4
	Ours	64. 2/36. 2	78. 1/52. 9	82. 5/60. 0	85. 4/65. 7	87. 5/69. 6	59. 4/33. 4	80. 9/59. 3	85. 6/66. 3	87. 6/69. 7	88. 1/70. 9

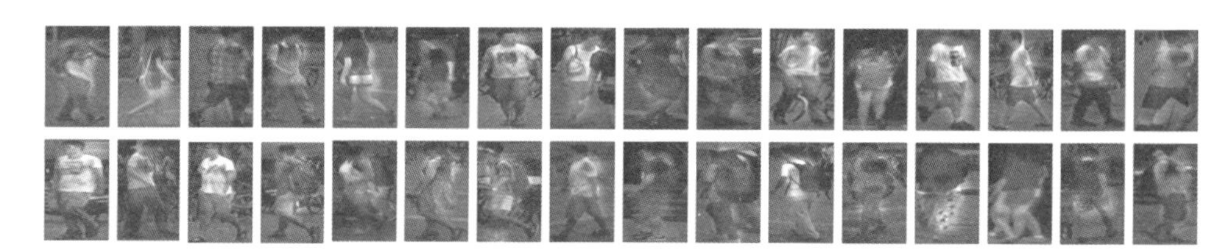

图 8-13 模型对行人图像的注意力图的可视化结果

参考文献

[1] ZAJDEL W,ZIVKOVIC Z,KROSE B J A. Keeping track of humans: Have I seen this person before? [C]//Proceedings of the 2005 IEEE international conference on robotics and automation. Barcelona,Spain: IEEE,2005: 2081-2086.

[2] GIRSHICK R,DONAHUE J,DARRELL T,et al. Rich feature hierarchies for accurate object detection and semantic segmentation[C]//Proceedings of the IEEE conference on computer vision and pattern recognition. Columbus,OH,USA: IEEE,2014: 580-587.

[3] KRIZHEVSKY A, SUTSKEVER I, HINTON G. ImageNet Classification with Deep Convolutional Neural Networks[J]. Advances in neural information processing systems, 2012,25(2).

[4] SIMONYAN K, ZISSERMAN A. Very Deep Convolutional Networks for Large-Scale Image Recognition[J]. Computer Science,2014.

[5] SZEGEDY C,LIU W,JIA Y,et al. Going Deeper with Convolutions[J]. IEEE Computer Society,2014.

[6] SZEGEDY C,VANHOUCKE V,IOFFE S,et al. Rethinking the Inception Architecture for Computer Vision[J]. IEEE,2016: 2818-2826.

[7] SZEGEDY C,IOFFE S,VANHOUCKE V,et al. Inception-v4,inception-resnet and the impact of residual connections on learning[C]//Proceedings of the AAAI conference on artificial intelligence. San Francisco,CA,USA: AAAI,2017,31(1).

[8] DAI J,LI Y,HE K,et al. R-FCN: Object Detection via Region-based Fully Convolutional Networks[J]. Curran Associates Inc. 2016,29.

[9] REN S,HE K,GIRSHICK R,et al. Faster R-CNN: Towards Real-Time Object Detection with Region Proposal Networks[J]. IEEE Transactions on Pattern Analysis & Machine Intelligence,2017,39(6): 1137-1149.

[10] LIN T Y,DOLLÁR P,GIRSHICK R,et al. Feature pyramid networks for object detection [C]//Proceedings of the IEEE conference on computer vision and pattern recognition. Honolulu,HI,USA: IEEE,2017: 2117-2125.

[11] REDMON J,DIVVALA S,GIRSHICK R,et al. You only look once: Unified,real-time object detection[C]//Proceedings of the IEEE conference on computer vision and pattern recognition. Las Vegas,NV,USA: IEEE,2016: 779-788.

[12] CHEN L C, PAPANDREOU G, KOKKINOS I, et al. DeepLab: Semantic Image Segmentation with Deep Convolutional Nets,Atrous Convolution,and Fully Connected

CRFs[J]. IEEE Transactions on Pattern Analysis and Machine Intelligence, 2018, 40(4): 834-848.

[13] LONG J, SHELHAMER E, DARRELL T. Fully convolutional networks for semantic segmentation[C]//Proceedings of the IEEE conference on computer vision and pattern recognition. Boston, MA, USA: IEEE, 2015: 3431-3440.

[14] HE K, GKIOXARI G, DOLLÁR P, et al. Mask R-CNN[C]//Proceedings of the IEEE international conference on computer vision. Venice, Italy: IEEE, 2017: 2961-2969.

[15] ZHENG L, YANG Y, HAUPTMANN A G. Person Re-identification: Past, Present and Future[J]. arXiv preprint, 2016.

[16] GRAY D, TAO H. Viewpoint invariant pedestrian recognition with an ensemble of localized features[C]//Computer Vision-ECCV 2008: 10th European Conference on Computer Vision, Marseille, France, October 12-18, 2008, Proceedings, Part Ⅰ 10. Springer Berlin Heidelberg, 2008: 262-275.

[17] LI W, ZHAO R, WANG X. Human reidentification with transferred metric learning[C]//Computer Vision-ACCV 2012: 11th Asian Conference on Computer Vision, Daejeon, Korea, November 5-9, 2012, Revised Selected Papers, Part Ⅰ 11. Springer Berlin Heidelberg, 2013: 31-44.

[18] LI M, ZHU X, GONG S. Unsupervised person re-identification by deep learning tracklet association[C]//Proceedings of the European conference on computer vision (ECCV). Munich, Germany: Springer International Publishing, 2018: 737-753.

[19] ROTH P M, HIRZER M, KÖSTINGER M, et al. Mahalanobis distance learning for person re-identification[J]. Person re-identification, 2014: 247-267.

[20] LI W, ZHAO R, XIAO T, et al. Deepreid: Deep filter pairing neural network for person re-identification[C]//Proceedings of the IEEE conference on computer vision and pattern recognition. Columbus, OH, USA: IEEE, 2014: 152-159.

[21] ZHENG L, SHEN L, TIAN L, et al. Scalable person re-identification: A benchmark[C]//Proceedings of the IEEE international conference on computer vision. Santiago, Chile: IEEE, 2015: 1116-1124.

[22] VARIOR R R, SHUAI B, LU J, et al. A siamese long short-term memory architecture for human re-identification[C]//Computer Vision-ECCV 2016: 14th European Conference, Amsterdam, The Netherlands, October 11-14, 2016, Proceedings, Part Ⅶ 14. Springer International Publishing, 2016: 135-153.

[23] ZHENG W S, GONG S, XIANG T. Person re-identification by probabilistic relative distance comparison[C]//Proceedings of the IEEE conference on computer vision and pattern recognition. Colorado Springs, CO, USA: IEEE, 2011: 649-656.

[24] SATTA R, FUMERA G, ROLI F, et al. A multiple component matching framework for person re-identification[C]//Image Analysis and Processing-ICIAP 2011: 16th International Conference, Ravenna, Italy, September 14-16, 2011, Proceedings, Part Ⅱ 16. Springer Berlin Heidelberg, 2011: 140-149.

[25] JÜNGLING K, ARENS M. View-invariant person re-identification with an implicit shape model[C]//2011 8th IEEE International Conference on Advanced Video and Signal Based Surveillance (AVSS). Klagenfurt, Austria: IEEE, 2011: 197-202.

[26] BAK S,CORVEE E,BREMOND F,et al. Person re-identification using haar-based and dcd-based signature[C]//2010 7th IEEE international conference on advanced video and signal based surveillance. Boston,MA,USA: IEEE,2010: 1-8.

[27] CONG D N T,KHOUDOUR L,ACHARD C,et al. People Re-Identification by Means of a Camera Network Using a Graph-Based Approach[C]//IAPR Conference on Machine Vision Applications. Yokohama,JAPAN: IAPR,2009: 152-155.

[28] TRUONG CONG D N,ACHARD C,KHOUDOUR L,et al. Video sequences association for people re-identification across multiple non-overlapping cameras[C]//Image Analysis and Processing-ICIAP 2009: 15th International Conference, Vietri sul Mare, Italy, September 8-11,2009 Proceedings 15. Springer Berlin Heidelberg,2009: 179-189.

[29] CONG D N T,ACHARD C,KHOUDOUR L. People re-identification by classification of silhouettes based on sparse representation[C]//2010 2nd International Conference on Image Processing Theory,Tools and Applications. Paris,France: IEEE,2010: 60-65.

[30] CONG D N T,KHOUDOUR L, ACHARD C,et al. People re-identification by spectral classification of silhouettes[J]. Signal Processing,2010,90(8): 2362-2374.

[31] AZIZ K E, MERAD D, FERTIL B. People re-identification across multiple non-overlapping cameras system by appearance classification and silhouette part segmentation [C]//2011 8th IEEE International Conference on Advanced Video and Signal Based Surveillance (AVSS). Klagenfurt,Austria: IEEE,2011: 303-308.

[32] AHMED E,JONES M,MARKS T K. An improved deep learning architecture for person re-identification[C]//Proceedings of the IEEE conference on computer vision and pattern recognition. Boston,MA,USA: IEEE,2015: 3908-3916.

[33] CHENG D,GONG Y,ZHOU S,et al. Person re-identification by multi-channel parts-based cnn with improved triplet loss function[C]//Proceedings of the IEEE conference on computer vision and pattern recognition. Las Vegas,NV,USA: IEEE,2016: 1335-1344.

[34] SHI H,YANG Y,ZHU X,et al. Embedding deep metric for person re-identification: A study against large variations [C]//Computer Vision-ECCV 2016: 14th European Conference,Amsterdam,The Netherlands,October 11-14,2016,Proceedings,Part Ⅰ 14. Springer International Publishing,2016: 732-748.

[35] RISTANI E,SOLERA F,ZOU R,et al. Performance measures and a data set for multi-target,multi-camera tracking[C]//European conference on computer vision. Amsterdam, Netherlands: Springer International Publishing,2016: 17-35.

[36] SUN Y,ZHENG L,DENG W,et al. Svdnet for pedestrian retrieval[C]//Proceedings of the IEEE international conference on computer vision. Venice,Italy: IEEE,2017: 3800-3808.

[37] SUN Y,ZHENG L,YANG Y,et al. Beyond part models: Person retrieval with refined part pooling (and a strong convolutional baseline)[C]//Proceedings of the European conference on computer vision (ECCV). Munich, Germany: Springer International Publishing,2018: 480-496.

[38] SUN Y,XU Q,LI Y,et al. Perceive where to focus: Learning visibility-aware part-level features for partial person re-identification[C]//Proceedings of the IEEE/CVF conference on computer vision and pattern recognition. Long Beach,CA,USA: IEEE,2019: 393-402.

[39] XU Q,SUN Y,LI Y,et al. Attend and align: Improving deep representations with feature

alignment layer for person retrieval[C]//2018 24th International Conference on Pattern Recognition (ICPR). Beijing, China: IEEE, 2018: 2148-2153.

[40] DOU Z, WANG Z, LI Y, et al. Identity-seeking self-supervised representation learning for generalizable person re-identification[C]//Proceedings of the IEEE/CVF International Conference on Computer Vision. Paris, France: IEEE, 2023: 15847-15858.

[41] FAN Y, DOU Z, LI Y, et al. Portrait Interpretation and a Benchmark[C]//Proceedings of the 2022 11th International Conference on Computing and Pattern Recognition. Beijing, China: Association for Computing Machinery, 2022: 210-218.

[42] 王生进,豆朝鹏,樊懿轩,等. ReID2.0:从行人再识别走向人像态势计算[J]. 中国图象图形学报,2023,28(5):1326-1345.

第9章

行 为 识 别

9.1 行为识别概述

人体行为识别通过分析传感数据中人员行为在空间和时间上表达的特征推断其行为类别，广泛应用于视频监控和人机交互等领域。人体行为识别提取的特征不仅描述人员的外观，还描述人体姿势的变化，将二维空间特征扩展到三维，甚至更高维的时空特征。

人体行为识别包括基于传感器的识别和基于视觉的识别两大类，其中基于传感器的识别通过带有微惯性传感器的智能手表、手环等精确采集人体行为数据，设备成本低、使用灵活；但是因其受传感设备的限制，拓展性较低，识别结果不能得到有效保证，因此只在少部分特定领域使用。而基于视觉的人体行为识别采用行为标签标记图像序列的过程，灵活性高、拓展性强。下面简单介绍 4 个比较典型的应用场景[1]。

1. 智能安防

近年来，智能安防已经渗透到人们生活的方方面面，包括治安、交通、教育和能源等领域。不同于传统的视频监控，智能安防采用数字化和智能化技术，极大地减少了人力、物力、财力的消耗。以前视频中的人体行为检测主要依赖人的主观判断，这种人工操作弊端很大、隐患很多，例如，在一个商场的视频监控中，安保人员需要时刻关注监控中人的动作，以保证在其做出危害公共安全等异常行为时快速做出反应，予以制止。此时如果观察者由于各种原因疏忽，错过最佳报警时间，可能造成严重后果。如果采用智能监控系统，不仅能够实时监测人体行为，还能够对安全隐患提前发出警报。

2. 活动识别

对人体在一段时间内姿势的变化进行追踪，可用于活动、手势和步态识别。某些家用监控产品的跌倒行为识别功能非常有益于老人、儿童、残疾人等特殊人群；在一些健身房、舞蹈教室、体育课堂等相关运动场所，人体行为识别可以自主教授正确的锻炼机制、体育技术和舞蹈活动,使学习者能够高效快速地学习;在一些可以理解全身行为的场合,人体行为识别有着十分重要的应用,如机场跑道指示信号、交通警察指挥信号等。

3. 智能服务

无人驾驶智能汽车对安全系数要求非常高,必须对外部环境中的人及人体行为进行检测和判断,根据其行为特点做出下一时间点的预判,以达到规避行人的目的。银行、饭店等中小规模公共场所中的智能机器人能够通过识别人说话、手势做出反应,在很大程度上缓解服务压力。机器人可以向更高层次的行为识别方向发展,自主地对机器人进行编程以追踪轨迹,并沿着执行某个动作的人体姿态骨架的轨迹运行。人类教练可以通过演示动作有效地教授机器人这些动作,然后机器人可通过计算得知如何移动关节才能执行相同动作。

4. 其他领域

虚拟现实(virtual reality,VR),以计算机、电子信息、仿真技术为载体,利用计算机模拟真实环境,使参与者具有强烈的环境沉浸感。三维体感游戏是 VR 的热门应用,利用红外传感器数据进行 3D 姿态估计以追踪参与者的运动,用其渲染虚拟人物的动作,使参与者具有较好的游戏体验。除此之外,利用人体姿态估算人的姿势,将图形、风格、设备和艺术品叠加在人体上。通过追踪这种人体姿势的变化,渲染出的场景就可以在人体移动时自然地适应人的运动,该技术在影视行业应用广泛。

9.2 行为识别基础

在过去的 20 多年中,人们普遍认为行为识别的研究进展分为两种方式:基于传统方法的行为识别和基于深度学习框架的行为识别。

基于传统方法的行为识别通过手工设计特征、提取特征和特征分类实现行为识别。其设计的特征分为整体特征和局部特征两种,整体特征的选取首先需要区分前景和背景,然后对包含人体的区域进行整体特征提取,一般包括轮廓剪影、人体关节点等方法。而局部特征不区分前景和背景,提取兴趣点或者运动轨迹特征。

基于深度学习的行为识别通过神经网络的优化建模学习行为特征。其中卷积神经网络对连续视频帧的时空信息提取能力较强,能够更好地实现行为识别。Simonyan 提出视频内容可以分为空间信息和时间信息,即双流卷积神经网络,将单独的视频帧作为空间流的输入以提取视频的空间信息,将堆叠的光流场作为时间流的输入以提取视频的时间信息,待识别视频分别通过两个卷积网络进行预测,将两个流的预测结果融合后得到最终预测分类结果。Ng 等提出将卷积神经网络与递归神经网络相结合,对于卷积网络得到的视频特征,取其最后一层的卷积特征输入长短期记忆网络,增强长时序信息的提取能力。由于不是所有视频帧都包含有用信息,Wang 等使用从整个视频中稀疏采样的一系列短片段,降低信息冗余,以较低的代价实现端到端学习[2]。Tran 等针对视频的时空特征,提出一个简单有效的方法,使用深度三维卷积网络(3D ConvNets),其比 2D ConvNets 更适用于时空特征的学习,3D 卷积与 2D 卷积相比参数量和计算量大了很多;还提出分解 3D 卷积(P3D),或者融合 2D 卷积和 3D 卷积(SlowFast)[3]。双流网络和 3D ConvNets 的计算量普遍较大,不利于实时应用,且推理时间关系能力较弱,因此一些研究聚焦设计具有时态建模机制和低计算量的时间模块,时间关系网络(TRN)在多个尺度上学习帧间的时间关系,可即插即用到 CNN 架构中。CNN 和 LSTM 只有通过重复堆叠才能捕获长期依赖关系,Neimark 等提出基于 CNN+Transformer 的模型 VTN,利用 2D CNN 提取特征后,再通过 Transformer 结构关注长期信息。ViViT 基于 ViT 完全摈弃 CNN,使用纯 Transformer 进行识别任务,将视频构建为一组时空标签和时空位置,编码后作为 Transformer 的输入进行分类。行为识别关键技术的算法时间轴如图 9-1 所示。

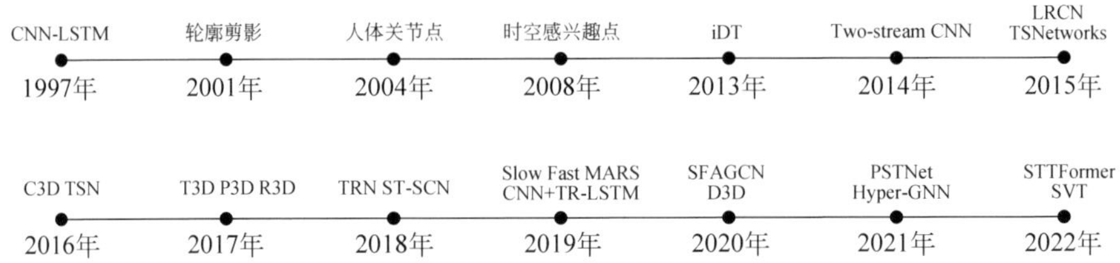

图 9-1 行为识别关键技术的算法时间轴

人体行为识别的流程分为两步。第一步是特征提取,人体行为识别的成功与否直接取决于特征提取的正确与否,特征处理及分析理解都建立在特征提取的基础上。依据特征提取方式可将行为识别划分为传统方法和深度学习方法。图 9-2 对比了传统方法与深度学习方法的行为识别流程。第二步是行为分类,通过表达动作的信息区分不同类别的动作。

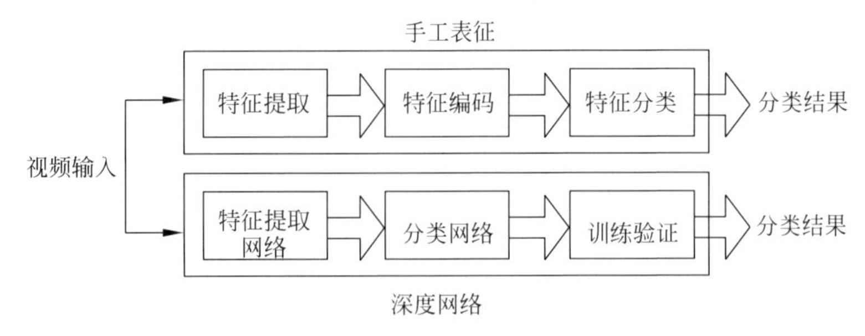

图 9-2 传统方法与深度学习方法的行为识别流程

传统方法利用图像和数学等知识手工提取特征,具体的特征提取方式可分为以下两类。

（1）全局特征提取，即对待测对象进行一次全局信息提取，该特征不包含任何空间特征，同时全局特征受噪声区域、视角变化影响较大。其中轮廓剪影、人体关节点最具代表性。

（2）局部特征提取，即对待测对象进行多次局部信息提取，最后对多个特征进行融合。局部特征受视角变化、背景噪声影响较小。其中运动轨迹、时空兴趣点采样最具代表性。

基于深度学习的特征提取方法利用深度神经网络对待测对象进行深度特征表示，通过对网络模型进行训练获得网络参数，对样本库数据量依赖小，同时受场景噪声、角度变化影响小，已成为行为识别领域特征提取的主流方式。

综上可知，基于手动特征的行为识别方法依赖特征的形成和提取，与特征提取人员的固有经验和知识关联度大，只能在特定条件下或数据相似度大时取得较好的效果；随着 GPU 等硬件芯片计算力的飞速发展及深度学习的进步，由机器自行学习并表征特征的提取促进了识别精度与效果的提升。常用的深度学习模型包括 3D 卷积神经网络、双流卷积神经网络、骨架网络、时态卷积网络、Transformer、数据融合网络等[4]。

行为识别的分类如图 9-3 所示。

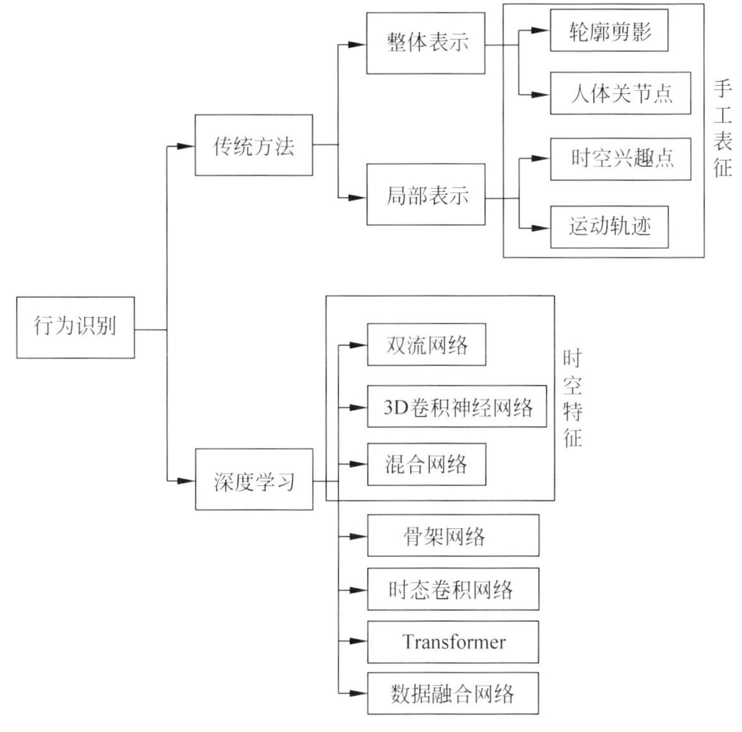

图 9-3　行为识别的分类

9.3 基于传统方法的人体行为识别

传统行为识别方法利用手工设计特征对行为进行表征，利用统计学习方法对行为进行分类。特征提取根据人类行为构成和表示方式的不同，可以分为整体表示方法和局部表示方法。轮廓剪影方式通过构建各种描述符表达行为信息；时空兴趣点方式尝试突破二维，从三维角度表征时空域信息；人体关节点方式利用姿势估计推测关节点位置与运动信息；运动轨迹方式追踪动作轨迹。

9.3.1 整体特征表示

整体特征表示方法将视频帧作为一个整体，基于轮廓剪影、人体关节点等方式使用整体表示方法提取全局特征。在提取特征时，需要对前景、噪声等进行处理。先从背景中提取运动前景，一般使用背景减除法、帧间差分法、光流法等方法，然后将获得的整个人体行为区域作为行为表征。对于噪声影响问题，可采用形态学等处理方法。

在整体特征表达方法中，基于视频帧的信息描述方式有运动能量图（MEI）、运动历史图（MHI）、运动网格特征矢量、运动历史体积模板（MHV）、形状上下文（SC）等方法。

1. 轮廓剪影

Bobick 等使用背景减除法获取人体轮廓，并重叠轮廓特征获取图像帧的差别，从而设计出 MEI 和 MHI。MEI 粗略描述运动的空间分布，MHI 表示人体的运动方式，两者表示运动存在并解释视频帧中人体的运动情况，可以简单阐述视频中的有效信息[5]。此方式的核心和基本思想是编码图像的相关运动信息。将轮廓信号通过前后帧的背景相减得到前一帧的轮廓信息，之后相加所有来自图像的轮廓特征以得到帧间的差值，使用二元运动能量图像（JH）和运动历史图像（SH）作为信息的存储对象，再计算出马氏距离的误差，对行为进行分类。为解决上述剪影信息问题，Weiland、Wang、Suter 等团队分别使用欧氏距离、P 变换、双模板等方法对人体行为和距离的相似度进行表示，效果较好。

时空体积（STV）表示是指叠加给定序列的帧，但仍需背景减除与对齐等。Yilmaz 等使用 STV 获取动作描述和动作草图，并执行图形识别，结果表明已知运动情况，阐述潜在的运动情况。MHV、STV 等描述方式容易关注重要区域，在一些简单背景中应用效果良好。

Matikainen 等经过研究，发现当背景逐渐复杂，出现遮挡、噪声等时，轮廓特征提取变得愈发困难，因此整体方法难以解决遮盖变化、计算效率低、不能捕捉细节等问题，验证整体方法并不是最优选择。

2. 人体关节点

基于人体关节点的传统行为识别核心思想是对人体运动姿势进行捕捉，描绘各姿势关节点的位置情况，以及同一关节点在不同时间维度下的位置变化情况，从而推断人体行为。

Fujiyoshi 等创造出经典的五关节星形图（四肢、头颅），从视频流中实时提取人体目标，将人体五关节与人体重心构成矢量，从骨架化线索中获取人类活动[7]。使用自适应模型应对背景改变，需要先对视频进行背景分离和预处理，再进行运动分析。对人体关节点特征进行提取时，需要实时目标提取，资源耗费较大。为解决该问题，可以使用深度相机、深度传感器等。

Yang 等利用 RGBD 相机的 3D 深度数据复刻 3D 人体关节点进行动作识别，效果优于其他关节点特征提取与识别算法。在卷积神经网络得到应用后，人体关节点识别方式与深度学习方法进行有效结合，获得高效率、高精度的识别效果[8]。Zhang 等采用 OpenPose 提取关节向量的各种特征，使用 K-最近邻动作分类，验证深度特征算法的精确性[9]。基于人体关节点的方法通过关节点构建动作轮廓，在简单背景下对大幅度动作的识别效果较好，但是受限于人体关节遮挡、细粒度关节变化等问题，传统的人体关节点行为识别方式在真实场景下难以应用。

9.3.2 局部特征表示

局部特征表示方法将视频段落作为一个整体，在处理视角和遮挡变化等方面效果更好。时空兴趣点和运动轨迹使用局部表示方法获取特征，有多种局部特征描述符，如梯度直方图（HOG）、运动边界直方图（MBH）、光流梯度直方图（HOF）等。

1. 时空兴趣点

在时空域中提取时域和空域变化都明显的邻域点是时空兴趣点检测的核心，时空兴趣点检测是局部表示方法的一种典型例子，将行为信息用兴趣点描述。时空兴趣点提取法的本质是映射三维函数至一维空间，得到其局部极大值点。相比基于轮廓剪影的方式，此方式更适用于一些复杂背景。

Laptev 不仅提出了时空兴趣点，还将 Harris 角点兴趣点探测器扩展至三维时空兴趣点探测器。Harris3D 检测的邻域块大小能够自适应时间和空间维度，使邻域像素值在时空域中有显著变化。

兴趣点提取的多少和稀疏情况是基于时空兴趣点的方法的关键因素。Dollar 等指出 Laptev 的方法存在短板，获取的稳定兴趣点过少，因此其团队在时空域上使用 Gabor 滤波器和高斯滤波器，使兴趣点数量过少的情况得到适当改善。Wang[6]等提出使用稠密网格方式提取行为特征，并对兴趣点的稀疏和密集问题做出详细论证。通常情况下，密集兴趣点效果更好，但是时空复杂度较高。Willems[9]等使用 Hessian 矩阵改善时空兴趣点方法，优先找出兴趣点所在位置，使检索兴趣点的时间复杂度大幅降低,缺点是兴趣点不够密集。

时空兴趣点不再过度依赖于背景,不需要对视频进行分割处理,因此在一些复杂的背景下识别效果优于整体表示方式,但是对人体遮挡情况、兴趣点采样数量等要求较高。

2. 运动轨迹

运动轨迹利用光流场获取视频片段中的轨迹,基于运动轨迹的手工特征提取方法是通过追踪目标的密集采样点获得运动轨迹,根据轨迹提取行为特征,经分类器训练后得到识别结果。

HOG描述符可以展示静态的表面信息,MBH描述符表示光流的梯度,HOF描述符展示局部运动信息。相对于单一特征,Chen等连接HOG、光流、重心、3D SIFT(3D scale invariant feature transform)等特征,能适用于更复杂的场景,鲁棒性和适应性更强。Wang[13]研究发现,密集采样兴趣点比稀疏采样效果好,因此使用"密集轨迹"的方式。

基于运动轨迹的行为识别轨迹描述符可以保留运动的全面信息,关注点在于时空域变化下的目标运动,该方法的缺点很明显,即相机运动的影响较大,HOF记录绝对运动信息,包含相机运动轨迹,MBH记录相对运动信息。Wang等提出了更完善的密集轨迹方法(IDT),通过轨迹的位移矢量进行阈值处理,如果位移太小,则移除,只保留光流场变化信息,消除拍摄时运动的影响,使HOF和MBH组合得到的结果进一步改善。优化后的密集轨迹算法可以适当抵消相机光流带来的影响,对轨迹增加平滑约束,获得鲁棒性更强的轨迹。尽管IDT已经有较好的识别效果,外界环境仍然会对其造成一定程度的影响,可使用Fisher进行向量编码,训练比较耗时。

IDT算法是传统手工特征提取方法中实际效果最理想、应用场景最多的算法,IDT以其较强的可靠性和稳定性在深度学习应用之前得到广泛应用。在卷积神经网络应用之后,很多利用深度学习并结合IDT算法进行行为识别的实验呈现优异的效果。Li等[10]用深度运动图进行卷积网络训练,利用密集轨迹描述运动信息,高效提取深度信息和纹理信息,能有效判别相似动作,减弱光照等影响,但是复杂度较高,识别速度较慢。表9-1总结了基于传统方法行为识别的对比。

表9-1 基于传统方法行为识别的对比

方法	优点	缺点	应用场景
轮廓剪影	关键区域简单 信息量丰富 描述能力强	灵活性低 对噪声和拍摄角度敏感 物体遮挡时效果大大降低 轮廓细节难以捕捉	背景简单,人体遮挡程度低

续表

方 法	优 点	缺 点	应用场景
人体关节点	不需要提取人体模型 不需要大量像素 价格低	对光线和拍摄角度敏感 物体遮挡时效果降低 计算相对复杂	人体遮挡程度低
时空兴趣点	不需要背景减除 对场景适应性强 自动化程度高	对拍摄角度和人体遮挡敏感 不同兴趣点提取方法密集度和时空复杂度不可兼得	背景复杂场景
运动轨迹	鲁棒性强	分类器训练计算复杂度高	应用场景广泛

在传统人体行为识别算法中,行为特征提取依靠人工观察、手工表征。轮廓剪影方法能在简单背景中表现出良好的性能,但灵活度低,对遮挡、噪声等非常敏感。时空兴趣点方法不再对 RGB 视频序列进行前景和背景裁剪,有丰富的兴趣点时识别效果更好,但是计算复杂度相对提高,时间增长,对光线敏感。人体关节点方法行为识别时不再要求高像素,但对拍摄角度等敏感,由关节点发展而成的骨架,结合深度学习,在人体行为识别领域具有良好的发展势头,多数影视特效团队拍摄时通过关节和骨架进行取样。运动轨迹方法是传统方式中信息保留较好、表征能力较强、识别效果最优的方法,但受到光流的影响[11]。

9.4 基于深度学习的人体行为识别

深度学习基于对数据进行表征学习,使用特征学习和分层特征提取的高效算法自动提取特征代替人工获得特征。深度学习方法以其强大的学习能力、高适应性、可移植性等优点成为热门。双流网络关注时空域特征,识别准确度很高;3D 卷积网络强调连续帧之间的信息处理;结合多种网络架构的混合网络则侧重于优点结合。同时,还有一些学者从不同角度利用深度学习探索行为识别,如基于骨架的关节点识别方式、受限玻尔兹曼机、非局部神经网络等,也取得了不错的效果。基于双流网络的改进、对 3D 卷积结构的修改和扩展、结合 CNN 和 LSTM 的混合网络,都是目前的研究热点[12]。

9.4.1 双流网络结构

双流网络结构将卷积信息分为时域和空域两部分,两条网络流(由 CNN 和 Softmax 组成)结构相同但互不干扰。从单帧 RGB 图像中获取环境、物体等空间表面信息;从连续光流场中获取目标的运动信息,最终将双流的训练结果融合,得到识别结果。双流网络基本流程如图 9-4 所示。

Simonyan 等在神经信息处理系统大会 NIPS 上提出双流网络方法,分别考虑时空维度,设计思路巧妙。从流程的整个过程考虑,视频帧的分割、单帧 RGB 处

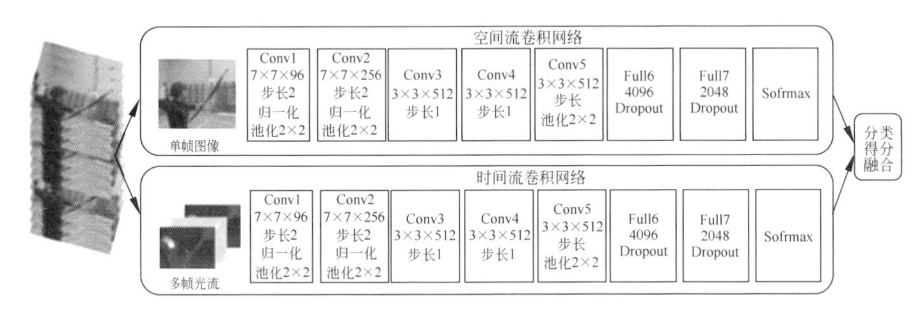

图 9-4 双流网络基本流程

理、连续帧的选择与相关性描述、网络选择、双流融合方式、训练方式与规模等都可以选择不同方案以实现更好的识别效果,也是双流网络完善的主要思路。

CNN 结构深度太浅,用于视频识别时模型的拟合能力受到影响,同时受限于训练的数据集规模较小,容易过拟合,导致训练效果并不是很好。卷积核尺寸、卷积步长、网络结构深度的改变产生性能更好的 VGGNet、GoogleNet 等网络结构,新的网络结构逐步替代 CNN 网络。使用预训练、多 GPU 并行训练等方式改善训练结果,减少内存消耗,识别效果得到很大提升,但是会增大硬件要求。

ConvNet 框架缺乏处理长时间结构的能力,相关解决方法的计算开销较大,对于超长时间序列的视频,可能存在重要信息丢失的风险。Wang 和 Xiong 等[12]基于分段和稀疏化思想提出时域分割网络(TSN),使用系数时间采样和视频级别监督对长视频进行分段,随机选取短片段使用双流方法。针对数据样本量不足问题,应用交叉预训练、正则化和数据增强技术降低复杂性,消除相机运动带来的偏差影响,但比较耗时。

双流网络中的局部特征相似,容易导致识别失败。Zhou 等[13]通过角落裁剪和多尺度结合对数据进行增强,利用残差块提取局部特征和全局特征,使用非局部 CNN 提取视频级信息,表征能力更强。Wang 等[14]在卷积神经中加入高阶注意力模块,调整各部分权重,强化对局部细微变化的关注。

Feichtenhofer 等[15]沿袭双流网络结构时,发现空间网络已经能完成大部分行为识别,时间网络并没有发挥很大作用,于是研究在特定卷积层对两个网络进行融合,提出时空融合架构,如图 9-5 所示。结果显示,在最后一个卷积层,将两个网络融合在空间流中,使用 3DConv 融合方式和 3DPooling 将其转化为时空流,保持双流持续运作,相比截断时间流,减少了很多参数,进一步提高了识别率。而相比传统的双流架构,增加了参数数量,加大了运算复杂度。

基础双流模型在时空交互性上的处理影响识别准确度。ResNets 具有更强的表征能力,残差结果对数据变动更为敏感,因此 Feichtenhofer 等对双流网络和残差网络进行创造性的结合,提出时空残差网络模型(STResNet)。STResNet 通过残差连接进行数据交互,允许通过双流通道进行时空特性的分层学习。Pan 等[16]提出基于时空交互注意力模型的行为识别方法,在空域上设计空间注意力模型,计

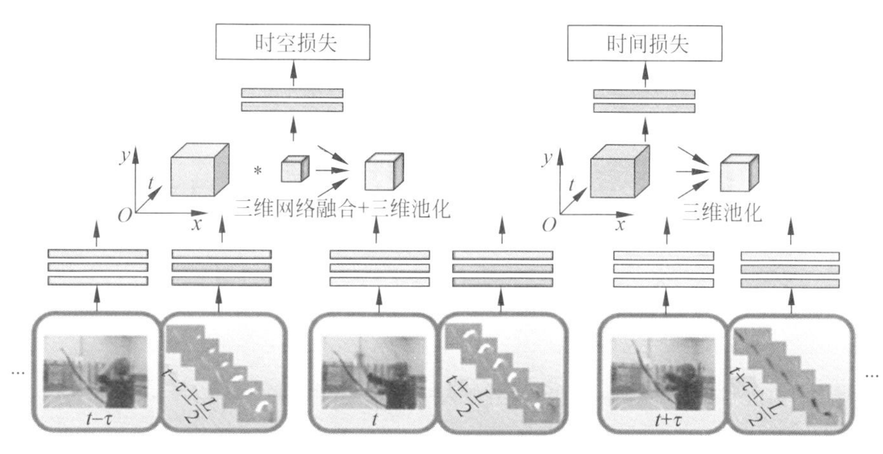

图 9-5 时空融合架构

算帧的显著性位置；在时域上设计时间注意力模型，定位显著帧，更关注于有效帧和帧的有效区域[14]。时空交互和注意力机制使各种算法模型的识别效果更好，但模型变得复杂，探索交互方式和高效使用成为一个重要研究方向。

由双流网络衍生出多种多流网络。Wang 等[15]提出全局时空三流 CNN 架构，传统的 CNN 在时空域上基于局部信息进行动作识别，三流架构从单帧、光流和全局叠加运动特征中开展空间、局部时域和全局时域流分析。Bilen 等[14]引入四流网络架构，训练 RGB 和光流帧及对应的动态图像，获得时序演变。多流网络相比双流网络，加宽了网络模型，提高了卷积神经网络在特征提取上的充分性和有效性，但增加了网络架构的复杂性。

以双流网络为基础的网络架构已成为研究热点，改进网络的学习特征表示、多信息流的正确组合、针对过拟合问题的数据增强方法等都是研究者对双流网络改进的探索。双流网络因其强调时空特性而具有较好的准确度，但对网络流的训练硬件要求高、速度慢、视频预处理等问题严重影响双流网络的实际应用。

9.4.2 3D 卷积神经网络结构

单帧 RGB 的二维网络训练容易导致连续视频帧之间的运动关系被忽略，造成一些重要的视频信息丢失。Baccouche 等对卷积网络进行 3D 扩展，增加时间维度，使其自动学习时间和空间特征，提升行为识别的准确度和鲁棒性。

Ji 于 2013 年提出基于 3D 卷积神经网络的行为识别方法，在叠加多个连续视频帧构成的立方体中，运用 3D 卷积核捕捉连续帧中的运动信息，但他们未对 3D CNN 进行细致设计，识别精度不及双流网络和手工方法，并且 3D 卷积网络存在参数过多、数据量不足等问题。Sun 等将 3D 卷积网络分解为 2D 空间卷积和 1D 时间卷积学习，提出空间时间分解卷积网络(FSTCN)，大大减少了参数量，但分解之后，牺牲了一些表达能力。使用伪 3D 卷积代替 3D 卷积具有不错的识别效果。2D

卷积与 3D 卷积的区别如图 9-6 所示。

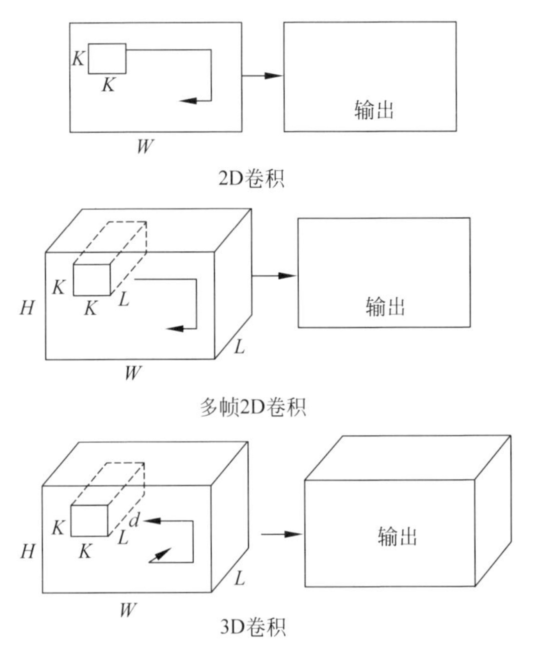

图 9-6 2D 卷积与 3D 卷积的区别

Tran 等认为，基于 RGB 的深层特征并不直接适用于视频序列，尝试使用三维卷积实现大规模学习，通过改变 3D 卷积网络中不同层卷积核的时间深度寻找最优的 3D 卷积核尺寸，提出卷积核尺寸为 3×3×3 的 C3D 网络。C3D 卷积网络是 3D 卷积网络的奠基石。但 C3D 的精度较双流网络仍有差距，且参数量较大，在缺少大体量数据集的情况下训练周期长并易产生过拟合。另外，存在的梯度消失/爆炸问题限制了 C3D 的深度扩展。鉴于 ResNet 能够缓解网络加深的退化问题，Tran 等设计了 Res3D 卷积网络，减少了参数量，同时每秒峰值速度更小，整体网络性能相对于 C3D 有明显提升。

3×3×3 尺寸的卷积核计算量大，内存要求高，Li 等设计出高效 3D 卷积块替换 3×3×3 卷积层，进而提出融合 3D 卷积块的密集残差网络，降低了模型复杂度，减小了资源需求，缩短了训练时间，且卷积块易于优化和复用。

网络训练数据量不足问题一直阻碍着行为识别性能的进一步提升。Carreira 等发布了一个超大的 Kinetics 数据集，用于解决数据局限性问题。同时提出一种由 2D-CNN Inception-V1 扩张的 I3D(two stream inflated 3D ConvNet)模型，将 RGB 视频与堆叠的光流输入 3D 卷积网络，将双流结果融合，使网络性能进一步提升，超越了基于光流的双流网络。

3D 卷积参数量大、数据需求量大以及对光流的利用要求高等问题，限制 3D 卷积对长时间信息的充分挖掘与使用。Diba 等尝试在不同长度视频范围内对 3D 卷积核进行建模，提出 T3D（temporal 3D ConvNet）。T3D 采用 TTL（temporal transition layer）替换池化层，能够模拟可变的卷积核深度，避免造成不必要的损失；采用 3DDenseNet 扩展三维卷积架构 DenseNet，避免从头开始训练 3D 卷积网络。为探究持续长时间输入视频对行为建模的影响问题，Varol 等提出 LTC(long-term temporal convolutions)网络结构，以不同时长视频作为实验输入，结果显示随着视频长度的增加，识别的准确度相应增加。T3D 方式虽然能一定程度上在较好的参数空间内初始化网络，但是参数量的增加使处理过程复杂耗时，在两者的取舍上需进一步考虑。

针对 3D 卷积网络训练时间长、调参难等优化问题，Zhang 等[15]将 3D 卷积核拆为时域和空域卷积神经结构，形成可交互的双流，使用残差网络，减少参数量，降低硬件要求，提高训练速度，可广泛应用于机器人领域。

3D 卷积神经网络充分关注人体的运动信息，但是 3D 卷积中卷积核复杂、参数量大等不利因素严重限制其发展。C3D 存在网络结构较浅、训练时间长、提取特征能力有限等问题，尽管在不同方面已经有较好的解决方法，但是没有一种方法能够完美地处理所有问题。使用 VGGNet-16、ImageNet 预训练、高效和轻量化三维卷积神经等不同解决方案之间的搭配组合是其重要研究方向[16]。

9.4.3　混合网络结构

不同的网络架构组件具有不同的侧重点和优点，多种结构的结合使用可以有效提取时空信息，CNN-LSTM 结构是混合网络的代表。结合方式的多样性使混合结构具有很大的潜力和很高的热度。

递归演进的循环网络（RNN）允许信息持久化，但其激活函数会导致的“梯度消失”问题及 ReLU 函数导致的“梯度爆炸”问题，使 RNN 解决长序列问题时能力不足。Hochreiter 等设计出一种带“门”结构的循环神经网络单元 LSTM，避免长期依赖。LSTM 的变体在行为识别中应用非常广泛，但是导致参数增加，训练难度陡增。RNN 与 LSTM 结构的区别如图 9-7 所示。

Andrej 等在设计网络架构时考虑时间连续性，尝试输入几个连续的帧，对神经网络的融合方式进行研究，进行晚融合、早融合及慢融合对比实验，验证了慢融合具有最好的效果。LSTM 提取短时信息效率有限，Qi 等使用多维卷积核提取短时间特征，运用 LSTM 训练长时间特征，融合多通道信息，获得上下文的长期时空信息。融合上下文特征信息的 LSTM 具有更好的表征能力。

CNN-LSTM 结构的主要思路为：从 RGB 中获取骨架序列，每一帧都对应人体关节点的坐标位置，若干帧组成一个时间序列，使用 CNN 提取空间特征，LSTM 处理序列化数据来挖掘时序信息，最后使用 Softmax 分类器分类。CNN-LSTM 结构可以对时序信息进行更完整的学习。Donahue 等研究 LRCN 循环卷积结构，将 CNN 用于图像描述板块获取空间特征，LSTM 则获取时间特征，其在空间运动特征提取、长期依赖等方面有不错的效果，结构框架图如图 9-8 所示。

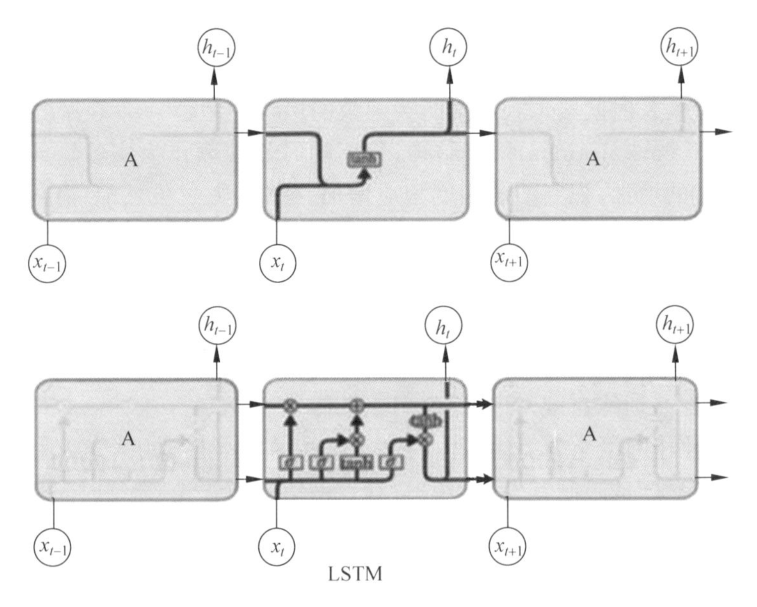

图 9-7 RNN 与 LSTM 结构的区别

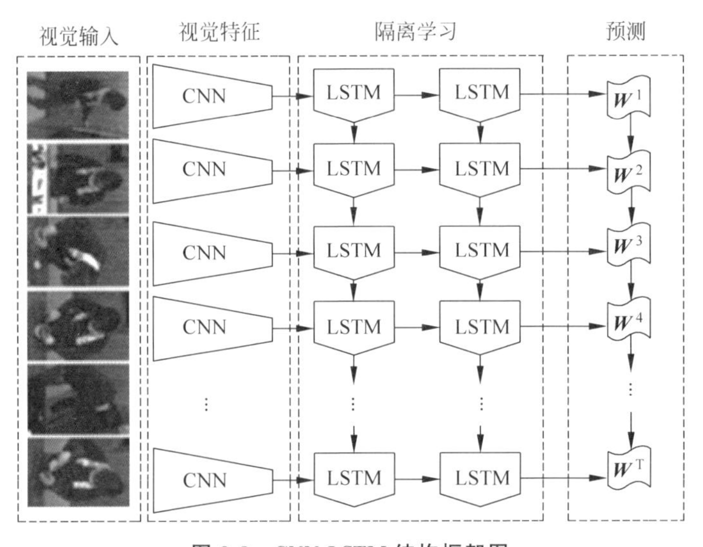

图 9-8 CNN-LSTM 结构框架图

使用 CNN 训练单帧 RGB，并在视频级上进行平均预测会导致信息收集不完整，从而极易造成行为类别混淆，在细粒度或视频部分与感兴趣部分行为无关的数据集上，此种现象更明显。Ng 等为缓解这个问题，提出一种描述全局视频级的 CNN 描述符，利用特征池和 LSTM 网络学习全局描述。在时间上共享参数，在光流图上训练时间模型，达到了较好的效果。

注意力机制的引入和后续 LSTM 的优化，使双流 CNN 和 LSTM 的结合能更好地融合视频的时空信息。Ma 等使用时空双流卷积网络和注意力机制提取特征向量，将其输入 DU-DLSTM 模块后进行深度解析；Jie 等将基于注意力机制的长短时记忆循环卷积网络与双流网络结合，更准确地学习非线性特征，分析视频数据，缩短训练时长，提高识别准确度。

Kipf 等将图卷积网络(GCN)与 LSTM 结合，提出了一个图卷积网络，使用图作为输入，经过多层特征映射完成半监督学习。但此方式存在计算量大、不支持有向图等棘手问题。

Li 等[17]使用卷积注意力网络代替注意力网络，将二维数组输入 LSTM 网络，提出了 VideoLSTM。通过引入基于运动的注意映射和动作类标签，将 VideoLSTM 的注意力定位于动作的时空位置。该方法更能适应视频媒体的要求，提高空间布局的相关性。

全卷积网络与多层循环网络结合、3D 卷积与 GRU 结合、双流网络与膨胀 3D 网络结合等都是混合网络的研究方向。其不再局限于单一的网络架构，从而降低人工特征依赖，避免复杂的预处理，提高时间信息利用率，加快识别速度。表 9-2 为基于深度学习的行为识别算法的比较。

表 9-2 基于深度学习的行为识别算法的比较

模型架构	优点	缺点
双流网络架构	注重时空信息 准确率高 应用广泛	依赖巨大的数据量输入 硬件需求高 分离训练网络，耗时
3D 卷积神经网络架构	速度更快 注重运动信息	计算开销大，硬件要求高 识别准确率比双流网络低
混合网络架构	速度快 准确率高 组合多样	组合困难 组合复杂度高

双流网络中空间分支处理单帧 RGB，时间分支处理堆叠的光流，注重时空信息，识别准确率高，但不同网络分离训练，速度慢；3D 卷积网络依靠卷积核计算运动特征，速度快，但识别效果与参数相关，参数多时计算量大，硬件要求高，与 2D 卷积相比，3D 卷积通过减少输入帧的空间分辨率减少内存消耗，从而易丢失信号，识别效果受到影响；CNN-LSTM 结构中 CNN 的平均池化结果作为 LSTM 网络的输入，LSTM 获取时间特征，识别速度快，精度高。经典的网络模型框架如图 9-9 所示。

9.4.4 其他行为识别方法

人体行为识别有多种方式，除了关注时空特征的网络架构外，一些其他方式也

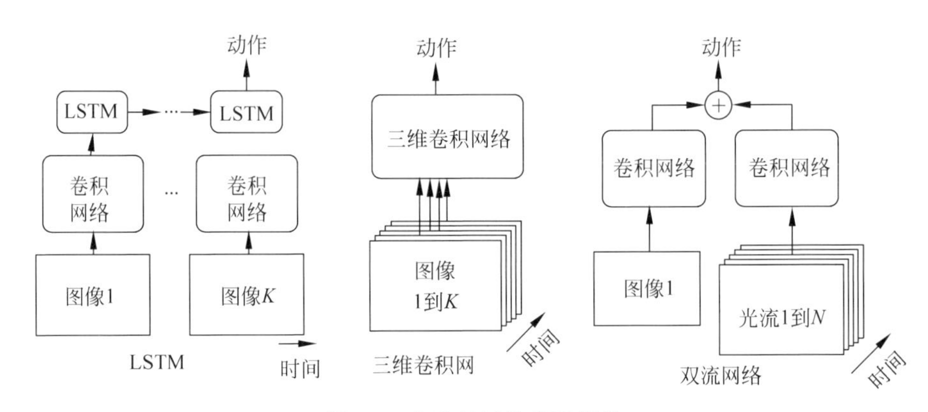

图 9-9　经典的网络模型框架

有很好的识别效果。

1. 图卷积神经网络

图卷积神经网络(GCN)是一种能对图数据进行深度学习的方法。人体 3D 骨架数据是自然的拓扑图,顶点表示关节,边表示连接关节的肢节,可以用图卷积网络发掘骨架之间的空间联系,将图卷积操作拓展到时域,就能同时发掘空间特征和时间特征。因此,越来越多的研究者将 GCN 应用于骨架行为识别的研究。Yan 等首次提出一种基于骨架行为识别的时空图卷积网络模型(ST-GCN),如图 9-10 所示。该网络首先将人的关节作为时空图的顶点,将人体连通性和时间作为图的边,然后使用标准 Softmax 分类器将 ST-GCN 上获取的高级特征图划分为对应的类别,该研究使更多人关注使用 GCN 进行骨架行为识别的优越性。Shi 等将骨架数据表示为基于自然人体中关节和骨骼之间运动学依赖性的有向无环图,设计出一种新颖的有向图神经网络,专门用于提取关节、骨骼及两者关系的信息,根据提取的特征进行预测。Li 等设计的 Alink 推理模块,可以直接从行为中捕获特定行为的潜在依赖关系,扩展现有的骨架图表示高阶依赖关系,然后将两种类型的连接组合为一个广义的骨架图,进一步提出行为结构图卷积网络(AS-GCN),将行为结构图卷积和时间卷积作为基本构建块以学习空间和时间行为识别功能。Shi 等提出了一种新颖的双流自适应图卷积网络(2S-AGCN),用于基于骨架的行为识别,模型中图的拓扑既可以通过 CNN 统一学习,也可以通过端到端的方式单独学习,这种数据驱动方法增加图构建模型的灵活性,使其具有更强的通用性以适应不同的数据样本。Song 等[18]提出了一种多流图卷积网络模型,用于探索分布在所有骨架关节上足够多的判别特征,该模型被称为丰富激活 GCN(RA-GCN),所激活的关节明显比传统方法多,进一步提升模型的鲁棒性。Hao 等[19]提出了一种超图神经网络(Hyper-GCN)以捕获基于骨架的行为识别的时空信息和高阶依赖,通过构建超边结构提取局部和全局结构信息,消除无关节点带来的噪声影响。Xu 等设计了一种基于骨架行为识别的多尺度骨架自适应加权图卷积网络(MS-AWGCN),用于提取骨架数据中更丰富的空间特征，结合图顶点融合策略，自适应地学习潜在的图拓扑结构，最后采用加权学习方法聚合并丰富特征。李扬志等提出基于时空注意力图卷积网络(STA-GCN)模型，包括空间注意力机制和时间注意力机制，可以同时捕捉空间构造和时间动态的判别特征，探索时空域之间的关系。

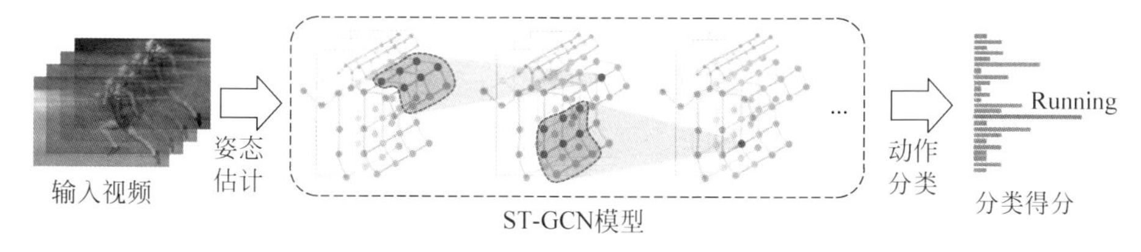

图 9-10 ST-GCN 模型

2. 时态卷积网络

双流网络和 3D CNN 的计算量普遍较高，不利于实时应用，且推理时间关系能力较弱。

很多研究聚焦于设计具有时态建模机制和低计算量的时间模块，如图 9-11 所示。

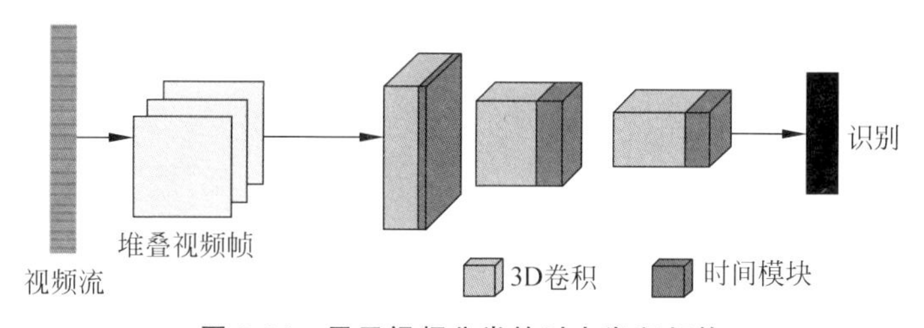

图 9-11 用于视频分类的时态卷积架构

时间关系网络(TRN)在多个尺度上学习帧间时间关系，可即插即用到 CNN 架构中，但在输入帧数较多的情况下，会导致模块太多，造成训练困难。根据 3D 卷积可解耦为移步运算和乘法累加运算，时间位移模块(TSM)将部分通道沿时间轴移位来提取帧间信息特征，TSM 可嵌入各 2D CNN 识别模型，在不增加计算量的情况下实现高效识别。TSM 的扩展工作 TIN 在通道维度上进行移位操作，并将移位操作的方向和开启设计为自动学习，精度上较 TSM 略微提升。TEI 模块通过分离通道相关和时间交互的建模，TAM 使用动态时域卷积核自适应地聚合时域信息。时间激励聚合模块(TEA)在 STM 基础上提出 ME 和 MAT 模块处理短程和长程特征。罗会兰等设计了空间卷积注意力模块(SCA)和时间卷积注意力模块(TCA)，SCA 使用自注意力捕捉空间特征联系，用 1D 卷积提取时间特征；TCA 通过自注意力获取时间特征，用 2D 卷积学习空间特征。吴丽君等提出了通道结合时间模块，通过调整池化层和卷积层的顺序，保留更多的有效通道信息和时间信息。

时态卷积方法可将时空特征和运动特征整合到 2D CNN 中，不需要光流和三维卷积,具有时间建模能力的同时消减了计算开销。

3. Transformer

CNN 和 LSTM 只有通过重复堆叠才能捕获长期依赖关系,但特征会随距离的增大逐渐衰减,且运算开销较大。2017 年谷歌在自然语言处理领域提出 Transformer。Transformer 不管序列之间距离多远,其多头自注意力机制都能直接关注到任意序列之间的全局信息,在运算上具有很强的并行性。Wang 等基于自注意力机制提出了非局部神经网络(NLNN),NLNN 能够计算任意两个时空位置之间的关系,从而快速捕获长期特征。Neimark 等提出了基于 CNN+Transformer 的 AR 模型 VTN,其利用 2D CNN 提取特征后,再通过 Transformer 结构关注长期信息。UniFormer 基于时空自注意力,分别在浅层和深层 CNN 学习局部和全局标签相似性以解决时空冗余和依赖关系,在计算量和准确率之间取得更好平衡。ViViT 基于 ViT 完全摈弃 CNN,使用纯 Transformer 执行 AR 任务。如图 9-12 所示,ViViT 将视频构建为一组时空标签和时空位置编码后作为 Transformer 的输入执行分类任务。MViT 基于 ViT 创建多尺度特征金字塔,首先在高分辨率下建模低层次视觉信息,然后在低分辨率下建模复杂高维特征。Li 等对 MViT 进行改进,分解了相对位置嵌入和残余池连接。由于视频帧之间存在较大的局部冗余和复杂的全局依赖性,VidTr 和 STAM-32 受卷积分解启发,基于 ViT 提出可分离注意分别执行空间注意和时间注意,减少编码的计算消耗。

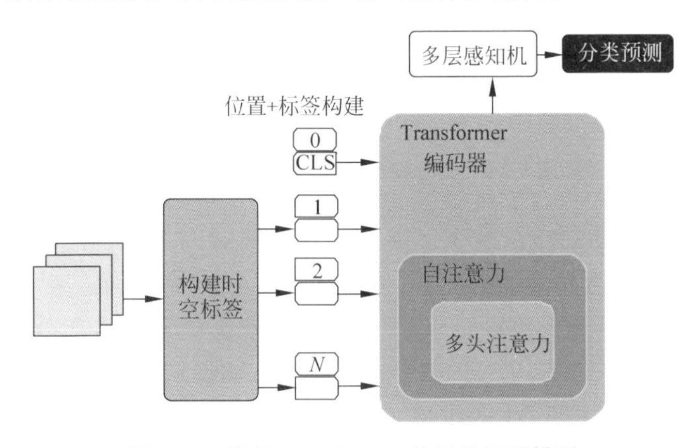

图 9-12 基于 Transformer 的行为识别模型

同一组视频帧若时间排序不同,可能会表征不同动作,例如,走路可能会变成跑步。然而传统的注意力机制不包含相关性的方向信息,因此,DirecFormer 基于余弦相似度将 Transformer 中的注意力机制改造为定向时间注意力和定向空间注意力,以正确的顺序理解人类行为。BEVT 开展 BERT 预训练工作用于 AR 任务,首先采用解耦设计对图像数据进行掩码图像建模,然后通过权重共享对图像和视频数据进行联合掩码图像建模和掩码视频建模。BEVT 简化了 ARTransformer 的学习,并且保留从图像中学习的空间知识。

2021 年开始，基于 Transformer 的 AR 模型持续刷新各基准数据集的精度榜单，具备很好的长期特征捕获能力。但是 Transformer 模型缺乏归纳偏置能力，不具备 CNN 的平移不变性和局部性，因此在数据不足时不能很好地泛化到 AR 任务。

4. 数据融合方法

RGB 数据、深度数据和骨骼数据具有各自的优点：RGB 数据的优点是外观信息丰富，深度数据的优点是不易受光照影响，骨骼数据的优点是通过关节能更准确地描述动作。选择哪种模态进行行为识别也是研究者权衡的方面之一，各模态的优缺点和适用场景如表 9-3 所示。

表 9-3 各模态的优缺点和适用场景

模态	优 点	缺 点	适用场景
RGB	成本低，易采集，外观信息丰富，应用范围广	对光照、背景和视角变化十分敏感	无关内容较少，单一的场景
深度	提供三维的结构信息和形状信息，对光照具有鲁棒性	缺少颜色和纹理信息，存在距离限制，易受遮挡物影响	昏暗或光亮，近距离、没有遮挡物的场景
骨骼	提供人体姿态三维信息，表达方式简单有效，对视角和背景不敏感	缺少外观信息和形状信息，表示内容稀疏，信息嘈杂	能够有效提取骨骼关键点的场景

根据模态产生的时间顺序，RGB 模态与深度模态的融合是最先提出且最为普遍的组合方式。Jalal 等从连续的深度图序列中分割人体深度轮廓，提取 4 个骨骼关节特征和 1 个体形特征形成时空多融合特征，利用多融合特征的编码向量进行模型训练。Yu 等使用卷积神经网络分别训练多模态数据，在适当位置进行 RGB 与深度特征的实时融合，通过局部混合的合成获得更具代表性的特征序列，提高相似行为的识别性能。同时引入一种改进的注意机制，实时分配不同的权值分别关注每一帧。Ren 等设计了一个分段协作的卷积网络（SC-ConvNets）以学习 RGB-D 模式的互补特征，整个网络框架如图 9-13 所示，首先将整个 RGB 和深度数据序列压缩为动态图像，分别输入双流卷积网络，再计算距离的平方值获得融合特征。与先前基于卷积网络的多通道特征学习方法不同，这个分段协作的网络能够联合学习，通过优化单个损失函数缩小 RGB 与深度模态之间的差异，进而提高识别性能。深度模态没有 RGB 模态的纹理和颜色信息，RGB 模态比深度模态在空间上少一个深度信息维度，因此两者的数据模态可以很好地互补对方缺失的特征信息。

如表 9-4 所示，传统方式提取特征时设计复杂，实现简单，可应用于小样本识别项目，但难以适配复杂情景，不能满足高精度识别和普适性要求。基于深度学习的行为识别效率高、鲁棒性强，更适用于大规模人体行为、群体行为、长时间序列人体动作等情景，满足大数据时代海量数据识别的要求。

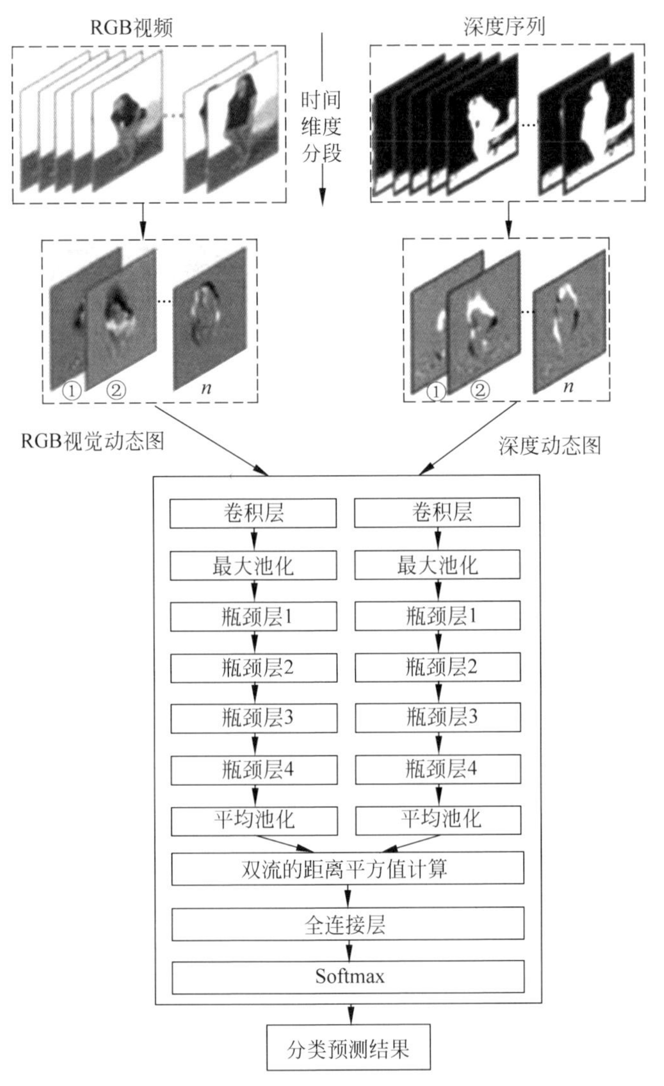

图 9-13 RGB 模态与深度数据模态融合网络框架

表 9-4 行为识别方式对比

方　法	关键点	数据量	研究热度	配置要求	效果
传统方式	特征提取	少	中	低	良
深度学习	数据量支撑	多	高	高	优

深度学习方法并非万能的，甚至会带来新的难题，例如，动作标签非单一化、维数灾难、算法复杂度变大、参数增多、计算量扩大、识别准确度不稳定等。主要的探索如下。

(1) 对于海量样本标签的准确、高效注入问题，弱监督或无监督网络模型逐步广泛应用，节省了大量人力与时间。

(2) 数据样本的“维数灾难”影响识别精度，Ye 等提出的 SPLDA 算法可以进行特征约减，去除冗余数据信息，实现降维。

(3) 为实现识别方法的高准确率、高实时性与强鲁棒性，现有算法尝试多视角特征融合。

(4) 为避免耗时、高硬件需求，研究者开发了基于深度运动图、局部建模等的高效、轻量化卷积神经网络。

9.5 数据集

行为识别的数据集可以分为早期数据集、真实场景数据集和大型数据集，在人物数量上，向群体行为发展；在场景上，趋于真实现实场景；在粒度上，细粒度动作日益丰富；在标签类型上，标签更加层次化、非唯一化；在质量上，逐渐高质量化；在来源上，不再局限于实验拍摄等。近年常用行为识别数据集如表 9-5 所示，采用双流网络、3D 卷积等架构的行为识别算法常在经典的 HMDB51 和 UCF101 数据集上测试。

表 9-5 常用行为识别数据集

数据集	年份	来源	样本数量	类数	平均时长	实例类别/行为类别
KTH	2004	志愿者拍摄	600	6	4.00	走路、慢跑、跑步、拳击、鼓掌、挥手
UCF-Sports	2008	体育电视	150	10	6.39	体育运动：潜水、高尔夫运动、踢球
Hollywood	2009	好莱坞电影	3669	12	19.00	日常生活：吃饭、打电话、握手
HMDB51	2011	互联网、电影	6849	51	2.00～5.00	一般面部动作、交互面部动作、一般身体动作、物体交互动作、人体交互动作
UCF101	2012	视频网站	13320	101	5.00	人与物体交互动作、人体交互动作、身体动作、乐器演奏、运动
Sports-1M	2015	视频网站	1133158	487	336.00	水上运动、团队运动、冬季运动、球类运动、对抗运动、动物交互运动
ActivityNet 200	2016	视频网站	19994	200	109.00	日常生活：跳远、遛狗、擦地板
Kinetics	2017	视频网站	306245	400	10.00	弹奏乐器、日常生活、握手

续表

数据集	年份	来源	样本数量	类数	平均时长	实例类别/行为类别
Epic-Kitchens	2018	实验拍摄	432	149	10.00	厨房日常：做饭、打扫、准备食物
AVA	2018	电影	57600	80	3.00	日常生活：行走、踢、握手
COIN	2019	视频网站	11827	180	14.19	日常生活：接发、刮胡子、熨衣、抽血
HACS	2019	视频网站	504000	200	2.00	运动：跳绳、撑杆跳高、滑雪
AVA-Kinetics	2020	视频网站	57600	80	3.00	日常生活：拥抱、饮酒
UAV-Human	2021	无人机拍摄	67428	119	10.00	多场景下的行人对象
Epic-Kitchens-100	2022	实验拍摄	89979	45	100.00	厨房日常：做饭、打扫、准备食物

参考文献

[1] CHI L,TIAN G,MU Y,et al. Fast non-local neural networks with spectral residual learning[C]//Proceedings of the 27th ACM International Conference on Multimedia. 2019: 2142-2151.

[2] LIU Z,WANG L,WU W,et al. Tam: Temporal adaptive module for video recognition [C]//Proceedings of the IEEE/CVF international conference on computer vision. 2021: 13708-13718.

[3] LI Y,JI B,SHI X,et al. Tea: Temporal excitation and aggregation for action recognition [C]//Proceedings of the IEEE/CVF conference on computer vision and pattern recognition. 2020: 909-918.

[4] JIANG B,WANG M M,GAN W,et al. Stm: Spatiotemporal and motion encoding for action recognition[C]//Proceedings of the IEEE/CVF International Conference on Computer Vision. 2019: 2000-2009.

[5] NEIMARK D,BAR O,ZOHAR M,et al. Video transformer network[C]//Proceedings of the IEEE/CVF international conference on computer vision. 2021: 3163-3172.

[6] LI K,WANG Y,GAO P,et al. Uniformer: Unified transformer for efficient spatiotemporal representation learning[J]. arXiv preprint arXiv: 2201.04676,2022.

[7] ARNAB A,DEHGHANI M,HEIGOLD G,et al. Vivit: A video vision transformer[C]// Proceedings of the IEEE/CVF international conference on computer vision. 2021: 6836-6846.

[8] DOSOVITSKIY A,BEYER L,KOLESNIKOV A,et al. An image is worth 16x16 words: Transformers for image recognition at scale[J]. arXiv preprint arXiv: 2010.11929,2020.

[9] FAN H,XIONG B,MANGALAM K,et al. Multiscale vision transformers[C]//Proceedings of the IEEE/CVF international conference on computer vision. 2021: 6824-6835.

[10] LI Y, WU C Y, FAN H, et al. Mvitv2: Improved multiscale vision transformers for classification and detection[C]//Proceedings of the IEEE/CVF Conference on Computer Vision and Pattern Recognition. 2022: 4804-4814.

[11] YANG J, DONG X, LIU L, et al. Recurring the transformer for video action recognition [C]//Proceedings of the IEEE/CVF Conference on Computer Vision and Pattern Recognition. 2022: 14063-14073.

[12] TRUONG T D, BUI Q H, DUONG C N, et al. Direcformer: A directed attention in transformer approach to robust action recognition[C]//Proceedings of the IEEE/CVF Conference on Computer Vision and Pattern Recognition. 2022: 20030-20040.

[13] WANG R, CHEN D, WU Z, et al. Bevt: Bert pretraining of video transformers[C]// Proceedings of the IEEE/CVF conference on computer vision and pattern recognition. 2022: 14733-14743.

[14] YAN S, XIONG Y, LIN D. Spatial temporal graph convolutional networks for skeleton-based action recognition[C]//Proceedings of the AAAI conference on artificial intelligence. 2018, 32(1).

[15] SHI L, ZHANG Y, CHENG J, et al. Skeleton-based action recognition with directed graph neural networks[C]//Proceedings of the IEEE/CVF conference on computer vision and pattern recognition. 2019: 7912-7921.

[16] CHENG K, ZHANG Y, HE X, et al. Skeleton-based action recognition with shift graph convolutional network[C]//Proceedings of the IEEE/CVF conference on computer vision and pattern recognition. 2020: 183-192.

[17] LI M, CHEN S, CHEN X, et al. Actional-structural graph convolutional networks for skeleton-based action recognition[C]//Proceedings of the IEEE/CVF conference on computer vision and pattern recognition. 2019: 3595-3603.

[18] SONG Y F, ZHANG Z, WANG L. Richly activated graph convolutional network for action recognition with incomplete skeletons[C]//2019 IEEE International Conference on Image Processing (ICIP). IEEE, 2019: 1-5.

[19] HAO X, LI J, GUO Y, et al. Hypergraph neural network for skeleton-based action recognition[J]. IEEE Transactions on Image Processing, 2021, 30: 2263-2275.

第10章

视频车牌识别

10.1 引言

视频车牌识别是计算机视觉与机器学习领域中的研究课题之一，通过对视频图像中的车牌目标进行检测、跟踪与识别，实现视频内容的智能分析，可应用于交通监控、车辆管理等多种场景[1-2]。例如，在智能交通管理系统中，视频车牌识别是一项不可或缺的关键技术，通过实时监测车辆的行驶情况并识别车牌号码，可实现交通流量统计、违章驾驶行为检测和嫌疑肇事车辆跟踪等功能，有助于加强道路安全、提高监管效率。

近年来，随着行车记录仪、手机等移动设备的普及，对开放动态场景中拍摄的视频图像进行车牌识别的技术需求不断增长[3]，例如，对警用车载视频监控系统记录的视频内容进行分析等。与常规停车场入口处拍摄的高分辨率车牌正面图像相比，非受控场景下获取的视频图像质量相对较低，特别是成像过程中具有视角、光照、运动模糊等多种变化，这些变化给车牌的检测和识别带来了更多挑战[4]。开放场景视频车牌识别技术的研究难点包括以下方面。

(1) 车牌多样性：不同的国家、地区、车型使用的车牌样式并不相同，存在车牌形状、颜色、文字版式等方面的差异。常见的中国机动车号牌样式示例如表10-1所示。

(2) 环境复杂性：车辆的行驶和停放的环境条件复杂，获取的图像具有较大的背景变化，存在光照、天气、物体遮挡等多种干扰因素。

(3) 成像非受控：在成像过程中，具有拍摄视角、拍摄距离等多种变化，特别是车辆运动容易导致成像模糊。

(4) 标注数据少：在实际应用中，需要处理的车牌种类及数量庞大，但目前针对复杂开放场景的大规模视频车牌公开数据集较少，具有文本内容及车牌位置标注信息的车牌识别训练样本较为匮乏。

由此可见，视频车牌识别技术亟须在方法研究方面进行深入探索，提高视频车牌识别系统对实际场景中多种变化的适应能力。另外，在实际应用中，视频车牌识别系统通常还需要在给定的计算资源限制下具备实时处理的能力。

在车牌识别方法研究层面，需要解决两个基本问题：一是车牌检测，即车牌的位置在哪里？二是车牌识别，即车牌的内容是什么？这两个问题通常耦合在一起。正如人的视觉认知中，物体检测和物体识别存在着相互依赖的关系，在车牌识别系统中，车牌检测和车牌识别一般为相对独立的模块。随着深度学习技术的兴起，近年来，基于深层神经网络的车牌检测模型、车牌识别模型，以及端到端的车牌检测与识别模型不断涌现。对于视频车牌识别系统，不仅需要对单帧图像进行车牌检测与识别，还需要进行视频车牌跟踪等时序上的分析。

本章的内容结构安排为：10.2 节介绍车牌识别、车牌检测和车牌跟踪技术研究现状；10.3 节、10.4 节进一步介绍基于深度学习的车牌识别方法、集成车牌检测和跟踪技术的视频车牌识别原型系统。

表 10-1　常见的中国机动车号牌样式示例[5]

类　　型	车牌示例	样式	外廓尺寸（宽度×高度，单位：mm）
大型汽车号牌	前：京A·F0236 后：京·A F0236	黄底黑字，黑框线	前：440×140 后：440×220
挂车号牌	京·A F023挂	黄底黑字，黑框线	440×220
小型汽车号牌	京A·F0236	蓝底白字，白框线	440×140
大型新能源汽车号牌	京A·12345D	黄绿底黑字，黑框线	480×140
小型新能源汽车号牌	京A·D12345	渐变绿底黑字，黑框线	480×140
警用汽车号牌	京·A0006警	白底黑字，红“警”字，黑框线	440×140

10.2　视频车牌识别研究现状

10.2.1　车牌识别方法

车牌识别可以看作场景文字识别技术的一个特例，其方法可大致分为两类[1,6],一类是基于字符切分与识别的方法;另一类是序列建模方法,不需要对字符进行显式切分。

基于字符切分与识别的方法首先对车牌图像中的字符进行显式分割,再对分割得到的字符图像进行识别。其中,字符切分环节通常利用连通域分析、投影轮廓分析及车牌字符排列先验知识等实现字符的分割。此类方法对字符切分准确度要求较高,字符切分环节的差错容易导致后续识别阶段的错误累积。字符识别一般采用传统的特征提取和统计模式分类方法[7],也可以采用包括 CNN 在内的深度学习方法[8-11]。随着深度学习的发展,基于 CNN 的车牌识别方法因其在视觉领域的优势,逐渐取代了包括支持向量机在内的传统机器学习方法[12]。例如,Zhuang 等[8]在采用改进的 ResNet-101 模型进行图像语义分割的基础上引入了连通域分析,并采用 AlexNet[13]作为字符计数模型,最终利用 Inception V3[14]进行字符识别,取得了较好的效果。李祥鹏等[15]在 AlexNet[13]基础上提出了一种增强的卷积神经网络 AlexNet-L,可提高车牌识别准确率。

近年来,基于深度学习的序列建模方法逐步用于车牌识别任务,例如基于 RNN 的方法。CNN 和 RNN 的组合也常用于车牌识别,包括基于 CNN、RNN 和连接时序分类(CTC)的方法[16],以及基于 CNN 和门控循环单元(GRU)的方法[17]等。

在深度学习序列建模方法中,编码器-解码器结构是一种典型的神经网络结构,其中,基于自注意力机制的编码器-解码器模型 Transformer[18]已在自然语言处理、语音识别、场景文字识别等序列建模任务中取得了优于原有方法的性能,进一步探索基于 Transformer 的车牌识别方法是值得尝试的方向。编码器-解码器结构前端采用的主干网络,也可称为特征提取网络,通常采用 CNN,如 ResNet[19]。此外,基于 Transformer[18]的特征提取网络在一些图像识别任务中也可取代 CNN,包括 Vision Transformer(ViT)[20]和 Swin Transformer[21]。Vision Transformer(ViT)[20]将输入图像分割为固定大小的图像子块,以图像子块的线性嵌入序列作为 Transformer 编码器的输入,通过自注意力机制学习图像中的全局依赖关系。Swin Transformer[21]则引入了层次划分和滑动窗口,有效提高了全局自注意力机制的计算效率。

图像预处理也是车牌识别中的重要一环,例如,利用图像二值化区分字符前景与背景[1]。Kuar 等[22]提出了一种基于 CNN 的字符识别方法,应用灰度缩放、中值滤波、阈值二值化等图像预处理方法,并结合形态学操作改善输入的车牌图像质量。为适应具有几何畸变的图像,可在识别前增加用于图像校正的网络[23-26]。例如,空间变换网络(STN)[26]通过引入可学习的仿射变换参数,实现了自动学习图像空间变换的能力。

此外,一些车牌识别方法还采用后处理方法提高识别准确率。比如,Laroca 等[27]设计了一个自动车牌识别系统,采用车牌版式分类方法和后处理规则提高识别结果的准确率。

在本章 10.3 节的车牌识别方法研究中，比较了 RNN 和 Transformer 的编码器-解码器架构，提出了一种采用图像校正、特征提取网络、RNN 编码器和 Transformer 解码器的车牌识别方法。

10.2.2 车牌检测方法

车牌检测是目标检测的一个特例，可以采用通用的目标检测方法，包括传统方法和基于深度学习的方法[28]。传统方法又可分为基于边缘[29]、基于纹理[30]、基于特征[31]及基于可形变部件模型(DPM)的方法[32]等。

基于深层神经网络的通用目标检测也可以应用于车牌检测，大致可以分为单阶段检测方法和两阶段检测方法。具有代表性的单阶段检测器包括 YOLO 系列[33-36]、SSD[37]等；两阶段检测器中最经典的是 R-CNN[38]系列，包括 Fast R-CNN[39]、Faster R-CNN[40]等。蔡先治等[41]对 YOLOv5 进行了改进，在主干网络中加入金字塔分割注意力(EPSA)机制，并增加了网络的检测尺度，以提高车牌定位精度。李祥鹏等[15]采用 Fast R-CNN 算法进行车牌定位，并利用 K-Means++算法选择最佳车牌区域尺寸，应对现有车牌定位方法在某些自然场景下无法正确定位车牌的问题。YOLO 系列模型作为单阶段检测器，优点是运行速度快，可较好地满足实时检测要求，但缺点是难以检测小尺寸目标，例如视频图像中距离较远的车牌。R-CNN 系列模型采用两阶段的设计方法，第一阶段提取车牌候选区域，第二阶段对候选区域进行分类和边界框回归，优点是目标检测精度高，缺点是速度相对较慢、模型复杂度高。

大部分通用目标检测算法直接应用于车牌检测时，难以准确地预测车牌的顶点，不利于后续车牌图像校正和识别任务[6]。针对此问题，Wang 等[42]提出了用于车牌检测的 VertexNet 网络，其中的角点预测分支输出车牌角点位置，可用于车牌图像校正。

Pham 等[9]在降低模型复杂度和减少计算资源方面进行了探索，提出了一个轻量级的卷积神经网络。该网络与常规深度学习模型相比，摒弃了最大池化层，网络结构由交替的卷积层和 Inception-ResNet 模块组成，整个系统可在低资源的 CPU 机器上实时进行车牌检测与识别。

近年来，基于自注意力机制的网络模型也在目标检测中得到了应用。例如，Zhang 等[43]提出了一个端到端的文字检测与识别模型 TESTR(TExt Spotting TRansformers)，适用于处理多角度、不规则形变的场景文字目标。本章 10.4 节介绍了基于 TESTR 模型的车牌检测方法。

10.2.3 车牌跟踪方法

视频车牌跟踪算法是一种通过分析视频序列中的连续帧跟踪车牌区域的技

术,是视频目标跟踪[44]的一个特例。

传统的视频目标跟踪方法主要采用基于相关滤波的方法,计算目标模板与当前视频帧的互相关响应,并将响应最大值对应的位置作为预测的目标位置[45-47]。近年来,基于深度学习的目标跟踪算法已应用于视频车牌跟踪,这些算法利用深度神经网络提取车牌和车辆的特征表示,并结合目标跟踪技术实现车牌的准确跟踪。比如,SiamFC 算法[48]是较早的基于深度学习的单目标跟踪算法,通过比对神经网络输出的特征图之间的相关性来定位跟踪目标。SiamRPN[49]算法则在 SiamFC 算法基础上引入了候选区域生成网络(RPN)模块,提高了跟踪的精度。此外,实际应用时在复杂环境中拍摄的图像和视频可能存在失真和低分辨率的情况,导致识别性能降低。为解决这一问题,Zhang 等[50]提出了一个端到端的检测-跟踪-识别框架 V-LPDR,通过引入光流和时空注意力机制,有效利用视频中的上下文信息。

ByteTrack 方法[51]是一种通用多目标跟踪方法,能够有效利用低分数检测框区分跟踪的物体与背景,从而提高跟踪的准确率。本章 10.4 节还介绍了采用 ByteTrack 的车牌跟踪方法。

10.2.4 数据集与测试指标

本章实验所用的视频车牌识别数据集为 LSV-LP[6],该数据集包含 40 多万个视频帧,并且视频分辨率大小不一,分辨率最小为 368 像素×640 像素,最大为 1920 像素×1080 像素,但每段视频的帧数限制为 300,便于分析处理。视频拍摄时间和背景包括从早上到晚上、从晴天到雪天等各种条件,拍摄地点包括国内高速公路、街道、停车场等场景。

数据集中的视频采用不同的拍摄方式,主要包括行车记录仪、道路监控摄像头和手机拍摄。依据拍摄设备与被拍摄车辆是否同时处于静止或运动状态,可将数据集分为三类:move2move、move2static 和 static2move。其中,static2move 子集中拍摄设备处于静止状态,而车辆处于移动状态,拍摄地点通常为交叉路口,并且视频中的每帧都包含较多车辆,存在车牌遮挡等复杂情况。move2static 子集大部分来源于手机拍摄的路边或停车场的汽车,手机的不稳定性会使相邻帧之间的差异较大。move2move 子集一般来源于行车记录仪的数据。LSV-LP 数据集三种子集的样本示例如图 10-1 所示,数据统计情况如表 10-2 所示。

在训练和测试识别模型前,需要对数据集进行预处理,根据每帧标注的车牌 4 个顶点的外接矩形裁剪车牌区域,如图 10-2 所示。

车牌识别评价指标采用车牌整体识别准确率(AR)和字符识别准确率(CRR)。AR 为正确识别的车牌数量与车牌总数量的比值。CRR 利用编辑距离进行计算,公式如下:

$$\mathrm{CRR}=(N_t-D_e-S_e-I_e)/N_t \tag{10-1}$$

图 10-1 LSV-LP 数据集三种子集的样本示例[6]

(a) move2move；(b) move2static；(c) static2move

表 10-2 LSV-LP 数据集三种子集的数据统计情况[6]

子　　集	视频段个数/个	总帧数/帧	车牌数/个	平均分辨率(宽度×高度)/像素
move2move	504	145706	157226	1896×1066
move2static	600	167012	69353	722×1220
static2move	298	88629	138028	1870×1052
总计	1402	401347	364607	1402×1127

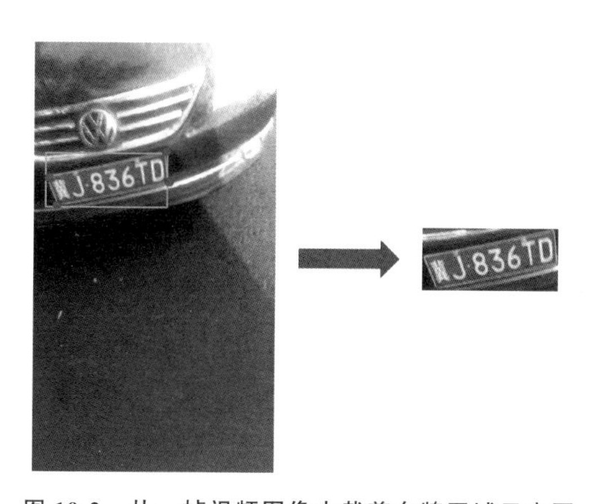

图 10-2 从一帧视频图像中裁剪车牌区域示意图

其中 D_e、S_e 和 I_e 分别代表将识别结果编辑为文本真值所需要的字符删除、替换和插入的操作数量，N_t 为文本真值标注中的字符总数。

车牌检测评价指标采用精确率(Precision)、召回率(Recall)和 F_1 分数，计算公式分别为式(10-2)～式(10-4)。

$$\text{Precision} = \frac{\text{TP}}{\text{TP} + \text{FP}} \tag{10-2}$$

$$\text{Recall} = \frac{\text{TP}}{\text{TP} + \text{FN}} \tag{10-3}$$

$$F_1 = 2 \times \frac{\text{Precision} \times \text{Recall}}{\text{Precision} + \text{Recall}} \tag{10-4}$$

其中，TP(true positive)代表标签为正样本、预测亦为正样本的样本数量，FP(false positive)代表标签为负样本、预测为正样本的样本数量，FN(false negative)代表标签为正样本、预测为负样本的样本数量。在计算这些指标时，只有预测框与真实边界框之间的交并比(IoU)大于预设阈值(如 0.5)时才认为是正样本，IoU 的计算公式如下：

$$\text{IoU} = \frac{\text{预测框} \cap \text{标签框}}{\text{预测框} \cup \text{标签框}} \tag{10-5}$$

对于车牌跟踪，评价指标可采用多目标跟踪准确率(MOTA)，计算公式如下：

$$\text{MOTA} = 1 - \frac{\sum_t (\text{FN}_t + \text{FP}_t + \text{IDSW}_t)}{\sum_t \text{GT}_t} \tag{10-6}$$

其中，t 为帧数，IDSW 为跟踪过程中同一物体类别的预测标签 ID 转换的次数，GT 为物体数量真值。MOTA 指标反映的是漏检、误检及物体 ID 变化的情况。

10.3 基于深度学习的车牌识别方法

本节介绍了一种基于深度学习的车牌识别模型，具体包括图像校正模块、特征提取网络、编码器和解码器，并采用合成样本对识别模型进行预训练。

10.3.1 特征提取网络

ResNet[19]是一种常用的特征提取网络，通过引入残差连接缓解深度神经网络随着层数增加出现的模型训练中梯度消失的问题，并使其具有更好的非线性表征能力。采用 ResNet 作为基线模型中的特征提取网络是一种较为可行的方案。

借鉴 LDM(latent diffusion model)[52]中 UNet 网络结构，本节引入了一种结合 CNN 和自注意力机制的特征提取网络 SACNN(Self-Attention CNN)，其结构示意图如图 10-3 所示。该网络主体包含 4 层，每层包含 2 个卷积块和 1 个下采样卷积层(最后一层没有下采样卷积层)，输出通道依次为 128、256、512、512。在

第2、第4层卷积块和下采样卷积层之间插入了一个注意力块。此外，SACNN中使用的归一化层为分组归一化，并在分组归一化后应用Swish[53]激活函数。

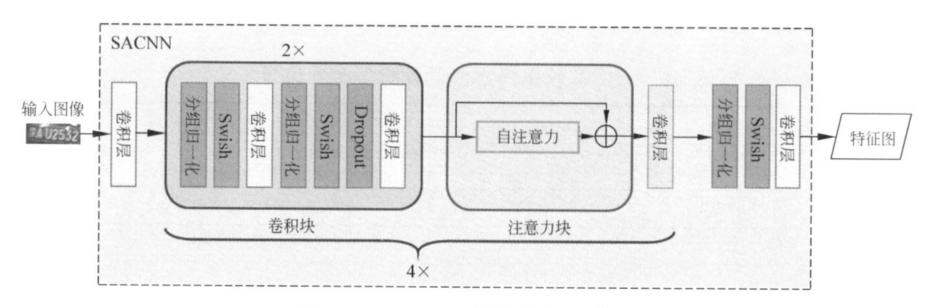

图 10-3 SACNN 网络结构示意图

10.3.2 编码器-解码器模型

编码器-解码器结构是一种常见的神经网络架构，通常用于处理序列到序列的任务。编码器将输入序列转换为隐含表示，解码器则将隐含表示解码为目标序列。基于编码器-解码器框架的模型，主要分为基于RNN的模型和基于Transformer的模型。RNN通过在网络结构中引入反馈回路模拟上下文信息，Transformer则利用非局部的自注意力机制进行序列建模。考虑结合这两类模型的优点，探索更好的编码器-解码器结构模型[54]，具体来讲，可将RNN、Transformer分别作为编码器和解码器的不同组合模型进行车牌识别。其中，RNN编码器和解码器采用2层双向长短时记忆(LSTM)网络，每层包括256个隐含单元。Transformer编码器和解码器的层数为2，头数为4，每头特征维度为512。

10.3.3 图像校正方法

本节介绍三种不同的图像校正方法进行图像处理，第一种图像校正方法是采用基于卷积神经网络的像素级图像校正网络[24]，该网络可以预测偏移量与调制标量，之后再通过调制双线性插值采样器生成校正图像。像素级图像校正网络结构示意图如图10-4所示。

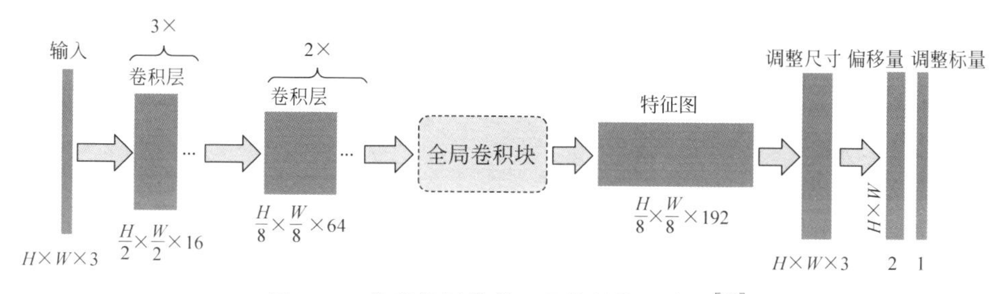

图 10-4 像素级图像校正网络结构示意图[55]

该网络包含5层基本卷积层和1个全局的卷积块，每个卷积层后面都会使用批量归一化层，并使用 Leaky ReLU 作为激活函数。5层卷积层的详细参数如表10-3所示。

表 10-3　图像校正网络5层卷积层参数设置[55]

结　　构	参数设置
通道数	16-32-48-64-80
卷积核大小/步幅	3×3/1×1
是否使用最大池化	是-是-是-否-否
最大池化大小/步幅	2×2/1×1
适用于卷积的 Spatial Dropout 概率	0-0-0.2-0.2-0.2

第二种图像校正方法是基于车牌图像区域的整体仿射变换，该方法可以根据4个角点坐标将检测到的四边形车牌区域转换为矩形，用于缓解车牌图像拍摄视角问题。

第三种图像校正方法是采用空间变换网络 STN[26]，自适应地对车牌图像进行整体校正。

10.3.4　预训练方法

在深度学习领域，训练数据集的规模对模型识别性能的提高至关重要。使用合成样本进行模型的预训练，有助于缓解实际样本标注数据缺乏的问题。预训练得到的模型后续在实际样本训练集上进行参数细调，有助于提升模型的泛化能力。因此，考虑利用车牌文本内容和字体文件生成大规模的合成样本集，用于模型的预训练。通过使用开源工具，建立了一个包含40万幅图像的大规模合成车牌数据集，合成车牌图片主要为蓝底白字的车牌图像。可通过扩充车牌文本内容，涵盖常用的国内车牌使用的各种字符。进一步通过控制合成样本生成过程中的参数，如倾斜度、噪声等，尽可能地使合成样本接近真实自然场景中的车牌图像。此外，为了增加合成车牌图像与真实数据之间的相似性，模拟低质量车牌图像，合成样本中添加了一定范围内的随机变形、旋转、色调变化和噪声等。图10-5为合成车牌图像示例。

图 10-5　合成车牌图像示例[55]

在采用合成样本进行模型预训练及使用真实数据进行模型参数细调训练时，还采用了数据增强方法，比如图像平移、旋转等仿射变换，以及可以产生像素级字符局部形变的图像弹性变换。

10.3.5 车牌识别实验结果

本节实验部分包括编码器-解码器模型比较、特征提取网络比较、图像校正的效果、模型预训练的效果，以及与其他车牌识别方法的比较。

1. 编码器-解码器模型比较

首先比较选择不同编码器和解码器的模型配置，在 LSV-LP 测试集上的实验结果对比如表 10-4 所示。本章实验所用评价指标均以百分比(%)表示。在该实验中，所有模型用于特征提取的主干网络均为 ResNet-34，未使用图像校正方法。从实验结果中可以看出，采用 RNN 作为编码器、Transformer 作为解码器的模型(对应表 10-4 中的 RNN-Transformer)在实验中取得了最优性能。

表 10-4 不同结构的编码器-解码器模型的实验结果对比(%)[55]

编码器-解码器模型组合方案	static2move		move2static		move2move		平均	
	CRR	AR	CRR	AR	CRR	AR	CRR	AR
RNN-RNN	80.67	25.90	69.53	13.76	83.38	52.93	79.75	36.67
Transformer-Transformer	92.35	67.12	85.44	52.37	91.70	69.98	90.64	65.55
Transformer-RNN	91.28	60.57	82.98	45.70	89.56	66.06	88.77	60.29
RNN-Transformer	**92.84**	**68.49**	**85.98**	**56.61**	**91.74**	**71.92**	**90.93**	**67.46**

2. 特征提取网络比较

在采用 RNN Encoder-Transformer Decoder 模型的情形下，研究使用不同特征提取网络时的模型性能，采用的网络包括 ResNet[19] 系列变种、ViT[20]、Swin Transformer[21](选用 Swin-T)和 SACNN。如表 10-5 所示，在所有特征提取网络中，SACNN 取得了最好的结果；在 ResNet 系列中，ResNet-29 的实验结果相对更好。

表 10-5 使用不同特征提取网络时的模型性能对比(%)[55]

特征提取网络	static2move		move2static		move2move		平均	
	CRR	AR	CRR	AR	CRR	AR	CRR	AR
ResNet-18	93.08	68.64	88.27	63.87	91.50	71.14	91.33	68.88
ResNet-29	93.15	70.56	89.40	65.73	92.23	72.11	91.94	70.34
ResNet-34	92.84	68.49	85.98	56.61	91.74	71.29	90.93	67.46
ResNet-50	89.43	53.97	70.58	21.15	86.22	55.77	84.06	48.28
ViT	57.39	14.92	39.25	6.38	67.09	43.45	58.48	27.14
Swin-T	88.41	51.80	76.28	25.16	83.51	55.69	83.57	48.35
SACNN	**93.90**	**73.32**	**90.92**	**68.31**	**92.36**	**73.43**	**92.55**	**72.36**

在后续实验中，采用两种特征提取网络与 RNN Encoder-Transformer Decoder 组

合的识别模型。特征提取网络采用 ResNet-29 的识别模型记为“RRT”,采用 SACNN 的识别模型记为“SACNN-RT”。

3. 图像校正的效果

采用不同图像校正方法的实验结果比较如表 10-6 所示。由于车牌为刚性物体,相比像素级图像校正,整体的图像校正变换(仿射变换、STN)对后续的车牌识别更有利。实验结果表明,使用 STN 的 SACNN-RT 模型(后续简写为 STN-SACNN-RT)取得了最好的效果。

表 10-6 采用不同图像校正方法的实验结果比较(%)

模型	static2move		move2static		move2move		平均	
	CRR	AR	CRR	AR	CRR	AR	CRR	AR
RRT[55]	93.15	70.56	89.40	65.73	92.23	72.11	91.94	70.34
像素级校正模块+RRT[55]	93.63	71.73	89.00	64.97	92.33	72.47	91.93	70.52
仿射变换+RRT[55]	93.70	73.97	90.38	72.05	92.29	73.14	92.34	73.18
STN+RRT	93.86	73.33	91.46	71.56	92.57	73.65	92.74	73.13
SACNN-RT	93.90	73.32	90.92	68.31	92.36	73.43	92.55	72.36
仿射变换+ SACNN-RT	93.59	72.62	90.02	69.59	92.28	72.91	92.23	72.15
STN+SACNN-RT	**94.05**	**75.66**	**91.90**	**73.45**	**92.79**	**74.93**	**93.00**	**74.86**

4. 模型预训练的效果

采用合成样本预训练模型的结果比较如表 10-7 所示。在使用合成样本预训练的情况下,RRT 车牌识别准确率得到了提高。对于 SACNN-RT,合成样本预训练使模型在 move2static 子集上准确率有所提升,但在其他子集上准确率略有下降。

表 10-7 采用合成样本预训练模型的结果比较(%)

模　型	static2move		move2static		move2move		平均	
	CRR	AR	CRR	AR	CRR	AR	CRR	AR
RRT[55]	93.15	70.56	89.40	65.73	92.23	72.11	91.94	70.34
合成样本预训练+RRT[55]	93.54	71.81	89.33	64.74	**92.51**	72.93	92.19	70.93
SACNN-RT	**93.90**	**73.32**	90.92	68.31	92.36	**73.43**	92.55	72.36
合成样本预训练+SACNN-RT	93.77	73.20	**91.66**	**72.31**	92.34	72.53	**92.65**	**72.69**

5. 与其他车牌识别方法的比较

本节引入的车牌识别方法(STN-SACNN-RT)在 move2static 子集上取得了较好的结果,与其他车牌识别方法的对比结果如表 10-8 所示。低质量车牌图像与识别结果示例如图 10-6 所示，可以看到模型具有较好的抗干扰能力，能够适应存在模糊、倾斜、低分辨率等问题的低质量车牌图像识别。

表 10-8　STN-SACNN-RT 与其他车牌识别方法的对比结果(%)[55]

模　　型	static2move	move2static	move2move	平均
LPRNet[6,9]	71.85	44.51	59.38	60.03
MFLPR-Net[6]	**78.57**	69.23	74.31	74.49
STN-SACNN-RT	75.66	**73.45**	**74.93**	**74.86**

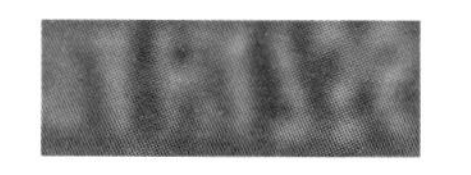

GT:　陕A-HA736
Output:　陕A-H8736
(a)

GT:　陕A-R177V
Output:　陕A-R177V
(b)

GT:　京Q-G62D8
Output:　京Q-G6208
(c)

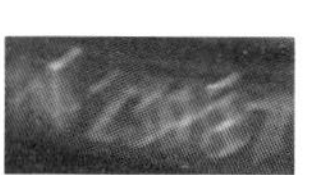

GT:　京N-23R87
Output:　京N-23R87
(d)

图 10-6　低质量车牌图像与识别结果示例[55]

(a) 低分辨率；(b) 光照干扰；(c) 视角变化；(d) 运动模糊

10.4　视频车牌识别系统

基于以上介绍的车牌识别方法，进一步结合车牌检测和车牌跟踪模块，设计实现的视频车牌检测、识别与跟踪原型系统[55]框架如图 10-7 所示。识别模型采用图像校正模块、SACNN 特征提取网络、RNN 编码器和 Transformer 解码器，车牌检测模块采用基于 TESTR 模型的方法。在车牌检测和识别的基础上，采用基于 ByteTrack 的车牌跟踪方法进一步利用视频时序信息，通过在连续帧之间估计车牌的运动轨迹实现对车牌的跟踪定位。该原型系统利用 PyTorch 和 MMTracking[56] 实现。

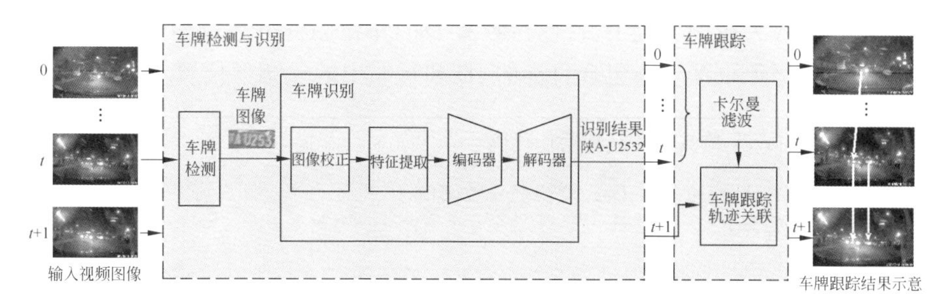

图 10-7　视频车牌检测、识别与跟踪原型系统框架[55]

10.4.1 基于自注意力机制的车牌检测方法

为适应开放场景中车牌图像的多种视角变化，尝试采用 Zhang 等[43]提出的基于 Transformer 的端到端文本检测识别模型 TESTR(TExt Spotting TRansformers)进行车牌检测及识别，该模型可以检测水平、四边形甚至任意形状的文本。任意形状的文本位置用文本检测框上若干个(如 8 个)控制点表示。本节后续的实验中比较了两种方案：一种是采用 TESTR 端到端文本检测与识别模型进行车牌检测与识别；另一种是采用 TESTR 的车牌检测结果，并结合 10.3 节中的车牌识别模型进行识别。

TESTR 模型架构为单编码器-双解码器，双解码器包括字符识别解码器和新增的文本位置解码器。先输入图像通过特征提取网络，经过采用多尺度可变自注意力机制的 Transformer 编码器后生成候选检测框。这些检测框的编码信息与可学习的控制点查询嵌入表示一同送入文本位置解码器和前馈网络后得到控制点的预测坐标，作为车牌检测输出结果，并可进一步转换为车牌的矩形外接框。字符识别解码器与文本位置解码器均采用了多尺度交叉注意力机制，共享相同的控制点查询嵌入表示。字符识别解码器最终输出预测的文本编码。

10.4.2 多目标车牌跟踪方法

多目标跟踪(MOT)任务是指在视频或图像序列中同时检测和跟踪多个物体，其目的是准确地标识和跟踪视频中的多个目标对象，并提供它们的位置、运动轨迹和其他相关属性的估计。目前深度学习中大部分目标跟踪方法是寻找检测分数高于阈值的检测框之间的对应关系，通常舍弃检测分数低于阈值的检测框。但是，如果目标被遮挡，容易出现检测框的检测分数低于阈值的情况，如果简单舍弃此类检测框，很可能带来跟踪目标丢失、轨迹不连续等问题。

本节采用 ByteTrack 多目标跟踪算法[51]进行车牌跟踪，该算法对检测框进行关联时可以较好地利用低分数检测框，实现多目标的高效跟踪，具体流程如算法 10-1 所示。输入为视频序列 $\mathbf{V}$、目标检测器 Det 和检测框分数阈值 τ，输出为跟踪轨迹的集合 $\boldsymbol{\mathcal{T}}$，每条跟踪轨迹包含目标的 ID 和每帧中的检测框位置。

算法 10-1：ByteTrack 检测框关联算法伪代码[51]

输入：视频序列 $\mathbf{V}$，目标检测器 Det，检测框分数阈值 τ
输出：跟踪轨迹集合 $\boldsymbol{\mathcal{T}}$

初始化 $\boldsymbol{\mathcal{T}} \leftarrow \varnothing$
　for 视频帧 f_k *in* $\mathbf{V}$ **do**
　　$\boldsymbol{\mathcal{D}}_k \leftarrow Det(f_k)$
　　$\boldsymbol{\mathcal{D}}_{\text{high}} \leftarrow \varnothing$
　　　$\boldsymbol{\mathcal{D}}_{\text{low}} \leftarrow \varnothing$

```
            for d in D_k do
               if d.score>τ then
                  D_high ←D_high ∪{d}
               else
                  D_low ←D_low ∪ {d}
               end if
            end for
            for t in T do
               t←KalmanFilter(t)
            end for

            # 第一轮关联：利用基于 IoU 或特征距离的相似度匹配T与D_high
        D_remain ← {D_high 中第一轮关联失败的检测框}
        T_remain ← {T 中第一轮匹配关联的轨迹}

            # 第二轮关联：利用基于 IoU 的相似度匹配T_remain 与D_low
        T_re_remain ←{T_remain 中第二轮关联失败的轨迹}
#删除未匹配的轨迹
        T←T\T_re_remain

#添加新的目标轨迹
            for d in D_remain do
            T←T ∪{d}
        end for
    end for
Return：T
```

在初始化之后，算法采用如下循环流程获得车牌跟踪结果。

首先，对于视频序列中的每一帧 f_k，利用目标检测器预测该帧中的检测框，并根据检测框分数阈值将检测框$\mathcal{D}$划分为低分数检测框$\mathcal{D}_{low}$和高分数检测框$\mathcal{D}_{high}$两个集合。

其次，采用卡尔曼滤波预测跟踪轨迹集合$\mathcal{T}$中每条跟踪轨迹在当前帧中的车牌检测框位置。先进行第一轮关联，通过比对预测的检测框与$\mathcal{D}_{high}$中检测框的相似度(一般采用 IoU 计算检测框之间的相似度)关联$\mathcal{T}$与$\mathcal{D}_{high}$中的检测框，没有关联成功的$\mathcal{D}_{high}$检测框与跟踪轨迹分别加入$\mathcal{D}_{remain}$和$\mathcal{T}_{remain}$。

第二轮关联在低分数检测框$\mathcal{D}_{low}$与未关联成功的轨迹$\mathcal{T}_{remain}$之间进行，方法与第一轮关联相同。第二轮关联后，未关联成功的轨迹加入集合$\mathcal{T}_{re\text{-}remain}$，并删除没有关联成功的低分数检测框。两轮关联之后，将$\mathcal{T}_{re\text{-}remain}$加入$\mathcal{T}_{lost}$，若$\mathcal{T}_{lost}$中的轨迹超过特定帧数仍然没有关联成功，就将其从$\mathcal{T}$中剔除。

最后，将第一轮关联中未关联成功的高分数检测框$\mathcal{D}_{remain}$加入$\mathcal{T}$，作为新的目标轨迹。

经过上述算法，返回的$\boldsymbol{T}$即为车牌跟踪结果。

10.4.3 实验结果

1. 车牌检测实验结果

针对车牌检测任务，利用 TESTR 原论文提供的在 CTW1500 数据集上预训练好的模型，并进一步将 TESTR 预训练模型在 LSV-LP 数据集训练样本上经过不同轮次的微调，在测试集上的结果如表 10-9 所示。可以看到，随着微调轮次的增加，检测模型的精确率(P)、召回率(R)、F_1 分数呈现不同的变化。在子集 move2static 上，各项检测指标通常更高，这可能是因为 move2static 中的视频是利用手机拍摄道路或停车场得到的，大部分车牌为近距离拍摄，图像质量较高。

表 10-9 车牌检测方法在 LSV-LP 测试集上的结果(%)[55]

微调轮次	static2move			move2static			move2move			平均		
	P	R	F_1	P	R	F_1	P	R	F_1	P	R	F_1
2	50.67	58.73	54.40	80.23	57.72	67.14	65.93	57.88	61.64	62.14	58.11	60.06
4	**61.87**	38.12	47.17	**80.52**	66.39	72.78	**74.87**	43.16	54.76	**72.34**	46.04	56.27
6	55.82	59.90	**57.79**	79.05	80.29	**79.67**	66.79	59.49	**62.93**	65.46	63.61	**64.52**
8	52.60	**60.79**	56.40	77.11	**81.94**	79.45	63.58	**59.88**	61.67	62.41	**64.39**	63.38

此外，对检测模型中编码器、解码器的多尺度可变形自注意力机制进行可视化分析，其结果如图 10-8 所示。图 10-8(b)、图 10-8(c)中红色的十字符号代表自注意力机制中的查询点，采样点颜色代表不同的注意力权重。可视化结果表明，该检测方法对光线、运动模糊的影响具有良好的适应能力。

2. 利用 TESTR 检测结果的车牌识别模型比较

利用 TESTR 检测结果，进一步比较 TESTR 的识别性能与 10.3 节中的最优模型。采用 IoU 阈值为 0.5 的 TESTR 检测结果截取车牌区域图像，送入识别模型，并将识别结果与文本真值进行比较。实验中对比了两种方案：第一种是直接使用微调的 TESTR 模型作为端到端车牌检测和识别模型；第二种是仅使用 TESTR 检测结果，并采用 10.3 节中的最优识别模型(表 10-8 中的 STN-SACNN-RT)。表 10-10 中的实验结果比较表明第二种方案可以取得更好的效果。

3. 视频跟踪实验结果

将前面介绍的车牌检测模型作为车牌跟踪模块中的检测器，基于 ByteTrack 的车牌跟踪方法在 LSV-LP 测试集上的 MOTA 指标如表 10-11 所示。车牌检测模型在 LSV-LP 训练集上微调轮次为 6 时，在测试集上 MOTA 的平均指标最高。

图 10-8　车牌检测模块多尺度可变形自注意力机制的可视化分析结果[55]

(a) 原始视频帧；(b) 编码器注意力权重可视化；(c) 解码器注意力权重可视化

表 10-10　利用 TESTR 检测结果的车牌识别模型实验结果比较(%)[55]

车牌识别方法	static2move		move2static		move2move		平均	
	CRR	AR	CRR	AR	CRR	AR	CRR	AR
TESTR	84.05	48.60	89.47	61.96	81.97	54.60	83.83	53.27
STN-SACNN-RT	**94.67**	**76.62**	**89.70**	**63.44**	**94.39**	**76.56**	**93.89**	**74.88**

表 10-11 基于 ByteTrack 的车牌跟踪方法在 LSV-LP 测试集上的 MOTA 指标(%)[55]

检测模型微调轮次	static2move	move2static	move2move	平均
2	−3.71	40.90	24.77	18.97
4	**10.14**	47.64	26.39	25.39
6	6.49	**55.16**	**26.55**	**25.77**
8	−0.02	53.92	22.01	21.25

参考文献

[1] SHASHIRANGANA J, PADMASIRI H, MEEDENIYA D, et al. Automated license plate recognition: A survey on methods and techniques[J]. IEEE Access, 2021, 9: 11203-11225.

[2] 吴宏伟. 基于深度学习的车牌检测识别系统研究[D]. 大连: 大连理工大学, 2021.

[3] SILVA S M, JUNG C R. License plate detection and recognition in unconstrained scenarios[C]//ECCV. 2018: 580-596.

[4] 穆世义, 徐树公. 基于单字符注意力的全品类鲁棒车牌识别[J]. 自动化学报, 2023, 49(1): 122-134.

[5] 中华人民共和国公安部. 中华人民共和国机动车号牌: GA 36—2018[S]. 北京: 中国标准出版社, 2018.

[6] WANG Q, LU X, ZHANG C, et al. LSV-LP: Large-scale video-based license plate detection and recognition[J]. IEEE Transactions on Pattern Analysis and Machine Intelligence, 2023, 45(1): 752-767.

[7] 邓嘉诚, 黄贺声, 杨林, 等. 车辆牌照识别技术现状[J]. 现代信息科技, 2019, 3(16): 78-83.

[8] ZHUANG J, HOU S, WANG Z, et al. Towards human-level license plate recognition[C]//ECCV. 2018: 306-321.

[9] PHAM T A. Effective deep neural networks for license plate detection and recognition[J]. The Visual Computer, 2023, 39(3): 927-941.

[10] ZHERZDEV S, GRUZDEV A. LPRNet: License plate recognition via deep neural networks[J]. arXiv preprint arXiv: 1806.10447, 2018.

[11] BJÖRKLUND T, FIANDROTTI A, ANNARUMMA M, et al. Automatic license plate recognition with convolutional neural networks trained on synthetic data[C]//IEEE International Workshop on Multimedia Signal Processing. 2017: 1-6.

[12] 马永杰, 程时升, 马芸婷, 等. 卷积神经网络及其在智能交通系统中的应用综述[J]. 交通运输工程学报, 2021, 21(4): 48-71.

[13] KRIZHEVSKY A, SUTSKEVER I, HINTON G E. ImageNet classification with deep convolutional neural networks[J]. Communications of the ACM, 2017, 60(6): 84-90.

[14] SZEGEDY C, VANHOUCKE V, IOFFE S, et al. Rethinking the Inception architecture for computer vision[C]//CVPR. 2016: 2818-2826.

[15] 李祥鹏, 闵卫东, 韩清, 等. 基于深度学习的车牌定位和识别方法[J]. 计算机辅助设计与图形学学报, 2019, 31(6): 979-987.

[16] 张彩珍, 李颖, 康斌龙, 等. 基于深度学习的模糊车牌字符识别算法[J]. 激光与光电子学

进展,2021,58(16):259-266.

[17] TIAN X, WANG L, ZHANG R. License plate recognition based on CNN[C]// International Conference on Computer Research and Development. 2022: 244-249.

[18] VASWANI A, SHAZEER N, PARMAR N, et al. Attention is all you need[C]//NIPS. 2017: 5998-6008.

[19] HE K, ZHANG X, REN S, et al. Deep residual learning for image recognition[C]// CVPR. 2016: 770-778.

[20] DOSOVITSKIY A, BEYER L, KOLESNIKOV A, et al. An image is worth 16×16 words: Transformers for image recognition at scale[J]. arXiv preprint arXiv: 2010.11929, 2020.

[21] LIU Z, LIN Y, CAO Y, et al. Swin Transformer: Hierarchical vision transformer using shifted windows[C]//ICCV. 2021: 10012-10022.

[22] KAUR P, KUMAR Y, AHMED S, et al. Automatic license plate recognition system for vehicles using a CNN[J]. Computers, Materials & Continua, 2022, 71(1): 35-50.

[23] DONG M, HE D, LUO C, et al. A CNN-based approach for automatic license plate recognition in the wild[C]//BMVC. 2017.

[24] XIAO S, PENG L, YAN R, et al. Deep network with pixel-level rectification and robust training for handwriting recognition[C]//ICDAR. 2019: 9-16.

[25] 石小磊. 基于卷积神经网络的复杂条件车牌识别[D]. 成都:电子科技大学,2021.

[26] JADERBERG M, SIMONYAN K, ZISSERMAN A. Spatial transformer networks[C]. NIPS. 2015: 2017-2025.

[27] LAROCA R, ZANLORENSI L A, GONCALVES G R, et al. An efficient and layout independent automatic license plate recognition system based on the YOLO detector[J]. IET Intelligent Transport Systems, 2021, 15(4): 483-503.

[28] DU S, IBRAHIM M, SHEHATA M, et al. Automatic license plate recognition (ALPR): A state-of-the-art review[J]. IEEE Transactions on Circuits and Systems for Video Technology, 2012 (2): 311-325.

[29] CANNYJ. A computational approach to edge detection[J]. PAMI, 1986, 8(6): 679-698.

[30] DALAL N, TRIGGS B. Histograms of oriented gradients for human detection[C]// CVPR. 2005: 886-893.

[31] VIOLA P, JONES M. Rapid object detection using a boosted cascade of simple features [C]//CVPR. 2001: 886-893.

[32] FELZENSZWALB P F, GIRSHICK R B, MCALLESTER D, et al. Object detection with discriminatively trained part-based models[J]. PAMI, 2009, 32(9): 1627-1645.

[33] REDMON J, DIVVALA S, GIRSHICK R, et al. You only look once: Unified, real-time object detection[C]//CVPR. 2016: 779-788.

[34] REDMON J, FARHADI A. YOLO9000: Better, faster, stronger[C]//CVPR. 2017: 7263-7271.

[35] REDMON J, FARHADI A. YOLOv3: An incremental improvement[J]. arXiv preprint arXiv: 1804.02767, 2018.

[36] BOCHKOVSKIY A, WANG C Y, LIAO H Y M. YOLOv4: Optimal speed and accuracy of object detection[J]. arXiv preprint arXiv: 2004.10934, 2020.

[37] LIU W, ANGUELOV D, ERHAN D, et al. SSD: Single shot multibox detector[C]//

ECCV. 2016：21-37.

[38] GIRSHICK R, DONAHUE J, DARRELL T, et al. Rich feature hierarchies for accurate object detection and semantic segmentation[C]//CVPR. 2014：580-587.

[39] GIRSHICK R. Fast R-CNN[C]//ICCV. 2015：1440-1448.

[40] REN S, HE K, GIRSHICK R, et al. Faster R-CNN：Towards real-time object detection with region proposal networks[J]. IEEE Transactions on Intelligent Transportation Systems, 2017, 39(6)：1137-1149.

[41] 蔡先治，王栋，鲁旭葆，等. 基于改进的 YOLOv5 的端到端车牌识别算法[J]. 计算机时代，2022, 12：28-33.

[42] WANG Y, BIAN Z P, ZHOU Y, et al. Rethinking and designing a high-performing automatic license plate recognition approach[J]. IEEE Transactions on Intelligent Transportation Systems, 2022, 23(7)：8868-8880.

[43] ZHANG X, SU Y, TRIPATHI S, et al. Text spotting transformers[C]//CVPR. 2022：9519-9528.

[44] 孟琭，杨旭. 目标跟踪算法综述[J]. 自动化学报，2019, 45(7)：1244-1260.

[45] BOLME D S, BEVERIDGE J R, DRAPER B A, et al. Visual object tracking using adaptive correlation filters[C]//CVPR. 2010：2544-2550.

[46] HENRIQUES J F, CASEIRO R, MARTINS P, et al. Exploiting the circulant structure of tracking-by-detection with kernels[C]//ECCV. 2012：702-715.

[47] LI H, PU L. Correlation filtering tracking algorithm with joint scale estimation and occlusion processing[C]//International Conference on Intelligent Transportation, Big Data and Smart City. 2021：663-667.

[48] BERTINETTO L, VALMADRE J, HENRIQUES J F, et al. Fully-convolutional Siamese networks for object tracking[J]. arXiv preprint arXiv：1606.09549, 2021.

[49] LI B, YAN J, WU W, et al. High performance visual tracking with Siamese region proposal network[C]//CVPR. 2018：8971-8980.

[50] ZHANG C, WANG Q, LI X. V-LPDR：Towards a unified framework for license plate detection, tracking, and recognition in real-world traffic videos[J]. Neurocomputing, 2021, 449：189-206.

[51] ZHANG Y, SUN P, JIANG Y, et al. ByteTrack：Multi-object tracking by associating every detection box[C]//ECCV. 2022：1-21.

[52] ROMBACH R, BLATTMANN A, LORENZ D, et al. High-resolution image synthesis with latent diffusion models[C]//CVPR. 2022：10684-10695.

[53] RAMACHANDRAN P, ZOPH B, LE Q V. Searching for activation functions[J]. arXiv preprint arXiv：1710.05941, 2017.

[54] TANG P, PENG L, YAN R, et al. Domain adaptation via mutual information maximization for handwriting recognition[C]//ICASSP. 2022：2300-2304.

[55] ZHAO K, PENG L, DING N, et al. Deep representation learning for license plate recognition in low quality video images[C]//Advances in Visual Computing. 2023：202-214.

[56] MMTracking Contributors. MMTracking：OpenMMLab video perception toolbox and benchmark [EB/OL]. [2024-07-16]. https://github.com/open-mmlab/mmtracking.